【農学基礎セミナー】

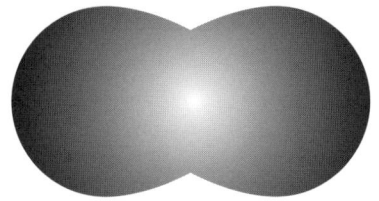

環境と農業

西尾道徳・守山　弘・松本重男………●編著

まえがき

　人間の活動は必ず環境に何らかの影響を与えるとともに，変化した環境に対応して行動や生活を変えることになります。太古の時代に私たちの祖先があるところに住んだとしても，排泄物やゴミの集積が環境を悪化させ，その結果同じ場所に長くは住めず，住みかを変えたことでしょう。人間が一か所に長期にわたって定住するには，排泄物やゴミの処理が最初の環境問題になったと思います。そして，人間の産業活動の広がりにともなって，様々な環境問題が起きてきました。私たちの祖先も環境問題と取り組んできましたが，現在の私たちは，昔よりもはるかに多量の食料，エネルギーや物資を消費しながら，高いレベルの生活や産業活動を行っています。このため，環境問題の内容も多様となり，展開速度も速く，その影響も広範囲におよぶようになりました。そして，地域ごとの環境汚染がすすむなかで地球環境にまで影響を及ぼすようになりました。

　農林業は人間の生存にとって基本的かつ重要な産業です。昔の農業は肥料，農薬や機械などを十分に使えず，環境に急激なインパクトを与えることはさほどありませんでした。そして，何百年にもわたってこうした農業が続けられることによって，美しい田園風景と身近な生物を育んできました。しかし，工業化とともに農村人口が減少し，農業は集約化によって生産性を向上させ，肥料の多投による野菜生産や輸入飼料に依存した畜産が拡大し，コスト的に太刀打ちできないムギなどが激減しました。その結果，農業が環境汚染を起こしたり，美しい田園風景が変貌したり，ヒバリなどの童謡に歌われた身近な生物も激減したり，森林の荒廃によって生活基盤を支える国土保全機能も低下するなど，様々な環境問題が起きています。同様な問題は先進国や途上国のちがいにかかわらず、世界各国で共通に起きています。

　本書は，もともと農業高校の教科書として書かれたものですが，農林業を軸にして，日々生活している地域から地球規模にいたるまで，様々な環境問題の歴史と現状を解説するとともに，身近な環境の保全と創造の方向や試みを紹介しています。環境と共存できる農林業のあり方を考え，具体的な実践へとつなげていただくのに役立ていただければ幸いです。

2003年3月　　　　　　　　　　　　執筆者を代表して　西尾　道徳

目次

第1章 私たちの暮らしと環境　1

1　私たちの暮らしと環境・農業…………2
　1．環境・生命と向きあう時代…………2
　2．環境・環境問題とはなんだろう…………4
　3．環境の保全・創造に向けて…………11

2　地域の環境といろいろな生態系…………14
　1．生態系と食物連鎖・物質循環…………14
　2．いろいろな生態系とその特徴…………16

第2章 地域環境の調査と発見　25

1　生きものをとおして知る地域環境の特徴　26
　（1）地域環境の成り立ちと特徴…………26
　（2）野生生物の変化と地域環境…………27
　1．都市緑地の環境の特徴と生きもの……28
　2．水辺・水田の環境の特徴と生きもの…30
　3．畑地の環境の特徴と生きもの…………34
　4．林地・草原の環境の特徴と生きもの…36
　5．森林の環境の特徴と生きもの…………38
　6．河川の環境の特徴と生きもの…………40

2　環境調査の実際…………44
　環境調査を始めるにあたって…………44
　（1）なぜ，どうして，を大切に…………44
　（2）調査の目的と方法を明らかにする…………44
　（3）計画書の作成，実施，修正，記録…44

　（4）調査のまとめと発表，今後の課題…46

Ⅰ　地域の自然環境の調査……………48
　1．地形，地質，景観の調査…………48
　2．気候・気象の調査…………50
　3．土地利用調査…………52
　4．自然度調査…………53
　5．植生調査…………54
　6．樹木の調査…………55
　7．動植物の分布・生息調査…………57

Ⅱ　水（水質）の調査……………58
　1．五感による水質調査…………58
　2．水生生物による水質調査…………59
　3．透視度，浮遊物質量の測定…………60
　4．pH（水素イオン濃度）の測定………61
　5．EC（電気伝導度）の測定…………61
　6．DO（溶存酸素量）の測定…………62
　7．BOD（生化学的酸素要求量）の測定…63
　8．COD（化学的酸素要求量）の測定…64

Ⅲ　土壌の調査……………65
　1．五感による土壌調査…………65
　2．雑草による土壌の判定…………67
　3．土壌生物の調査…………68
　4．土壌の三相分布の調査…………69
　5．土壌水分，透水性の調査…………70
　6．土壌pH・ECの測定…………71

7．硝酸性窒素，メタンの調査 ……………72

　Ⅳ　大気・騒音の調査 ……………… 73
　　1．五感による大気調査 ………………… 73
　　2．指標植物による大気調査 …………… 73
　　3．大気浄化能力の調査 ………………… 74
　　4．SPM（浮遊粒子状物質）の測定 …… 75
　　5．窒素・硫黄酸化物，酸性雨の調査 …… 76
　　6．騒音・振動の調査 …………………… 78

第3章　農林業の営みと環境　79

1　作物の生育と栽培 ……………………… 80
　　1．作物の成長と一生 …………………… 80
　　2．体のつくりとはたらき ……………… 80
　　3．栽培環境の要素と管理 ……………… 82
　　4．作物栽培の基本 ……………………… 83
2　農業生産と環境 ………………………… 86
　　1．作物生産のあゆみと発展 …………… 86
　　2．わが国の農業発展と課題 …………… 88
　　3．農業による環境問題 ………………… 90
3　栽培環境と作物生産 …………………… 94
　　1．大気（気象）環境と作物栽培 ……… 94
　　2．土壌環境と作物栽培 ………………… 96
　　3．生物環境の特徴と作物栽培 ………… 98
　　4．耕地生態系の特徴とはたらき ……… 98
4　森林・林業と環境保全 ………………… 102

　　1．森林のもつ機能と環境保全 ………… 102
　　2．森林・林業の課題と今後の方向 …… 104
5　農業生物の栽培と利用 ……………… 108
　　1．花壇苗・樹木苗の繁殖と管理 …… 108
　　2．イネの栽培と水田での調査 ……… 114
　　3．もみがらくん炭づくり，焼き土づくり… 122

第4章　環境の保全と創造　123

1　多様な生物による緑地・農地の創造 … 124
　　1．堆肥づくりと有機栽培 …………… 124
　　2．化学農薬を減らした作物栽培 …… 126
　　3．除草剤を使わない作物栽培 ……… 130
　　4．転作田・耕作放棄地などの多面的活用
　　　　　　　　　　　　　　　　……… 132
　　5．多様な農業生物，希少植物の維持・
　　　　増殖 ………………………………… 136
2　生きものに配慮した環境創造の方法 …… 140
　　1．環境創造の基本的な考え方と手順 … 140
　　2．水田，かんがい水路，ため池の整備 142
　　3．森林・草原の整備 ………………… 150
3　地域の環境創造プロジェクト ………… 154
　　1．地域の環境改善の考え方 ………… 154
　　2．地域の環境創造への発展のさせ方 … 154
　　3．環境創造プロジェクトの実際 …… 158
　　（1）せん定枝・落ち葉・なまごみの堆
　　　　肥化による環境整備 ……………158

(2) ため池（ビオトープ）による水質
　　　　浄化……………………………158
　　(3) 渡り鳥がすむ水田環境をつくる … 160
　　(4) 鳥や獣に手伝ってもらう林づくり 161
　　(5) 山野草が咲く草地や林の育成，
　　　　自然公園づくり………………162

第5章　環境問題と人間生活　163

1　地球規模の環境問題……………………164
　1．地球温暖化（気候変動）……………164
　2．オゾン層の破壊………………………166
　3．大気汚染と酸性雨……………………168
　4．土壌劣化………………………………169
　5．砂漠化…………………………………171
　6．森林（熱帯林）の減少………………173
　7．生物多様性の減少……………………173

2　環境の保全・創造に向けて……………176
　1．農林業・農村のもつ多面的機能の発揮
　　　………………………………………176
　2．各分野の環境保全に向けた取組み … 178
　3．地球環境問題の解決に向けて………180

付　録　182

　1．環境基準値……………………………182
　2．環境や緑を守る仕事（資格）の例 … 184

索　引……………………186

第1章 私たちの暮らしと環境

1 私たちの暮らしと環境・農業

1 環境・生命と向きあう時代

　私たちは，環境や生命と向きあうことを強く求められる時代に生きている。科学技術の発展にともない，人びとは物質的なゆたかさや快適な暮らしを求めてきた。その一方で大切な自然環境や農地を失い，深刻な環境問題や食料・人口問題を引き起こしてきた。今後も，アジア地域を中心にして人口の増加が見込まれており，食料の生産増大の必要性は高まっている。

　地球温暖化による異常気象の発生や砂漠化の進行などによって，世界の人口を養えるだけの安全で品質のよい食料を安定的に生産ができるかどうかが危ぶまれている。わが国では，先進国のなかで最も低い食料自給率の向上が緊急の課題となっている。また，熱帯林の減少や里山の荒廃は，貴重な野生生物の絶滅の危機を招き，私たちの生活の基盤を不安定なものにしている。

いろいろな生命が息づく山里と生き続ける巨木

私たち人間は，動植物や微生物など，命ある数多くの生きものを食料にしなければ生きていけないし，それらとのふれあいなしには潤いのある生活は望めない。多様な生きものがともに生きられる環境は，人間にとってもよりよい環境なのである。

　人びとは，ようやく，人間も自然界の生物の一員であり，多様な生きものと共存していくことの重要性に気づいてきた。地球規模の環境・食料問題の解決のために，身のまわりの環境や生きものに目を向け，それぞれの地域で自然と人間が調和した産業や暮らしをつくっていくことが欠かせないことにも気づいてきた。

　私たちが生きるこれからの時代は，多様な生きものを大切にして生命と向きあっていくことが，これまでにも増して求められている。農業は多様な生きもの（農業生物）のもつ機能を生かして，食料の供給や環境の保全・創造などに大きく貢献している。環境や農業は地域の環境を自ら調査したり，生命体そのものにはたらきかけたりしながら学び・深めていくことが基本となる。

　これからの時代は環境と農業の役割がきわめて大切になっていることを理解し，身のまわりの環境や命ある生物と向きあっていこう。

身近な生きものたち（上左：ツクツクボウシの羽化，上中：ジョロウグモの糸かけ，上右：クサカゲロウのふ化，下：カモが立ち寄るため池）

② 環境・環境問題とはなんだろう

環境とは何か

地球環境問題，環境保全型農業など，私たちは環境という言葉に接することが非常に多くなった。ところで，環境とはなんだろうか。これから環境や農業について学ぶにあたって，その意味を改めて考えてみよう。

私たち人間をはじめとして，動物や植物，微生物といった生物は，土，水，大気，他の生物などに取り囲まれ，それらの影響を受けて生命活動❶をおこなっている。このように，人間や生物を取り囲み，生命あるものに影響を及ぼすものの全体を**環境**❷とよんでいる。

また，生物の生命活動は，環境に影響されると同時に，環境とのあいだでエネルギーや物質の交換をおこなって，環境に影響を及ぼし，徐々に環境を変化させていく❸。たとえば，現在のように酸素が豊富に存在する地球の環境そのものも，生物の生命活動によってつくられたものである。また，私たちがふだん目にする森や林などの自然環境の多くは，そこにすむ生物間の相互作用や人間の継続的なはたらきかけ（管理）によって，維持されているものなのである。

環境要因

生物の生命活動に影響する環境は，さまざまな要素から構成されている。それらは**環境要因**とよばれ，土や水，大気などの非生物的（無機的）な環境要因と他の生物などの生物的（有機的）な環境要因に大別される（図1）。

❶生物は外側の空間から光や熱といったエネルギーや物質を体の中に取り込み，それを代謝して生命の活動に必要なエネルギーや細胞成分を合成し，不要になったものを外側の空間に放出している。

❷人間を取り巻く環境は，山，川，海などの自然環境，住居，道路，集落などの社会環境，言語，情報，宗教などの文化環境に区分されることもある。

❸環境が生物に及ぼす影響を作用，生物が環境に及ぼす影響を反作用，両者をあわせて相互作用という（→ p.14）。

参考　地球環境を変化させた生物の生命活動

　46億年前に誕生した原始の地球の大気には酸素がほとんどなかった。約40億年前に酸素のない条件で生きる微生物が誕生し，約25億年前には光合成をおこなって酸素を放出する微生物（ラン藻）が出現し，大気中の酸素濃度が徐々に上昇した。酸素の出現によって，海に多量に溶け込んでいた鉄やマンガンなどの金属が酸化されて沈殿すると同時に，酸素が成層圏に上昇してオゾン層がつくられ，有害な紫外線が遮断されるようになった。これによって，約4億年前に陸地への生きものの上陸が始まり，現在の緑の地球がつくられた。このように，現在の地球の環境は，生物の生命活動によってつくられたものである。

環境要因のタイプや影響の仕方は，生きものの種類によって異なる。たとえば，人間や一部の高等生物になると，集団生活のために社会的分担や規律がつくられ，社会的な関係も環境要因に加わってくる。動植物や多くの微生物にとっては，酸素は絶対に必要な環境要因であるが，それを嫌う一部の微生物にとっては有毒で不要な環境要因である。

環境問題の発生

世界人口は，西暦14年には約2億5,000万人で，1700年頃でも6億4,000万人にすぎなかった。その後，産業革命を契機に科学技術が発展し，食料生産が増えて人口が急激に増加し，1999年には60億人を突破した。国連によると，途上国を中心に人口増加はなお続き，2150年頃には，97億人に達して，それ以降はほぼこのレベルで安定するだろうと予測されている（図2）。

人間はその生命活動にともなって，その周囲の環境（自然）に

人間によって維持される森林

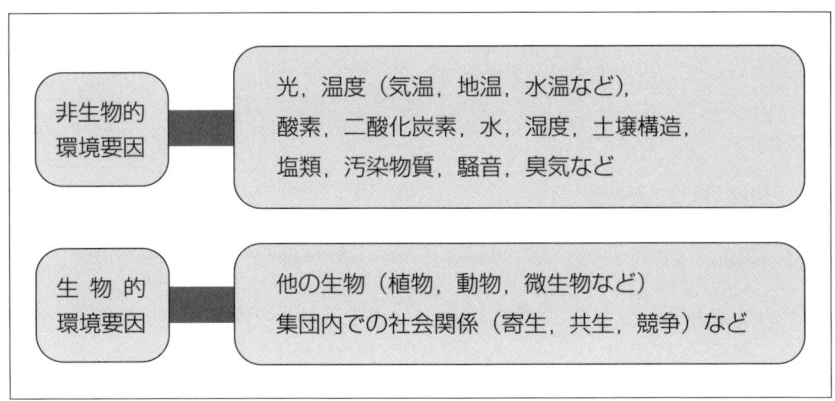

図1　いろいろな環境要因

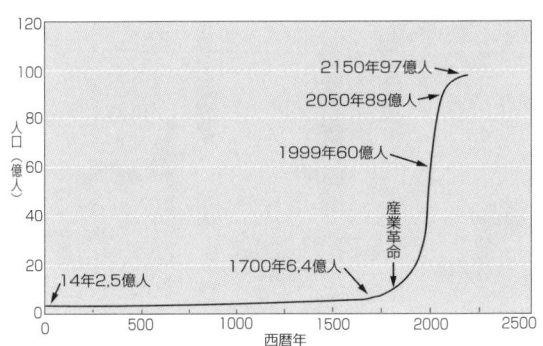

図2　世界人口の推移と予測
（国立社会保障・人口問題研究所編「人口の動向」1997および「国連長期人口動態予測」2000より作図）

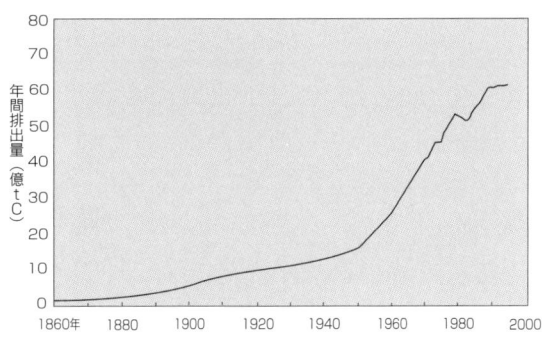

図3　エネルギー消費と産業活動による二酸化炭素排出量の推移　（茅陽一監修「環境年表1999/2000」より作図）

1　私たちの暮らしと環境・農業

さまざまな物質を放出する。それらの物質はあるていどまでは自然界で分解・浄化される。しかし，人口増加や産業活動などによって，自然のもつ浄化能力や回復能力をこえるほど大量の廃棄物を排出した場合には，環境が悪化して，人間の健康が損なわれたり，他の生きものが死滅したりしてしまう❶。

❶廃棄物の排出だけでなく，騒音，地下水のくみ上げによる地盤沈下，無計画な開発による潤いのない景観や野生生物の生息地の減少なども，人間の健康や他の生物の生活を大きく損なう。

じっさい，産業革命以後，人間の生活レベルが向上した一方，石炭や石油の燃焼にともなう大気汚染，工場・家庭・農地からの

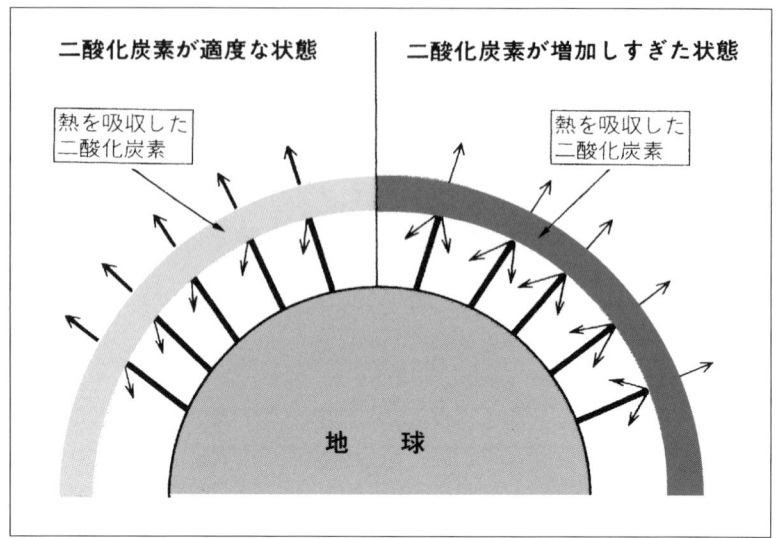

図4　地球温暖化のしくみ
注　地球の地表面は，昼間は太陽光線で温められるが，夜になると熱（赤外線）を放出して冷えようとする。大気中にある二酸化炭素は，この赤外線を吸収して宇宙空間に逃げる熱を地表面に戻すはたらきをしている。ところが，大気中の二酸化炭素が多くなると，地表面に戻される熱が多くなりすぎて過度な気温の上昇が起こる。フロン，メタン，窒素酸化物なども二酸化炭素と同じはたらきをする。

ばい煙を出す工場

排水による水質汚染，鉱山の開発にともなう重金属汚染など，環境を悪化させて人間の健康や他の生きものの生活を損なう，さまざまな問題が各地で発生するようになった。そして，これらの問題が環境問題とよばれるようになったのである。

地球規模まで広がった環境問題　産業革命を契機にして産業活動が活発になり，さまざまな環境問題が発生するようになったが，産業活動に起因する環境問題は，長いあいだ，その産業のおこなわれている地方や国のなかでの問題（ローカルな問題）であった。

しかし，世界的に産業活動が活発化するのにともなって，環境問題は国境をこえて世界的規模の問題（グローバルな問題）になっていった。

その代表例が，エネルギー消費や産業活動の活発化にともなう二酸化炭素❶やフロン，メタン，窒素酸化物などの排出量の増加と，それらによる地球の温暖化❷である（図4）。

また，人間は科学技術を発展させて自然界にもともとなかったいろいろな物質をつくって利用してきたが，これらが自然を破壊するようになった。たとえば，空調機の冷媒や電子産業での洗浄剤のフロン，消火剤のハロンなどが大気中に揮散し，成層圏（上

❶世界全体の二酸化炭素排出量は，1860年には炭素換算で9,300万tにすぎなかったが，1980年代後半には60億tを突破した（図3）。大気中の二酸化炭素濃度は，1750年頃には280ppmにすぎなかったが，現在では360ppmをこえるようになった（→ p.175）。

❷大気中の二酸化炭素，水蒸気，成層圏のオゾン，メタンガス（CH_4），亜酸化窒素（N_2O）などのガスは，太陽光や地球表面から放射されてくる赤外線を吸収し，ふたたびゆっくりと放射する。これによって地球表面の平均温度は，これらのガスがない場合よりも高く（約33℃）なり，昼夜温の較差も小さくなっている。こうした作用を有するガスを温室効果ガス，それが地球表面を温める作用を温室効果という。温室効果は，生物の住みやすい環境（気温）を維持する機能があるが，温室効果ガスが多くなりすぎると，過度の気温上昇が起こり大きな環境問題となる。

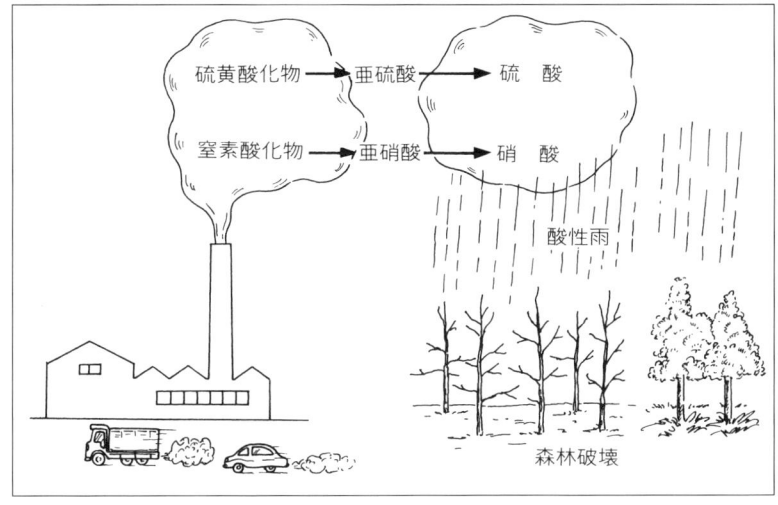

図5　酸性雨の発生のしくみ
注　石炭や重油を燃やす工場から排出された大量の硫黄酸化物や窒素酸化物は，空気中の水分と結合して硫酸（H_2SO_4）や硝酸（HNO_3）に変わり，雨水に溶け込んで地上に降り注ぐ。こうした酸性雨が降り続くと，森林の木が枯れたり，湖沼の魚が死滅したりする危険性がある。

空10～50km) のオゾン層を破壊していることが明らかとなった。そして、オゾン層が破壊されると、地球表面に到達する紫外線が増加し、生物に悪影響を与えることが懸念されている (→ p.167)。さらに、いろいろな地球規模の環境問題が生じ、とくに10項目の地球環境問題が国際的に問題になっている (図5, 表1)。

こうした地球環境問題は、自然の回復能力をこえるほどに大きな人間活動がおこなわれるようになったために生じたといえる。

表1 主要な地球規模の環境問題

問題名	問題の内容	問題に対処するおもな国際条約
地球の温暖化	人間活動によって排出された温室効果ガスによる地球表面の温暖化。温暖化によって、海面が上昇したり、雨の降り方などが変化したりして、世界の食料生産地帯が変化するなどさまざまな影響が生じる。	気候変動枠組条約 (1992年作成, 1994年発効)
オゾン層の破壊	人間活動によって排出された化学物質による成層圏のオゾン層の破壊。オゾン層の破壊によって紫外線の地球表面への到達量が増え、人間の健康に悪影響を与える。	ウィーン条約 (オゾン層保護のための条約, 1985年作成, 1988年発効)
生物多様性の減少	人間の環境である土・水・大気を再生してくれるのは多様な生物のはたらきであり、しかも生物は人類に役立つ貴重な遺伝資源を有している。こうした貴重な生物の多様性が人間の開発行為によって減少している。	ラムサール条約 (とくに, 水鳥の生息地として国際的に重要な湿地に関する条約, 1971年作成, 1975年発効) 生物の多様性に関する条約 (1992年作成, 1993年発効)
海洋環境の劣化	陸上での人間活動による廃棄物の流入や、海上の船舶からの投棄や事故によって、海洋汚染が進行している。	国連海洋法条約 (1982年作成, 1994年発効)
森林の減少・劣化	とくに熱帯の森林が乱開発されて急激に減少し、生物多様性の減少、二酸化炭素固定量の減少、土壌侵食の増加など、さまざまな環境問題を派生させている。	森林原則声明 (1992年採択) 国際熱帯木材協定 (1994年作成, 1997年発効)
有害廃棄物の越境移動	先進国の有害廃棄物の規制強化にともなって、有害廃棄物が先進国から規制の緩やかな開発途上国へ国境をこえて拡散している。	バーゼル条約 (有害廃棄物の国境をこえる移動およびその処分の規制に関する条約, 1989年作成, 1992年発効)
酸性雨	工場などから大気中に放出された硫黄酸化物や窒素酸化物などが国境をこえて移動し、酸性の雨となって降下し、土壌や湖沼を酸性化させて、森林や湖沼の魚などに被害を与えている。	ヨーロッパ共同体長距離越境大気汚染条約 (1979年採択, 1983年発効) 大気質に関するアメリカ合衆国とカナダとの間の協定 (1991年署名・発効)
土壌劣化・砂漠化	人口増加に対応して食料生産を増やすために、無理な農業生産をおこなって土地を荒らし、生産力を回復できない状態にまで土壌を劣化させている。	砂漠化対処条約 (1994年作成, 1996年発効)
開発途上国の公害問題	環境保全に要する費用をかけずに工業化を進めるために、工場などに起因する公害問題が多くの開発途上国で生じている。	
国際的に価値の高い環境の保護	戦争や乱開発によって、世界的に重要な文化遺産や自然遺産が破壊されて放置されている。	世界遺産条約 (世界の文化遺産および自然遺産の保護に関する条約, 1972年採択, 1975年発効)

そして，これらの問題は相互に深く関係しあっている（図6）。

わが国の環境問題　日本の環境問題は1950年頃から始まり，とくに高度経済成長にともなって，おもに鉱工業に起因するさまざまな問題が発生し，これらは公害❶とよば

❶企業の事業活動やそのほかの人の活動によって，住民の健康や生活環境にかかわる被害（大気汚染，水質汚濁，騒音，悪臭，地盤沈下など）生じること。

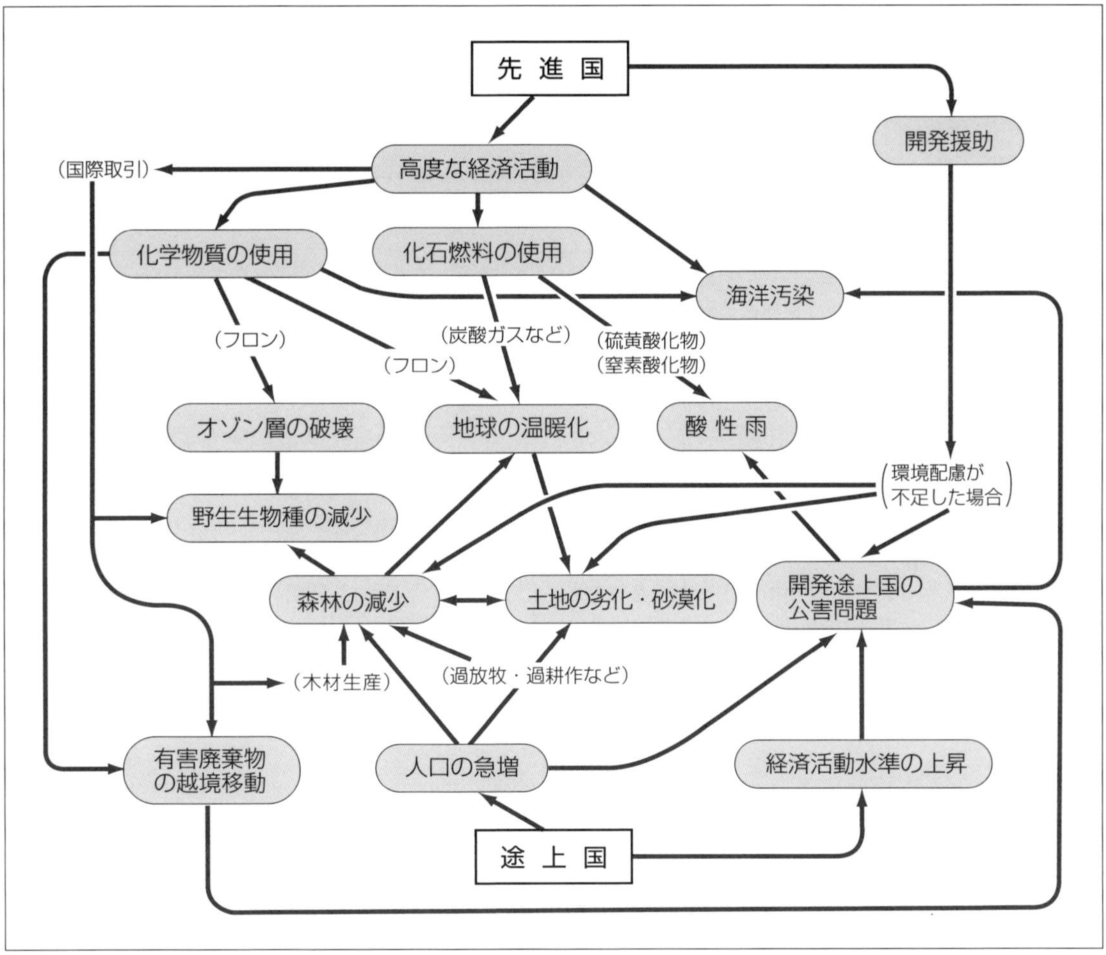

図6　複雑にからみあっている地球環境問題　　　　　　　　（「地球環境科学」1999年より作成）

地球規模の炭素の循環と地球温暖化

　誕生して間もない地球の大気は，多量の水蒸気や二酸化炭素を含み，温室効果もはるかに強く，現在よりも高温であった。地球の進化の過程で水蒸気は水となって海をつくり，二酸化炭素は石灰岩，石炭，石油といった固形物となって大気から除かれ，地球の表面温度が下がった。
　しかし，産業革命以降，人類はかつて大気から除かれた炭素を燃やし，石灰岩からセメントをつくる過程でふたたびガスにして大気に戻している。一方，植物は大気中の二酸化炭素を固定して有機物を合成するが，人間活動によって石炭，石油，石灰岩からふたたび大気に戻されている二酸化炭素の量はばく大であり，植物の固定できる量をはるかに上回っている。このため，大気中の二酸化炭素濃度が上昇し続け，地球の温暖化が問題になってきたのである。

1　私たちの暮らしと環境・農業

❶有機水銀による水俣病や、カドミウムによるイタイイタイ病の発生などが大きな社会問題となった。

❷ポリ塩化ビフェニール。印刷インキ、コンデンサなどに広く使われたが、有害で体内に蓄積されることから1972年に製造・使用が禁止された。

れるようになった。たとえば、1950年代には工場排水による水質悪化や住民の健康破壊❶が起こり、その後も石油化学コンビナートの拡大による大気汚染が拡大し、1970年には水質汚濁がピークに達し、光化学スモッグの発生もみられるようになった。生活物資から放出される有害物質（PCB❷など）の発生や合成洗剤を含んだ生活排水による水質汚濁、赤潮❸の発生などの環境悪化も進んだ。

環境問題と食料問題

地球環境問題がますます悪化していくと、世界の食料確保がむずかしくなるのではないかと懸念されている。世界の人口が増加する一方で、農地面積は増えておらず（図7）、これからもおおはばな増加を期待できない。

途上国では人口増加によって主食用の穀物需要が増加するとともに、工業化による生活水準の向上につれて畜産物の消費量が増加し、家畜のえさ用の穀物需要も増加すると予想される。そのため、途上国の穀物生産力の向上を上回る穀物が必要になり、先進国からの輸入量が増加する。先進国では、人口増加がほとんどなく、技術力の向上によって穀物生産を向上させ、輸出できる穀物量が増加する。したがって、世界の食料需給は2030年時点ではまだ悪化しないと予測されている。そして、地球環境問題が食料需給に及ぼす影響が世界的規模ではっきりと出てくるのは、21世紀の中頃以降であると考えられている。

ただし、世界的規模での戦争や経済不況、さらには2年以上連続した大規模な異常気象が起きれば、食料需給がひっ迫する危険性はありうる。

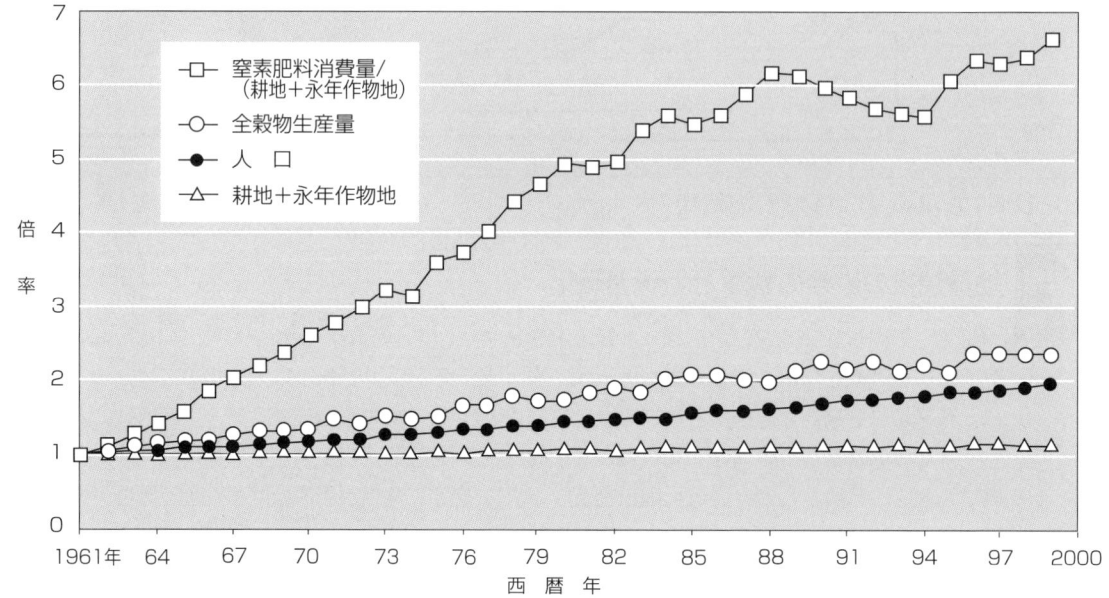

図7 世界における人口、穀物生産、農地面積、肥料使用量の推移

こうしたわが国の高度経済成長期に発生した環境汚染に対しては，それを防止する法律[4]が次々とつくられ，人間の健康や自然をいちじるしく損なう環境汚染は現在ではかなり改善された。しかし，現在では，それにかわる，**ダイオキシン類**[5]や**内分泌かく乱物質（環境ホルモン）**（→p.13）などの新たな環境汚染物質が登場しており，個々の環境汚染に対する対策とあわせて，人間活動のあり方そのものの見なおしが求められている。

農業における環境問題

　農業も最近では，環境問題を生じるようになった。かつての農業は，多くの場合，自然と共存するかたちで営まれてきた（→p.86）。しかし，世界的に1950年代以降の工業発展によって，化学肥料，化学農薬，農業機械がそれ以前よりも安価に大量生産されるようになり，それらの普及によって生産力が飛躍的に向上した。

　ところが，これにともなって環境問題が発生するようになった。たとえば，作物の吸収できなかった養分，とくに水に溶けやすい**硝酸性窒素**が地下水や河川に流れ込むケースが増加し，それは人や動物に害を及ぼす[6]。また，化学農薬によって農薬事故が発生したり，野生生物に深刻な害を及ぼしたりするようになってきた。

　農業における環境問題は，食料の安定生産と環境の保全をどのようにして両立させていくかという課題を常にかかえている。その解決に向けて，持続可能な農業のあり方が模索され，環境保全型農業の取組みも増えている。

③ 環境の保全・創造に向けて

　これまでみたように，人びとが地域に生活し，経済発展するにともなって，環境悪化が深刻になってきた。それを防止するために，いろいろな法律がつくられ，そのなかで守るべき**環境基準**が設定されている（→巻末付録）。また，地球環境問題を改善するには，国際的な協力が必要であり，さまざまな国際条約もつくられている。しかし，法律や条約で規制することだけで，事態を改善させるのはむずかしい。以下，環境の保全・創造に向けた，より

[3] プランクトンの異常繁殖のために海水が変色する現象で，魚貝類に大きな被害を及ぼすことがある。

[4] 工場排水規制法（1958年），ばい煙排出規制法（1962年），大気汚染防止法，騒音規制法（1968年），水質汚濁防止法，海洋汚染防止法（1970年），悪臭防止法（1971年）など。

[5] 猛毒の有機塩素化合物で，日本ではごみ焼却場などから検出されている。塩素原子を含んだプラスチックなどと一緒にごみを焼却すると，ダイオキシン類が生成され，炉の温度が約800℃以下だと，ダイオキシン類が熱で分解されずに，煙とともに大気に逃げて周囲を汚染する。

[6] 硝酸イオンは動物の体内で亜硝酸イオンに変わり，これが血液中のヘモグロビンと反応して，酸素の運搬を妨害するため，硝酸性窒素濃度の高い飲み水は人や動物にとって有害である。工場排水や生活排水でも同様に問題となっている。

積極的な取組みのあらましをみておこう。

(1) 国際標準化機構（ISO）は，工業製品はたんに製品の性能だけを問題にするのではなく，環境を汚染しない製造方法でつくられることも製品の品質の一部であるとの観点に立って，環境にやさしい生産の努力をおこなっている企業を認定する制度を発足させている（→ p.178）。また，環境にやさしい商品を税金の面で優遇する措置もおこなわれている。

(2) 工業，農業，都市生活など，それぞれの分野で環境を悪化させない努力がなされているが，環境をいっそう守っていくためには，私たちの考え方自体を変えることも必要である。その1つが，経済活動の様相を数値であらわすGDP（国内総生産）の計算の仕方❶の再検討で，流通・販売されない環境向上のために投資した金額も評価する「グリーンGDP」といった国民経済計算の方法が検討されている。

(3) 経済発展をはかるさいに，処分コストをかけないですむ使い捨ての考えが支配的であった。しかし，有限の資源と環境を保

❶現在の計算では，流通・販売されたものだけが対象になって，販売されない緑の環境の経済価値は全く考慮されていない。このため，たとえば山の木材を伐採して販売すれば，GDPが高くなり，しかも伐採後に植林しないほうがコストをかけず，利益が増えるので，短期的にはGDPがいっそう高くなる。

表2　生物系廃棄物の発生量とリサイクルの現状

	発生量（万t）	成分含有量（万t）			処理状況（発生量に対する割合）(%)						
					リサイクル					その他	最終処分
		窒素	リン酸	カリ	農業的利用			農業外利用	計		
					堆肥	飼料	その他				
わら類	1,172	6.9	2.4	11.7	12	11	69	1	94	0	6
もみがら	232	1.4	0.5	1.2	22	0	43	1	66	7	27
家畜ふん尿	9,430	74.9	27.4	51.9	-	-	-	-	94	5	1
畜産物残さ	167	8.4	11.9	6.2	-	-	-	-	100	0	0
樹皮（バーク）	95	0.5	0.1	0.3	30	0	3	41	74	0	25
おがくず	50	0.1	0.0	0.1	16	0	52	32	100	0	0
木くず	402	0.6	0.1	0.6	0	0	3	95	98	0	3
動植物性残さ	248	1.0	0.4	0.4					39	52	9
食品産業汚泥	1,504	5.3	3.0	0.6	-	-	-	-	4	89	7
建設発生木材	632	1.0	0.2	0.9	0	0	0	37	37	2	61
なまごみ(家庭,事業系)	2,028	8.0	3.0	3.2	-	-	-	-	-	-	-
木竹類	247	1.9	0.5	0.9							
下水汚泥	8,550	8.9	9.2	0.6	8	0	5	17	30	3	67
し尿	1,995	12.0	2.0	6.0	-	-	-	-	-	-	-
浄化槽汚泥	1,359	1.4	1.5	0.1	-	-	-	-	-	-	-
農業集落排水汚泥	32	0.0	0.0	0.0							
合　計	28,143	132.1	62.1	84.6							

注　数値は1993～1997年の統計を使用して算出。
　　その他：おもに脱水や乾燥によって減少した重量。最終処分：焼却や埋め立てによる処分。
（生物系廃棄物リサイクル研究会「生物系廃棄物のリサイクルの現状と課題」1999, より作表）

全するためには，使い捨てから，リサイクルなど新しいライフスタイルが必要になり，市民の自主的な活動も広がっている。こうした新しいライフスタイルを築いていくうえで，農林業は重要な位置をしめている。たとえば，都市で多量に発生するなまごみを堆肥にして農地に還元し，化学肥料の使用量を減らすことなどである（表2，➡ p.179）。とくに，農村と都市が連携して，農林業のもつ多面的機能（水の保全，土の保全，大気を保全などの機能，➡ p.22 図7）を十分に発揮させていくことが，地域の環境形成において重要になっている。

参考 内分泌かく乱物質（環境ホルモン）

これまで知られている有害物質よりもはるかに低い濃度で，それまで気づかれなかった障害を起こす物質が問題になっている。その代表が，内分泌かく乱物質（環境ホルモン）である（表3）。内分泌とは，内分泌腺などの組織が生成したホルモンなどの物質を直接血液に分泌する現象のことである。

したがって，内分泌かく乱物質とは，「動物の生体内に取り込まれた場合に，本来その生体内で営まれている正常なホルモン作用に影響を与える物質」のことである。

内分泌かく乱物質は，内分泌系に直接影響したり，生殖器，免疫系，神経系などの臓器に毒性を示したりする。さらに，これらが結びついて障害を起こすと考えられている。

内分泌かく乱作用が疑われている物質は，有機化合物で67種類，重金属で3種類（カドミウム，鉛，水銀）である。そのなかには多数の化学農薬と，その代謝産物やPCB（ポリ塩化ビフェニール），さらにはダイオキシン類がある。

表3　野生生物に対する内分泌かく乱物質の影響の事例

	生物	場所	影響	推定される原因物質
貝類	イボニシ	日本の海岸	雄性化，個体数の減少	有機スズ化合物
魚類	ニジマス	イギリスの河川	雄性化，個体数の減少	ノニフェノール（界面活性剤の原料／分解生成物）
	ローチ	イギリスの河川	雌雄同体化	ノニフェノール
	サケ	アメリカの五大湖	甲状腺過形成，個体数減少	不明
爬虫類	ワニ	アメリカフロリダの湖	雄のペニスのわい小化 卵のふ化率低下，個体数減少	湖内に流入したDDTなど有機塩素系農薬
鳥類	カモメ	アメリカの五大湖	雄性化，甲状腺の腫瘍	DDT，PCB
	メリケナジサシ	アメリカミシガン湖	卵のふ化率の低下	DDT，PCB
哺乳類	アザラシ	オランダ	個体数の低下，免疫機能の低下	PCB
	シロイルカ	カナダ	個体数の低下，免疫機能の低下	PCB
	ピューマ	アメリカ	精巣停留，精子数減少	不明
	ヒツジ	オーストラリア	死産の多発，奇形の発生	植物エストロジェン（クローバ由来）

（環境庁「外因性内分泌撹乱化学物質問題に関する研究班中間報告書」1997年）

2 地域の環境といろいろな生態系

1 生態系と食物連鎖・物質循環

　地球全体の環境状態のあらましは，個々の環境要因の平均値や総量などを用いると理解しやすい。しかし，その内容は国や地域によって異なっているし，人間は地域に生活の拠点をおいている。地球環境問題が地域の環境問題に影響を及ぼしている一方，地域の環境問題が積み重なって地球環境問題に発展している。そのため，私たちは地域の環境について，理解することが欠かせない。

　地域には都市，河川，農地，森林など，異なった特徴をもった空間が存在している。こうした空間のちがいは，生態系という概念❶を用いると理解しやすい。

生態系とは何か　　生物はヒト，カラス，イネというように「種」❷という単位で分類される。「種」はその集団だけで生活しているのではなく，たくさんの異なる種の

❶もともと森林などの自然の場の，複雑な生物間の相互作用や物質循環を解明するためにつくられたものであるが，その後，人間の影響を受けた農地や都市などにも使われるようになった。

❷生物を分類する基本的単位で，形態，習性，分布，遺伝子組成などが共通しており，相互に生殖が可能であって，他のものと区別できる個体の集団。

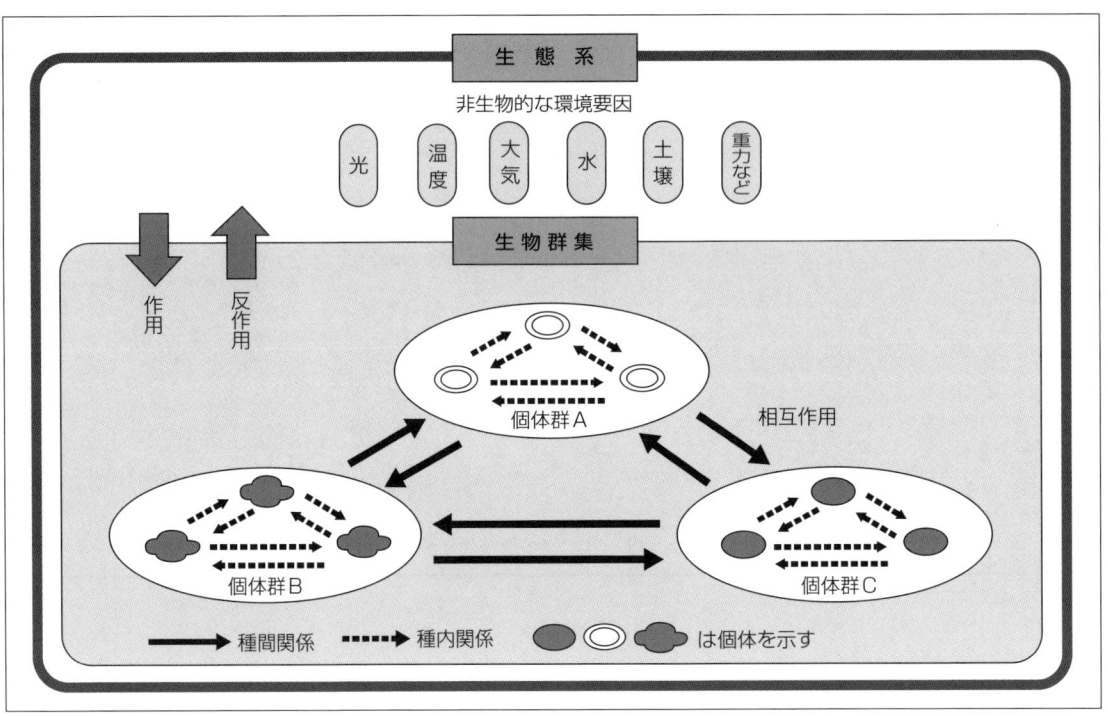

図1　生態系の成り立ち

動物，植物や微生物の**個体群**❶と一緒に生活している。これらは，さまざまな環境要素と関係しあいながら生活し，個体群と個体群のあいだでは食う食われるの関係や，食物，養分や光をめぐっての競合や共存といった関係があり，これにともなってエネルギーの流れや物質の循環が起きる。

このように，自然界のある場所にすむ生物の群集と，それを取り巻く環境とのあいだで相互作用が営まれている全体を1つのまとまり（系）としてとらえたものが，生態系である（図1）。

❶生物の集団（生物群集，生物群，植物では群落ともいう）のうち，同じ種からなるものが個体群である。

食物連鎖と物質循環

生物はさまざまな個体群が一緒になって群集として共存しているからこそ，お互いに生き続けることができる。植物や微生物の一部が光合成をおこなって，太陽光エネルギーを利用して有機物を合成し，有機物のなかに化学エネルギーとさまざまな栄養物を蓄積する。合成された有機物を動物や大部分の微生物が食べて，そこからエネルギーと栄養物を得ている。

陸上では，光合成による有機物合成の主役は植物である。そのため，植物は**生産者**とよばれる。動物は植物の合成した有機物を

図2　自然生態系におけるエネルギーと炭素の流れ
注　太陽光エネルギーは光合成によって化学エネルギーに変換され，有機物（デンプン）のかたちになる。有機物は呼吸に利用され，そこで取り出されたエネルギーは生命の維持や成長に利用され，最終的には熱エネルギーとなって大気中に放出される。呼吸によってできた二酸化炭素（CO_2）と水は大気中に放出され，再び光合成に利用される。

食物連鎖のすがた（緑化樹の葉を食うガの幼虫と，それを食うカナヘビ）

2　地域の環境といろいろな生態系

消費して成長しているので**消費者**，微生物は植物や動物の遺体を分解して，そのなかの有機物からエネルギーと栄養物を得て生活しているので**分解者**，とよばれる（図2）。

たとえば，植物を虫，小鳥，ウサギなどの小さな動物（植食動物）が食べる。それを大型の猛きん類や獣（肉食動物）が食べる。また，植物や動物の遺体は土壌にはいり，土壌中の微生物によって分解される。そして，増殖した微生物をミミズが食べ，ミミズをモグラが食べ，モグラは猛きん類や獣に食べられる。こうした生物間に食う食われるの関係がつながっている状態を**食物連鎖**という（図3）。

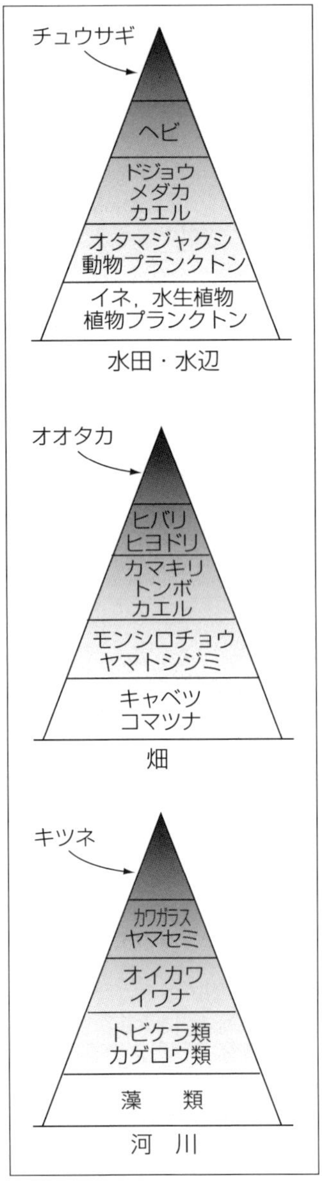

食物連鎖を通じて有機物を構成している元素は，微生物の分解作用によって無機態の炭素，窒素，リンなどに戻される。植物は放出された二酸化炭素や無機の栄養元素を吸収・利用し，光合成をおこなってふたたび有機物を合成する。このように，生物の生育に必要な元素が生物の体をとおって生態系のなかを循環することを**物質循環**とよぶ。

また，これにともなって，光エネルギーから固定された化学エネルギーが生物の体に利用されていく。

② いろいろな生態系とその特徴

自然生態系と遷移　火山噴出物の堆積した岩だらけの空間には，はじめ生物がいない。しかし，時間の経過とともに火山噴出物に含まれている硫黄などから化学エネルギーを取り出し，そのエネルギーを使って空気中の二酸化炭素から有機物を合成する特殊な微生物が少しずつ増えてくる。また。藻類と菌類が共生した地衣類は，特殊な有機酸を分泌して岩石を少し

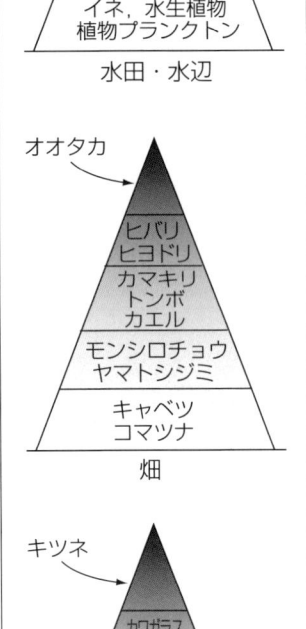

図3　食物連鎖の例

生物濃縮のしくみ

食物連鎖によって有害物質による汚染問題が深刻になる例に，生物濃縮がある。たとえば，かつて使用された分解の遅い有機塩素系の農薬が土壌や水中に低濃度で残っていると，微生物は少しずつそうした農薬を体に取り込む。それがミミズやモグラの体をへて，濃縮されることになる。そして，食物連鎖の上位に位置する鳥や獣はさらに濃縮された（生物濃縮という）えさを食べることになるので，繁殖障害などの障害が引き起こされることになる。

ずつ溶かし，溶け出たミネラルを吸収し，光合成によって有機物を合成していく。

　こうして，生物の遺体のかたちで有機物がゆっくりと蓄積し，それを微生物が分解して無機態の窒素やリンが蓄積してくる。そこに少ない無機養分で増殖できる草やマツなどが生え，さらに時間をかけて土壌や気象条件に適応して，草原やブナ・コナラなどの森林ができてくる（図4）。

　自然の生態系では，このように生物が環境と相互作用をおこなって環境を変えていき，変化した環境に適した生物が定着し，生物の種類がおきかわっていく。こうした自然の変化にもとづいて生物の種類構成が変化していくことを**遷移**❶という。なお，森林の伐採跡地や放棄された田畑などの跡から始まる遷移を二次遷移❷という。

❶遷移が進み安定した状態を極相という。

❷二次遷移では，すでに土壌ができていて，養水分もあるていど蓄積されているので，遷移の進み方がはやい。

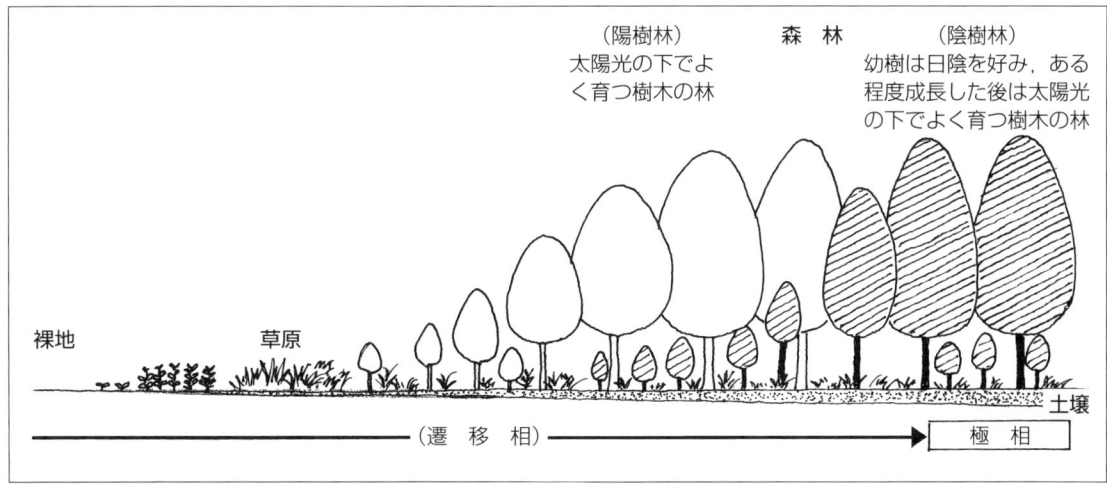

図4　自然生態系における遷移

放牧によって遷移が停止して景観が維持されている草原（左）と放牧がとだえて草木におおわれ始めた草原（右）

自然の生態系では，人間が特定の生物を排除したり，収穫したりしないので，物質循環で流れる養分のすべてを使ってさまざまな生物が成長し，生物間の相互作用を受けながら生物が生き残っていく。

森林・草原の生態系 これに対して，スギやヒノキなどの人工林やススキ草地などでは，生産しようとする苗木の成長を妨害する雑草や獣などの生物を排除し，遷移が先に進まないように，人間の手が加えられている。そして，一定の成長を遂げると，伐採して搬出し，ふたたびスギやヒノキを植えるので，遷移が先に進まない。ススキ草原でも秋から冬に火入れをおこなって，侵入してきたかん木やその他の草を排除し，遷移が先に進まないようにして，ススキをウシに食べさせて，ウシの成長というかたちで人間が物質循環で流れる養分の一部を収穫している。

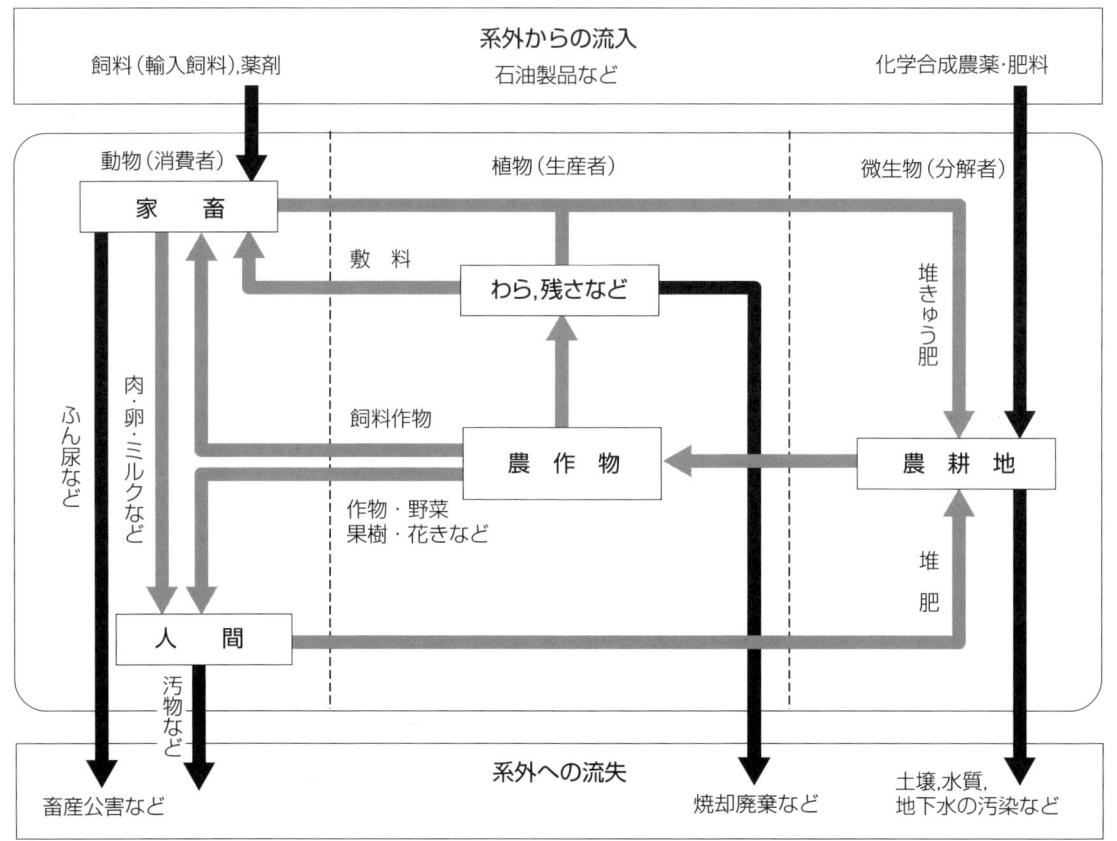

図5　農業生態系における物質の流れの例（模式図）
注　➡の流れが大きくなると環境への負荷が増大する。

里山の雑木林やマツ林は，かつては堆肥材料の落ち葉や燃料のまきを取るかたちで人間によって管理されていた。その時代には物質循環で流れる養分の一部を人間がうばっていたし，林床（林のなかの地面）に生えた草や樹木の実生は持ち出されたので，遷移が進行して樹木の種類が変化することはなかった[❶]。

❶最近では化学肥料やプロパンガスなどの普及によって，落ち葉やまきを持ち出すことが少なくなり，草，かん木，ササなどが生え，遷移が始まりだしている。

耕地生態系

　水田，畑，果樹園などの耕地生態系は，人間の手によって支えられている生態系である。生産目的以外の生物はできるだけ排除し，目的の生物を効率よく成長させ，収穫して搬出している。収穫物を搬出すると土壌の物質収支がマイナスになるので，養分となる肥料，堆肥などを外部から搬入して，物質循環を強化している（図5）。そして，毎年ほぼ一定の生産物を生産して，遷移が進行するのを防いでいる。

　しかし，完全な隔離状態ではないため，雑草などの植物，昆虫や鳥などの動物やさまざまな微生物が共存して，生物間の相互作用や物質循環が起きている。ところが，生物の種類が自然生態系に比べると少ないので，外から農地の環境条件に適した生物が侵入してくると，農地内の生物間の相互作用だけでは防止できず，害虫，病気，雑草などが大発生することがある。

　最近までは，人間の管理している農地，人工林，ススキなどの草原や雑木林では，毎年同じような環境条件が再現されていた。このため，こうした条件に適応したメダカやナマズ，ホタルなどの生物にとっては安定した生息地になっていた。しかし，農業の形態が変わり，伝統的に保持されてきた環境条件が変化してきた（➡ p.100）。

害虫が大発生したキャベツ畑

👉参考　遷移の初期と後期における生態系の特徴と農業

　遷移の初期と後期を比較すると，その構造や機能にちがいがみられる。たとえば，遷移の初期は，そこに生息する生物は成長がはやいが小型で，生物的・化学的な多様性に乏しく，汚染の浄化力は小さく，生態系の安定性は低いことが多い。

　一方，遷移の後期は生息する生物の成長は遅いが大型で，生物的・化学的な多様性に富み，汚染の浄化力は大きく，生態系の安定性は高いことが多い。

　したがって，農地や草地などの人為的に遷移の進行を停止させる生態系では，どの段階で遷移を停止させるかによって，その生態系のもつ機能は異なってくる。

湖沼と河川の生態系

水生生物を育んでいる湖や沼には、上流から土壌などが運ばれてきて堆積するので、とくに水深の浅い沼や湿地は、放置すれば長い時間をかけてしだいに浅くなり、やがて干上がってしまうことすらある。

これに対して河川では、水が流れ、堆積物を押し流している。河原は定期的なはん濫によって洗われるため、河原の植物はあるていど成長すると、洗い流され、遷移が先に進むことはない（図6）。つまり、河川生態系は自然の力によって元の状態に戻されている系であり、そうした環境を好む生物にとっては安定した生息地となっている。しかし、はん濫がなくなると遷移が進み、生息できなくなる生物もいる❶。

一方、湖沼や河川には人間活動にともなうさまざまな廃棄物が流され、有機物や栄養塩類（窒素やリン）の濃度が高まっている。水系は土壌系と異なり、系全体が均質になりやすく、その環境条件がいっきょに悪化しやすい。

水に溶解できる酸素濃度はあまり高くないため、有機性の汚濁物質が混入してくると、微生物がそれを分解利用して繁殖する過程で酸素ガスを消費して、酸欠によって水生動物が大量死しやすくなる。また、とくに流れの少ない湖沼では、栄養塩類の濃度上昇（富栄養化）によって、水を緑色に濁らせる微小な藻類（アオコ）などが大発生して問題となっている。

このように、湖沼や河川の生態系は、他の生態系よりも環境変化の影響を鋭敏に受けやすい系である。

都市生態系

都市にはたくさんの人間が生活しているが、食料を生産せず、外部から搬入して消費し、大量のなまごみや排せつ物を生み出している。また、外部から原料やエネルギーを搬入して、工業製品を生産し、製品を搬出する。その過程で多量の廃棄物、熱、ガスなどを排出している❷。

このように、都市は食料、原料、エネルギーを搬入して利用している消費型の生態系である。そして、生活や工業生産などにともなって排出されるさまざまな廃棄物を処分して環境条件の悪化

❶河川敷の河原に生え、秋に白い花を咲かせるカワラノギクは、栄養分の乏しい丸石の河原にしか生息できない。そのため、河川の整備などで、洪水などのかく乱要素がなくなり、河原の土壌化が進むと、生息場所を失って絶滅する。

❷冷暖房の廃熱（排熱）、地表からの水分の蒸発の減少（地面がコンクリートやアスファルトにおおわれているため）、大気汚染などによって、都市部の気温が周辺部より高くなるヒートアイランド現象も発生している。

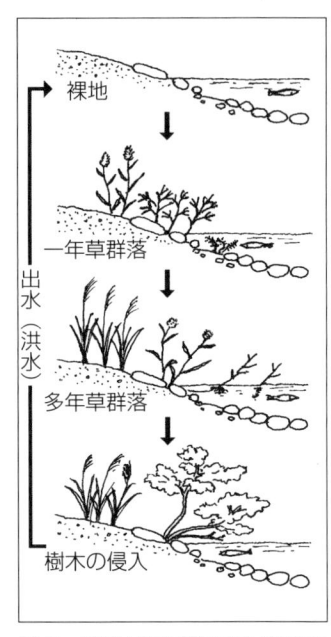

図6 遷移が先に進まない河原の植生

を防止するために，自然の浄化力や物質循環にかわって，人工的な装置に大きくたよっている系である。

生態系間の連携　人間は消費型の都市生態系だけでは生きていけない。人間は，国内外のさまざまな生態系から食料，木材，工業原料，エネルギーなどを搬入して都市生態系を支えている。その一方，農地生態系では，食料を生産して都市に搬出するのにともなって養分が減少する。その生産力を維持するために，都市の工業によって生産された化学肥料や農薬が農地生態系に向けて搬出されている。

しかし，都市生態系では圧倒的に消費量のほうが多く，消費にともなってさまざまな廃棄物が大気，土壌，水に放出され，都市環境のみならず，地球環境も悪化させている。

また，都市生態系は森林生態系や農地生態系などによって災害

コラム

江戸期にみる耕地（ノラ），林（ヤマ），集落（ムラ），都市（マチ）の連携

江戸時代には水田に入れる肥料は，刈敷（林から広葉樹の若葉を枝ごと刈り取ってきて田植え前の水田に敷き込む肥料）が中心だった。刈敷の採集には水田の数倍の面積の林が必要だった。東北地方では刈敷は使わず，夏のあいだに草を刈って牛馬のえさにし，その食べ残しを堆きゅう肥にしてから田畑に入れていた。これは，春が遅い東北地方では，田植えの頃には林の若葉がまだ十分に成長していないからである。

江戸時代に田畑に投入されていた刈敷の量を古文書で調べ，刈敷を採集する6月頃の山林に茂っている木の葉や草の量を調べると，この時代の農業が必要としていた林の面積が計算できる。この計算から，田畑の数倍の面積の林が必要であったことがわかる。

ノラでつくった農作物がマチへ供給されるようになると，マチから下肥を購入してノラに入れるようになり，刈敷は使われなくなった。しかし，落ち葉を肥料（堆肥）にして，いろいろに利用していたので，かなりの二次林は必要だった。たとえば，サツマイモをつくるためには，落ち葉を積んで苗床をつくり，そこにイモを埋め込んで発酵熱で芽を出させて苗にした。また，畑の堆肥が必要である。苗床用と堆肥用の両方に使う落ち葉をとるためには，少なくとも畑の半分くらいの面積の林が必要になる。

こうした理由から，日本では大面積の二次林が農村に残されてきた。

食料が自給されていた時代には，肥料も自給されることが多く，以下のような物質循環によって農業が維持されていた。

①ヤマからとった木の葉や草，落ち葉などを刈敷，堆肥，きゅう肥にして田畑に入れ，まきを燃やしてできた灰も田畑に入れた。これによりヤマからノラへ，窒素，リン酸，カリの移動が起こっていた。

②人はノラでつくった農作物を食べ，下肥をノラに入れた。これによりノラとムラの間での物質循環も起こっていた。

③マチの近くにあるムラでは，マチへ食料を売り，マチから下肥を購入することができたので，物質循環の範囲はマチまで広がっていた。

から守られている。森林や農地から地下に浸透した水は，ゆっくりと河川に流れ込んだり地下水脈となって，飲用水源として利用されている。このように農林業と農山村は，食料や木材などを生産する以外にも，洪水防止❶，土砂崩壊防止などの国土保全，水源かん養，野生生物を育むなどの自然環境の保全，緑の空間などの良好な景観の形成，文化の伝承，などの機能を果たしている（図7）。

こうした食料や木材などを生産する機能以外の，国民生活の安定や国民経済の基盤を形成する機能を，農林業および農山村のもつ**多面的機能**❷とよんでいる。

人間は都市だけで生きていくことはできない。また，都市の発達なくしては農村は経済的にゆたかになることはできない。さま

❶わが国は年間雨量が多く，集中豪雨もあるために古くから洪水防止が重要課題となっているが，農林地の貯水容量は大きく（表1），なかでも森林のそれはばく大で，洪水防止に大きな役割を果たしている。

❷多面的機能は農産物の価格には上のせされておらず，無料で広く国民に提供されているため，公益的機能ともよばれる。

表1 わが国の農林地の貯水容量

地目	面積（1,000ha）	単位保水量（mm）	貯水容量（100万m³）
水田（本地）	2,579	-	5,371
普通畑	1,225	37.4	458
草地	661	22	145
樹園地	408	106	432
荒れ地	400	15	60
森林	24,588	106	26,063
野草地	438	22	96
農地合計			6,466
農地・林野合計			32,625

（農水省，1997年）

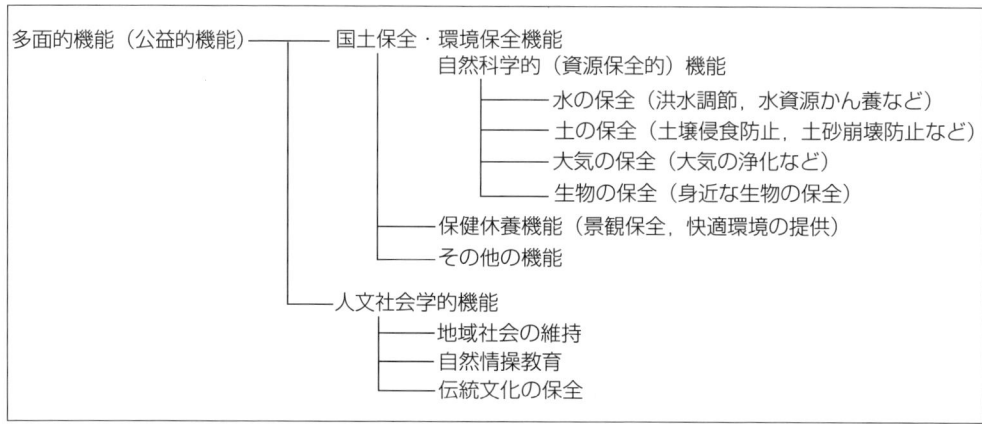

図7 農業・農村のもつ多面的機能（公益的機能）
（農水省新政策研究会編『新しい食料・農業・農村政策を考える』1992）

ざまな生態系が互いに結びつき合いながら，それぞれの環境状態が適切に管理されることが大切である。

多面的機能の価値はどれほどか

農林業は，ふつう農産物や林産物の生産額で評価されるが，農林業の役割を正しく理解するには無料で提供されている多面的機能（公益的機能）も経済評価する必要がある。表2にその一例を示したが，この表の値は，森林の果たしている機能を，かわりになる施設をつくって維持するとした場合の費用を計上して評価したものである。

たとえば，「水源かん養機能」の「降水の貯留」では，森林に貯留される降雨量をダムで貯水したとして，建設したダムの減価償却費と維持費を計上している。土砂流出防止機能では，森林が流出を防いでいる土壌量を砂防ダムでくい止めるとして，その建設費を計上している（砂防ダムは使い捨てになるので，減価償却費や維持費は計上していない）。

ここでは，森林の公益的機能の一部を評価しただけであるが，その評価額は総額で約75兆円にもなっている。わが国の林業粗生産額は約6,200億円（1998年）で，日本経済への直接的な貢献はわずかであるが，森林を荒廃させて公益的機能を低下させると，人びとの暮らしを維持するために，ぼう大な経済支出が必要になる。このことからも，森林のもつ公益的機能の大きさが理解できる。

同様な経済評価を農地についておこなったのが表3である。1998年の農業粗生産額は約10兆円であるが，農地はその7割に相当する約7兆円の機能を生み出し，その44%の約3兆円を中山間地域が生み出している。

表2 森林の公益的機能の評価額

		評価額, 億円/年
水源かん養機能	降水の貯留	87,400
	洪水の防止	55,700
	水質の浄化	128,100
土砂流出防止機能		282,600
土砂崩壊防止機能		84,400
保健・休養機能		22,500
野生鳥獣保護機能		37,800
大気保全機能	二酸化炭素吸収	12,400
	酸素供給	39,000
合　計		749,900

（林野庁，2000年）

表3 農業・農村の有する公益的機能の評価額
（単位：億円/年）

	全国	中山間地域
洪水防止	28,789	11,496
水源かん養	12,887	6,023
土壌侵食防止	2,851	1,745
土砂崩壊防止	1,428	839
有機性廃棄物処理	64	26
大気浄化	99	42
気候緩和	105	20
保健休養・やすらぎ	22,565	10,128
合　計	68,788	30,319

（農業総合研究所等，1998年）

第2章 地域環境の調査と発見

1 生きものをとおして知る地域環境の特徴

(1) 地域環境の成り立ちと特徴

　私たちが住んでいる地域の環境は，人間の営みや産業，居住形態や土地の利用形態などから，大きく農村と都市[1]，あるいは耕地，森林，河川，緑地[2]などに分けられることがある。これらの地域環境は，1つとして同じものはなく，さらにいくつもの特徴的な地域や環境から成り立っている。

　こうした地域環境のほとんどは，人間の地域自然に対するはたらきかけによって生み出され，人間生活の影響を大きく受けている。その特徴を知ることは，地域の環境を保全し，新たに創造していくうえで，欠かすことができない。

　地域環境の特徴を知るには，いろいろな方法があるが，ここではまず，そこに住んでいる生きもの（野生生物）のすがた，地域の景観などをとおして，地域環境の特徴をつかんでみよう。それは，生きもののすがたは，それぞれ，地域環境の特徴や変化を総合的かつ敏感に反映しているものだからである。

[1] わが国の農村（農業地域）は，人口密度，耕地率，林野率などから都市的地域，平地農業地域，中間農業地域，山間農業地域（中間地域と山間地域をあわせて中山間地域という）に，都市は市街地と居住地（住宅地），緑地（都市緑地）などに区分することがある。

[2] 耕地は田と畑（普通畑，樹園地，牧草地），森林は天然林と人工林（天然林がなんらかの原因で破壊されたあとに自然に再生した森林は二次林とよぶ），河川は本川と支川，緑地は公共緑地と自然緑地，などに区分されることがある。

整備された石組みの水路

(2) 野生生物の変化と地域環境

　地域にある農地，人工林，草原，雑木林などでは，近年まで人間の管理によって毎年同じような環境条件が再現されていた。このため，こうした条件に適応した生物にとっては安定した生息地になっていた。しかし，農業の形態が大きく変わり，長く保持されてきた環境条件が変化してきた。

　たとえば，都市近郊の農村では，都市化の進展によって農地や雑木林が工場や住宅地になった。さらに，ほ場を大型化して作業効率を高めるために，あぜや防風林を減らし，あぜや農道，用水路などをコンクリートなどに変え，用水路には大きな段差がつくられた。こうしたことによって，野生生物の生息地が減少するとともに，移動がむずかしくなり，その種類や数が減少している❶。

　その一方で，野生生物の生息地を復活させる積極的な取組みがみられるようになった。たとえば，ヨーロッパでは美しい農村風景と農村の育んできた野生生物を保護するために，野生生物の生息地や移動通路となってきた農業施設（家畜の逃げるのを防止する石垣，ほ場周囲の樹木の生垣など）を維持・修復するのに補助金を出している。また，アメリカでは，干拓された農地を，ふたたび水生動物の生息地（湿地）に戻すことが奨励されている。

　世界的に，「野生生物が生息できない環境は人間にとっても好ましくない環境であり，多様な野生生物のはたらきによって生態系が維持されている」ことが，強く認識されてきているのである。

❶畑ではムギがたくさん栽培され，春にはヒバリがうるさいほどさえずっていたが，現在ではムギの栽培が減ってしまったため，ヒバリのさえずりもあまり聞かれなくなってしまった。

三面張り水路

1. 都市緑地の環境の特徴と生きもの

　校庭や公園などの都市緑地は，道路や建造物などによって分断されていることが多い。この環境は，生物にとっては海によって分断された島と似ている。そこに出現するのは，空を飛んで移動できる，移動力の大きな動物（昆虫と鳥）が中心になる。

　一方，モグラなどの地中を移動する動物，落ち葉の下や腐植層を移動する動物❶，地表を移動する動物（哺乳類，両生類，は虫類など）は移動力が小さいので，緑地の分断が進むと隔離されやすく，すがたを消しやすい。

　また，緑地の分断は緑地面積を縮小させることになるので，捕食性動物のように大きな面積を必要とする動物もすがたを消す。さらに，緑地面積が縮小される結果，繁殖する鳥の種類は限られ，冬鳥や春と秋の渡りのときに立ち寄る鳥の比率が高くなるうえ，滞在時間が短くなる❷などの影響もあらわれる。

● **人間活動に依存する生態系**

　都市緑地は人間活動の影響が大きな場所なので，人間活動に依存する生態系ができている。たとえば，木造住宅，コンクリート建造物，庭園樹・街路樹や巣箱などを繁殖場所にする動物❸，カラスなどのようになまごみや人が与えたものをえさにする動物などが生息している。また，日あたりのよい場所と建物の陰になる場所，人に踏みつけられる場所などでは植物の種類が異なる。

● **都市の特徴を反映した生態系**

　都市は一般に樹林地は多いが草地や畑の環境がないので，樹林地にすむ生きものが多く，草地や畑にすむ生きものは少ない❹。また，乾燥に強い土壌動物が多く，たとえば，オカダンゴムシが多くてワラジムシが少ない構成になる。さらに外来の鳥❺が多くなる。

● **動物相が植物相に与える影響**

　緑地の動物相は植物相にも影響を与える。植え込みの芽生えをとおして調べてみると，親木から離れた場所の芽生えは大きな木の下（幹のまわり）に多い。

　また，①鳥が好む果実をつける種類が多く，風で運ばれる種類やドングリをつける種類は少ない（ドングリをつける種類の芽生えは，親木の下に集中する），②庭園樹や街路樹が多く❻，自然林の種類が少ない，③比較的大きな果実をつける種類が多く，ヒサカキのように小さい果実をつける種類は少ない，④ヘクソカズラなどのツル植物が多い，⑤秋から冬に果実をつける種類が多い，などの特徴がある。

🔍 **調べてみよう**

都市緑地，校庭，ほ場で生物の調査をおこない，比べてみよう。ちがいがあったら理由を考えてみよう。

❶オサムシ類，ハサミムシ，ワラジムシ，ムカデ，ヤスデ，コウガイビルなど。

❷本来は冬鳥として定着していた鳥が秋の渡りのときに立ち寄る，夏鳥として定着していた鳥が春の渡りのときに立ち寄るなどがある。

❸スズメ，ムクドリ，ハシブトガラス，キジバト，ヒヨドリ，オナガ，シジュウカラ，ドブネズミ，クマネズミ，ハツカネズミなど。

❹都市に多いのはオオシオカラトンボ，ズジグロチョウ，ヒヨドリなど，少ないのはシオカラトンボ，モンシロチョウ，ヒバリなど。

❺ワカケホンセイインコ，セキセイインコ，ブンチョウ，キンバラなど，飼い鳥が逃げ出したもの。

❻アオキ，エンジュ，クスノキ，シャリンバイ，シュロ，ムクノキ，モチノキなど。

調査　林床の芽生えの調査

①植え込みの下に1mの間隔で縦横にロープを張り，1m×1mの方形区をつくり，グラフ用紙に記入する。

②そこに生えている樹木の樹冠投影図をつくる。測定者が長さ1～2mのものさしを垂直になるように持ち，枝張りの先端に立ち，記録者は，やや離れた場所からものさしが枝張りの先端の真下になるように指示し，その位置から方形区のロープまでの距離をはかる。この作業を繰り返して，枝張りの先端の位置をグラフ用紙に記入して線で結ぶ。

③枠内の全樹木の根もととの位置と幹の直径をはかり，樹冠投影図に記入する。幹の直径は胸の高さ（胸高直径，→ p.56）ではかる。

測定と作図が終わったら，樹冠投影図と芽生えの位置の図を重ねてみる。

庭園樹で繁殖するヒヨドリ（左）とキジバト（右）

ドングリ（シラカシの果実）からの芽生え（左）とモミジ（イロハカエデ）の果実（右）

2. 水辺・水田の環境の特徴と生きもの

　水田とその関連施設である水路やため池は，農業生産の装置であるだけでなく，トンボ，カエル，タニシなどの多くの身近な水生動物の繁殖地でもある。また，水田は水路によって河川とつながっており，河川と水田を往復しながら生活しているナマズやメダカなどの水生動物や，水鳥などの繁殖地ともなり，さまざまな動植物を育んでいる。

●夏から春の環境と生きもの

　春から夏の水田や水路では，耕起，あぜ塗り，しろかき，田植え，除草などの作業がおこなわれ，これらのはたらきかけによってできた環境に適応した生物が生きている。

　水辺　水辺の植物としては，セキショウ，ショウブ，ヤナギ，ハンノキが代表的なもので，ため池や水路の中には，沈水植物（セキショウモ，クロモ），浮葉植物（ジュンサイ，ヒツジグサ，ヒシ），抽水植物（ガマ，コガマ，ヒメガマ，ヨシ，マコモ）などが生える（図1）。

　動物では，水生昆虫のタイコウチ，ミズカマキリ，ゲンゴロウ，ガムシなどが代表的なものである。トンボには広い水面をパトロールするもの（ギンヤンマ，オオヤマトンボ，コシアキトンボなど）と，水草が生えた水辺を好むもの（キイトトンボ，ショウジョウトンボなど）とがいる。鳥では，ゴイサギ，カイツブリ，オオヨシキリなどがみられる。

　水田　田植え前の水のあるところにはセリ，キツネノボタン，水のないところにはスズメノテッポウ，レンゲなどが生える。田植え後には，コナギなどの水田雑草が生えてくる。動物では，田植え前にニホンアカガエル，ヤマアカガエル，シュレーゲルアオガエルが，田植え後にはトノサマガエル，ダルマガエル，ヌマガエル[❶]，アマガエルが産卵する。ツバメ，チュウサギなどの鳥は，水田でえさをとって繁殖

[❶]ヌマガエルは静岡県以西にすむ。トノサマガエルは本州，四国，九州にすむが，関東地方から仙台平野にかけてはみられず，この地域にはダルマガエル（トウキョウダルマガエル）がすんでいる。

調べてみよう
コナギは，夏から秋に紫色の花が咲き，開花後まもなく閉じ花茎が急に下方へ曲がって結実する。コナギを水槽に植えて，そのようすを観察してみよう。

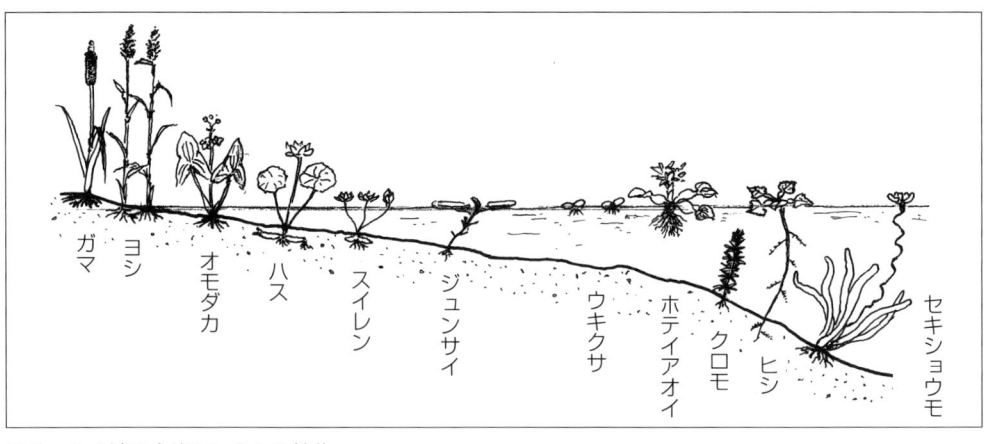

図1　ため池や水路にみられる植物
（ガマ，ヨシ，オモダカ，ハス，スイレン，ジュンサイ，ウキクサ，ホテイアオイ，クロモ，ヒシ，セキショウモ）

する。

あぜ 春にあぜ塗りがおこなわれるので，そこに生える植物はイボクサなどの1年草が多い。あぜの上面は人に踏みつけられるので，オオバコ，ムラサキサギゴケのような踏みつけに強い植物が生育する❶。

❶オオバコは乾いたあぜ，ムラサキサギゴケは湿ったあぜに生える。

用排水路 根を残して草を刈り取るので，多年草が多い。用水路は流れがあるので，茎や葉がやわらかくて流れにもまれても折れない植物が生育する。排水路は流れが緩やかなので，茎が水上に抜き出るヨシなどの抽水植物が生育する。

あぜ道 2本のわだちの部分は踏みつけに強いオオバコ，カゼクサ，わだちの両脇と中央の部分は，やや踏みつけに弱く，種子がズボンなどについて運ばれるチカラシバが多い（図2）。

土手 草刈りによって管理されるので，チガヤなどの多年草が多い。草刈りの回数が多いとシバ

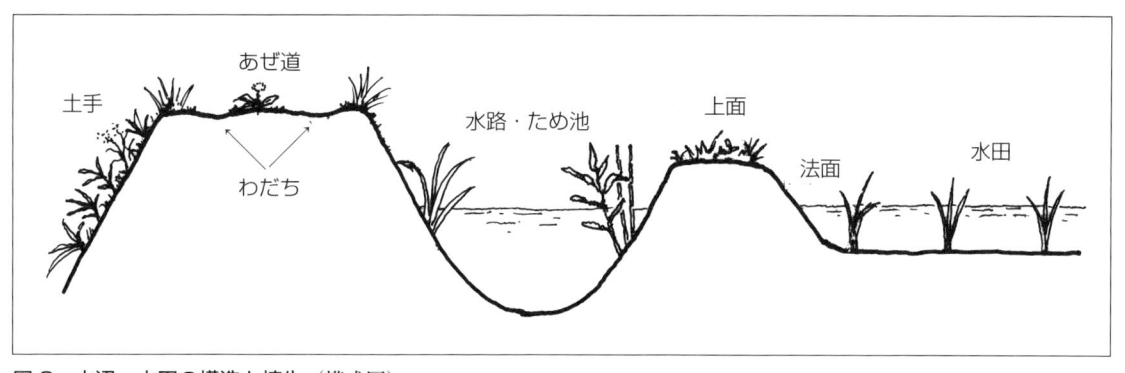

水田でえさをとるサギの仲間

図2　水辺・水田の構造と植生（模式図）

調査　水田のカエルとヘビの生態調査

トノサマガエルやダルマガエルは水田と水路の両方で生活するので，水路がコンクリート護岸されたところでは，水路から水田へ上がることができずにすがたを消す。こうした水田で繁殖できるのは，吸盤がありコンクリート壁を登ることができるアマガエルだけになる。

ニホンアカガエル，ヤマアカガエルは3月には産卵するので，春先に水のある水田（湿田）でないと繁殖できない。

シュレーゲルアオガエルはあぜの土に穴をあけ産卵するので，コンクリートのあぜやビニルシートでおおわれたあぜでは産卵できない。

一方，ヘビ（ヤマカガシ）は，若いときはアカガエル，大型になるとヒキガエルを食べる。水田が乾田化したり放棄されたりしたところでは少ない。

水田の構造とカエルやヘビの種類の関係を調べてみよう。水田の構造とカエルの種類を水田1枚ごとに調べ，1/2500縮尺図（水田の1枚1枚が描かれている）に書き込んでいくとよい。そして，これらの生きものが乾田や放棄田で少ない理由を考えてみよう。

型に，少ないとススキ型になる。

● **秋から冬の環境と生きもの**

　秋から冬の水田や水路・ため池では，稲刈り，脱穀，稲わらの野積み，水路やため池の補修などがおこなわれる。イネが刈り取られたあとの水田の動物には，湿田の泥の中にもぐって越冬するもの（タニシ，ドジョウ）❶，水田で落ち穂や草を食べるもの（マガン），水田で落ち穂や草の種子を食べるもの（スズメ，カワラヒワ，キジバト）などがいる。ムナグロ，ツルシギなどは，渡りの途中で水田を利用する。

　ため池や水路の動物には，小さな池でも飛来するもの（コガモ，体が小さく軽いので，せまい水面からでも飛び立つことができる），大きな池でないと飛来しないもの（ミコアイサ，カワウなどの潜水性の水鳥❷），富栄養化が始まると増えるもの（ハシビロガモ，プランクトンを食べる）などがいる。

❶乾田化が進むとこれらの動物は水田の中ではすめなくなる。

❷これらの水鳥は，もぐるために体が重くできているので，広い水面の長い滑走路がないと，飛び立つことができない。

調べてみよう
いくつかのため池で水鳥の種類を調べ，それぞれの池の水鳥がどうしてそのような構成になっているかを考えよう。

参考　水生昆虫の呼吸法

　タイコウチ，ミズカマキリは，しっぽを水上に出して空気呼吸する。ミズカマキリの成虫の長い尾は，そのためのシュノーケルである。尾を出して呼吸するので，水面近くでつかまっていられるもの（水草など）が必要である。

　一方，ゲンゴロウ，ガムシは，幼虫のときはえら呼吸だが，成虫になると，外側のさや状のかたいはねと体のすき間に空気をためる，アクアラング方式で空気呼吸する。背負っている空気で体がかるくなるから，水中でつかまっていられるもの（石や水草など）が必要である。

コラム

深い関係にあるカエルの産卵期と田植時期

　日本のカエルのうち，深い水で産卵できるのは外来種のウシガエルだけで，在来種でため池で繁殖できるのは，岸辺の浅い部分（ヨシなどの枯れ葉で浅くなった部分）で産卵するヒキガエルだけである。他のカエルは，浅い水辺でないと産卵しないので，水田がかっこうの産卵場所になる。

　田植え前の水田で産卵するニホンアカガエル，ヤマアカガエルは，昔の田植え時期だった６月までにオタマジャクシの時代を終え，岸に上がって林で生活する。アカガエル類の卵は水温が高いと死んでしまうので，水温が高くなるまでにオタマジャクシの時代が終えられるように，秋のうちに卵を腹の中で成熟させておき，冬眠から覚めると同時に産卵するのである。

　一方，ヌマガエルの産卵が田植え後になるのは，冬眠から覚めてから腹の中の卵の成熟が始まるからである。田植え後の浅い水辺はすぐ高温になるが，ヌマガエルの卵は高温に強く，38℃まで正常に発育するし，オタマジャクシは43℃の湯の中でも生きられる。夏の浅い水辺はすぐに干上がるという危険もあるため，ヌマガエルは卵を少しずつ何回かに分けて産み，卵が生き残れるようにしている。

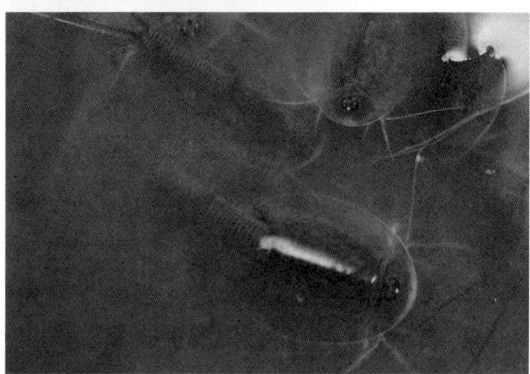

水辺や水田で生活する生きもの（上：タニシ，左下：ゴイサギ，右下：カブトエビ）

> **コラム**
>
> ### 赤とんぼと水田
>
> 　東日本の水田で最も多い赤とんぼは，アキアカネである。このトンボは，夏は高い山で過ごし，秋になると平地に下りてきて，稲刈りの終わった水田の小さな水たまりで産卵する。卵に粘着性があるので，卵を尾から離すために尾で水面をたたいて産み落とす。
> 　この産卵方法では開けた水面が必要となり，稲刈り前に産卵できないが，それがプラスにはたらいている。アキアカネの卵は10℃以上になるとふ化してしまい，そのヤゴは冬の低温に耐えることができないが，卵でなら冬越しできる。そこで，水温が10℃以上に上がる心配のない秋遅くに，山から下りてきて産卵する。
> 　また，アキアカネの卵は水がないとふ化しないので，冬にムギをつくる水田でも卵は乾燥に耐え，田植えと同時にふ化する。このため，乾田化が進んだ現在でも，アキアカネは水田で生きている。
> 　一方，南西日本の水田にはウスバキトンボが多い。このトンボは成長がはやく，卵は産みつけられてから5日以内にふ化し，ヤゴは25〜30日で羽化し，成虫は羽化後1週間で交尾・産卵をする。つまり，ほぼ1か月半のあいだに世代を繰り返してしまう。この成長のはやさのおかげで，ウスバキトンボは水田の中干しによって水が干上がる前に成虫になることができる。
> 　しかし，ウスバキトンボは日本の環境にまだうまく適応できていなくて，ヤゴが寒さに弱く，屋久島より北の地方では冬越しできない。だが，その成長のはやさのおかげで，毎年春になると奄美大島より南の島からウスバキトンボが北上し，水田やため池などで産卵・ふ化を繰り返しながら，その年のうちに北海道の北の端まで北上していく。

3. 畑地の環境の特徴と生きもの

　畑は，栽培されたり生えたりする植物の有無や種類，生育段階などによって，その環境が大きく異なってくる。たとえば，冬に何も栽培されない畑は，表土が季節風で飛ばされやすいが，ムギ類やナタネなどが栽培されると，地面にしっかりと根を張り，季節風から表土を守る重要なはたらきをする。また，作物栽培の初期には雑草が生えやすいが，作物の生育が進んで茎葉で地面がおおわれると，雑草はほとんど生えなくなる。さらに，畑の植物は種類が多く，それらをえさとする数多くの動物がおとずれ，食物連鎖が繰り広げられている。

●畑の農作業と生きもの

　畑では，耕起，播種，移植，除草などの作業がひんぱんにおこなわれ，その生態系はかく乱されることが多い。毎年耕起される畑（常畑）に発生する雑草は，1年草のメヒシバ，スズメノテッポウなどが多い。冬に耕起されない畑では，前年の秋に芽を出し，ロゼット葉（地表に接した根出葉，→ p.133 図6）を広げて冬を越し，春に花を咲かせるもの（ナズナ，グンバイナズナなど）が多い❶。

　また，ムラサキカタバミ，ハマスゲなどの多年草も発生する。これらは，体の一部がちぎれて土の中に残り，そこから芽を出す性質（栄養繁殖性）が強いので，耕起や除草などの作業に耐えることができる。

　果樹園や桑園などのように，草刈りによって管理される畑では，ヒメジオンなどの2年草や多年草が多くなる。耕作が放棄された畑では，ハルジオン，ブタクサ，オオアレチノギク→セイタカアワダチソウ，ヨウシュヤマゴボウ，ススキ→クズなどというように，放棄後の年数に応じて遷移する。

●畑の動植物と食物連鎖

　野菜畑での一例を以下に示す。まず，生産者であるキャベツ，コマツナなどをモンシロチョウやヤマトシジミなどが食べる❷。そして，これらの幼虫や成虫をカマキリ，アシナガバチ，シオカラトンボ，クモ，アマガエルなどが食べる。さらに，それらの一次消費者をヒヨドリやヒバリなどの鳥（二次消費者）が食べる。

　また，マイマイ（カタツムリ）類やナメクジは，野菜，花などのやわらかい葉や花を食べ，それをゴミムシ類，オサムシ類などオサムシ科昆虫が食べる。多くの作物の汁液を吸うアブラムシを，ナナホシテントウやクサカゲロウ，ヒラタアブなどが食べる。ヨトウガ類やドウガネブイブイなどの幼虫が土にもぐり，土の中でまゆをつくる昆虫を，ゴミムシ類，オサムシ科昆虫やモグラが食べる。さらに，ドウガネブイブイ（成虫）など夜行性の大型昆虫を，ヒキガエルが食べる。

❶秋から冬に生育する作物や雑草には，ヨーロッパ原産のものが多い（ヨーロッパは冬に雨が多く，この時期に生育する植物が多い）。これは，この時期に栽培されるヨーロッパ原産の作物と一緒に，雑草もはいってきたためである。

❷ヒメアカタテハはゴボウを，ウラナミシジミはエンドウやソラマメを，ヤマトシジミは畑雑草のカタバミを食べる。

秋から春に葉をつけるヒガンバナ

調査　畑や水田の埋土種子の発芽調査

畑や水田の植物は，開けた場所で生活し成長に光を必要とする，かく乱によって競争相手がいなくなると成長する，埋土種子をつくり生育条件がととのうまで待つ，などの特徴がある。

貯蔵しておいた畑の土壌をシャーレに取り，水をかけて温室に入れてみよう。そして，芽生えた植物の種類と貯蔵期間とのあいだに関係はあるか，などを調べてみよう。

いろいろな食物連鎖（左上：アブラムシを食うナナホシテントウの幼虫，右上：ダリアを食うカタツムリ，左下：ガの幼虫を食うアシナガバチ，右下：カタツムリを食うヒヨドリ）

コラム

土手の草刈りとヒガンバナ

秋の彼岸の頃に田畑の土手を赤い花でいろどる植物にヒガンバナがある。このヒガンバナは，秋に球根から花茎を伸ばして花を咲かせたのち，葉を出して春になってススキやチガヤが茂る頃まで葉をつけ（44ページ写真），その後は葉が枯れる。土手の草刈りがおこなわれる春から夏にかけては，地上からすがたを消しているので草刈りの影響を受けない。

土手の草は盆前にきれいに刈られるが，この時期の草刈りは，その後に地上にすがたをあらわすヒガンバナにとっては，事前に競争相手の草を抑えてくれるありがたい行為なのである。

1　生きものをとおして知る地域環境の特徴

4. 林地・草原の環境の特徴と生きもの

　田畑に続く草原や林地は，古くから牛馬の放牧地や採草地，木炭や堆肥の原料の調達地，山菜やキノコの採取地などとして広く利用されてきた。これらの場所は，人の手が適度に加えられることによって，多くの動植物の生存を可能にしてきた。

　たとえば，春の草地には，レンゲツツジ，キジムシロ，スミレ，サクラソウなどの花が咲き，ハナバチ，ハナアブなどの花粉媒介昆虫がおとずれ，オオジシギ，ノビタキなどの鳥が出現する。春の雑木林やアカマツ林には，ヤマツツジ，クサボケ，ミツバツツジなどの花が咲き，林床（林の地表面）ではカタクリやフクジュソウなどの春植物（春にだけすがたをあらわす植物）が咲き，ギフチョウなどがおとずれる。

●林地・草原の手入れと動植物

　下草刈り[1]が毎年おこなわれる林床には，クサボケ，シュンランなどの植物が多い。下草刈りがおこなわれなくなるとリョウブやガマズミなどの落葉樹が生え，さらに時間がたつと，温暖な地域ではシイやカシなどが生えてきて常緑広葉樹の林になってしまう。

　一方，放牧草地は牛馬の放牧頭数が少ないとススキなど大型草本の多い草地（ススキ草原）になり，放牧頭数が多いとシバなど小型草本の多い草地（シバ草原）になる。

　冬になると草地では火入れがおこなわれ，林地では落ち葉かきや伐採[2]がおこなわれてきた。火入れは草地に侵入してきた樹木を焼き，地ぎわに成長点のある植物（ススキ，チガヤなど）や地下茎，球根などで越冬する植物の成長に好都合な環境をつくり出す。落ち葉かきは冬のあいだにおこなわれるので，春植物が葉を広げる地面に光があたるのを助ける。

●林地・草原にみる人と自然の綱引き

　放牧や草刈りの頻度の少ない草地は，タニウツギなどの木本植物が生育する草地になる。そこでは，オミナエシ，ワレモコウなどの大型の草本植物やタニウツギ，ノリウツギなどの低木が花を咲かせるので，チョウやハチの重要な吸みつ場所になる。しかし，この草地が放置されると，アカマツ，コナラ，リョウブなどの木本植物が増えてきて，林に遷移してしまう。こうなると，上記の植物は開花しなくなり，チョウやハチもおとずれなくなる。

　つまり，生きものでにぎわっている草地は，人と自然の綱引きがおこなわれ，その均衡（人のはたらきかけによる遷移の停止と，放置による遷移の進行との動的均衡）が保たれている場ということができる。

[1] 夏に林の中の草を刈り取ること。刈り草は家畜のえさや肥料として利用された。

[2] 落ち葉かきは，集めた落ち葉を堆肥の原料として利用する。樹齢15〜30年くらいになった木は伐採して，まきや炭にして利用する。切り株から出たひこばえは，そのまま育てて次の代の木とする。この方法をほう芽更新という。

タチツボスミレ

このように草地や林地の生物多様性は，人のはたらきかけによって保たれ，多様性のていどは，はたらきかけの度合いによって異なる。

草原の火入れ

林に遷移し始めた草地

コラム

林縁部をおとずれるチョウとスミレとの関わり

　林地と草地の接点（境界領域）である林縁部は，草地の生きものにとっても林の生きものにとっても大切な場所である。そこは，林地と草地の環境をあわせもつ場であり，さまざまな段階の植生が発達し，多くの生きものでにぎわう場所となる。

　たとえば，ヒョウモンチョウの仲間は林縁部に咲く花をおとずれ，その幼虫はいずれもスミレ類をえさ（食草）にする。そのため，スミレが生えている場所に産卵におとずれるが，食べるスミレの種類のちがいにより，生息場所にちがいがみられる。

　幼虫がタチツボスミレを食べる仲間（ミドリヒョウモン，メスグロヒョウモンなど）は，このスミレが生える林内に多い。一方，幼虫が草地に生えるスミレ，ツボスミレなど食べる仲間（オオウラギンヒョウモン，クモガタヒョウモンなど）は草地に多い。

　しかし，林縁部はいずれの花も豊富なので，林内型と草地型のどちらのタイプのチョウもおとずれる場となっている。

　これらのヒョウモンチョウのうち，草地型のものは全般に減少がいちじるしい。これは草地に生えるスミレ類は草丈が低く，周囲の草が茂るとすぐにそれにかくれてしまうため，草地が放置されると短期間にうちにチョウが産卵できなくなるからである。

　これに対し，林内型のチョウの減少は草地型ほどではない。それは，タチツボスミレは光を求めて林床植物の上にのぼっていく性質をもつため，林の下草刈りがおこなわれなくなっても，しばらくのあいだは林床植物の上で葉を広げ，そこにチョウが産卵できるからである。

5. 森林の環境の特徴と生きもの

　雨が多いわが国では，畑や草原などに人手が加わらなくなると森林が発達する。また，国土が南北に長くつらなるので，気候帯も亜寒帯から亜熱帯まで存在する。それに対応して，植生も多様で常緑針葉樹林帯，落葉広葉樹林帯（夏緑広葉樹林帯），常緑広葉樹林帯などが分布する（図3）。また，植生帯は標高の影響を受けて分布が変化する。

●常緑広葉樹林帯（ヤブツバキクラス[❶]域）の特徴

　関東以西の温暖域には，カシ類，スダジイ，タブノキ，ヤブツバキ，モチノキ，アオキ，ヒサカキなどの常緑広葉樹が多くみられる。これらの常緑広葉樹は，表面が光った大きな葉をもっているので，照葉樹ともよばれる。照葉樹林は夏に雨が多い温暖域に特徴的な植生で，世界のなかでは東アジアと北アメリカの東海岸の一部にだけみられる[❷]。

●夏緑広葉樹林帯（ブナクラス域）の特徴

　常緑広葉樹林帯より高標高地にあたる地域には，ブナ，ミズナラ，カシワ，イタヤカエデ，ヤマモミジなどの落葉広葉樹が生える。この植生帯は，それを代表するブナの名をとり，ブナクラスとよばれる。温帯地域の落葉樹は夏に緑になり冬に落葉するのに対し，サバンナの落葉樹は夏の乾燥期に葉を落とす。そこで，温帯地域の落葉広葉樹を夏緑広葉樹という。

●階層構造とそれを利用する生物

　森林では最も高い木の頂から地表まで，多くの植物が異なる高さの場所に枝葉を広げている。それぞれの植物が枝を広げている場所によって，最も高い位置に枝を広げている高木層，その下で枝を広げる

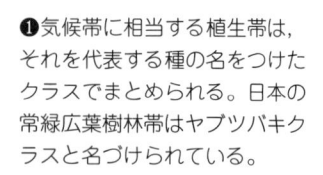

[❶] 気候帯に相当する植生帯は，それを代表する種の名をつけたクラスでまとめられる。日本の常緑広葉樹林帯はヤブツバキクラスと名づけられている。

[❷] 常緑広葉樹林は，地中海沿岸にもある。地中海沿岸は夏に雨が少ないので，ここに生える常緑広葉樹はゲッケイジュやオリーブに代表されるような，かたくて小さい葉をつけている。そこで，このような常緑広葉樹は硬葉樹とよぶ。

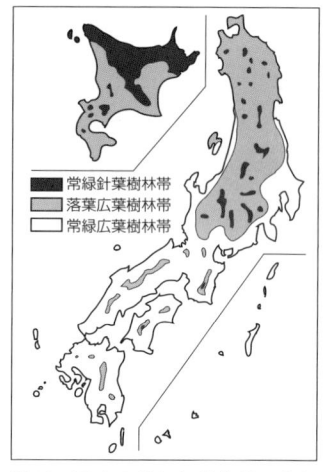

図3　日本のおもな植生帯の分布

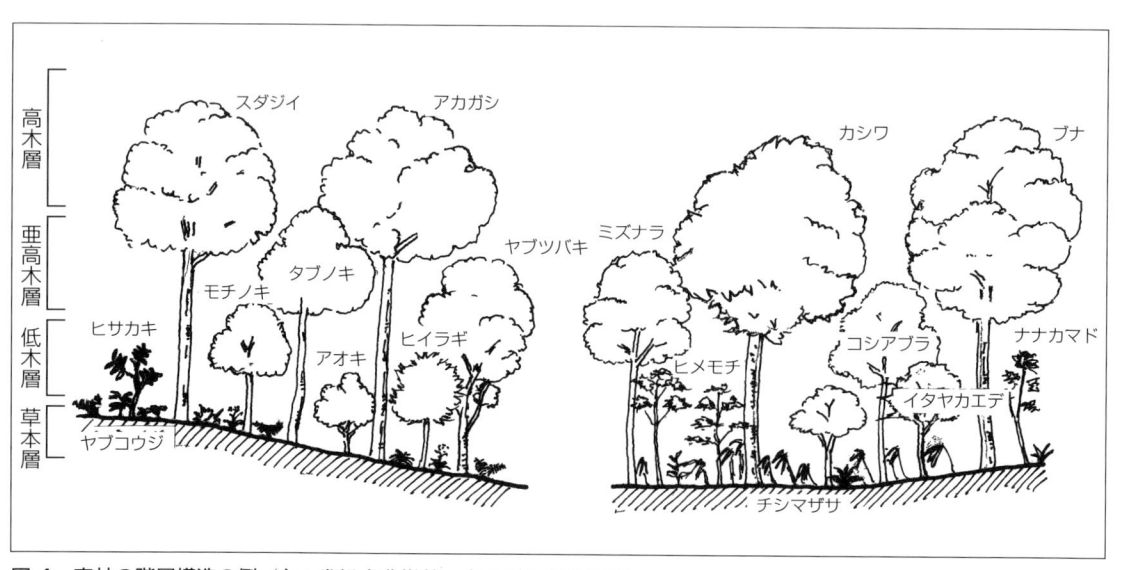

図4　森林の階層構造の例（左：常緑広葉樹林，右：夏緑広葉樹林）

樹木からなる亜高木層,地上1mから5mていどの位置に枝を張る低木層,それ以下の場所をおおう草本層などの階層に分けられている（図4）。森林の植物は，こうした階層構造をとることにより日光を有効に利用している。

多くの動物は，それぞれの階層を生息場所にして生活する❶。たとえば，昆虫を子育ての重要なえさにする小鳥では，光合成がさかんで昆虫の多い部位（林冠部）を利用する種類が多く，個体数も多い。

そのため，低木層を利用する鳥（シジュウカラ，エナガ，センダイムシクイなど）は，森林内の低木層より林縁部のかん木に多く，草本層を利用する鳥（ウグイス，ホオジロ，コルリなど）も林内の草本層には少なく，林外の草地やササ群落，林縁部のヤブに多くなる。

❶多くの生物が環境を使い分けて生活することを，生物の「すみわけ」という。

調査 私たちが住んでいる地域の植生帯調査

①**自然植生の構成種を見て判断** 自分の住んでいる地域がどの植生帯に属するかは，自然植生の構成種，つまり上記の植物のどれが生えているかによって判断することができる。なお，植生帯を判断する指標になる植物は，このほかにもあるので調べてみよう。

②**人が植えた植物で判断** 植生帯は，人が植えた植物で判断することができる。植生帯の判断に使える植物には，ブナクラス域ではリンゴ，ヤブツバキクラス域ではチャ，モウソウチク，マダケ，ハチク，カンキツ類がある。

③**気候条件から判断** 地域の植生帯は，「暖かさの指数」と「寒さの指数」を使い，平均気温からも判断できる。「暖かさの指数」は，各月の平均気温が5℃以上の月について5℃との差を求め，その差を1年分積算した値で，ブナクラス域の下限（南限）は「暖かさの指数」85の線と一致する。

「寒さの指数」は，平均気温が5℃以下の月について5℃との差を求め，その差を1年分積算した値で，ヤブツバキクラス域の上限（北限）は「寒さの指数」-10の線と一致する。

調査結果を比較してみよう。いずれの方法による判断も同じになれば，その結果は地域の植生帯をあらわしている。一致しない場合は，その原因を考えてみよう。

コラム

積雪と植生

日本の植生タイプを決める要因の最も大きなものは気温であるが，積雪量も大きな要因になる。日本海側は雪が多いので，雪でつぶされても幹や枝が折れにくい，ほふく性の種が多くみられる。それらは，太平洋側のヤブツバキに対する日本海側のユキツバキ，イヌツゲに対するハイイヌツゲである。このほかにもイヌガヤに対するハイイヌガヤ，カヤに対するチャボガヤ，ユズリハに対するエゾユズリハ，アオキに対するヒメアオキ，モチノキに対するヒメモチなどがある。

また，雪が多いと冬の寒さは和らげられる。その結果，日本海側の常緑広葉樹林の北限は，太平洋側に比べ，ずっと北になっている。

6.河川の環境の特徴と生きもの

河川は森林に源を発し、田や畑などを潤して海に注いでいる[1]。わが国の河川は、こう配が急なものが多く（図5）、上流、中流、下流によって、その環境が大きく異なる（図6）。また、河川の水質や水量は、その流域の広さや植生、人びとの生活や経済活動などの影響を受ける。

[1] 上流の森林が荒れると、海の生物も影響を受けることが知られており、海の魚の繁殖や生育を助けるはたらきをする森林は、「魚付き林」とよばれている。

●上流域の環境と動物

流れがはやいので、河床[2]には大きな石が多くみられる。1つの蛇行区間のなかに瀬とふちが交互にいくつもあらわれる。瀬（早瀬が多くなる）からふちへの水の落込みは、滝のようで、激しく波立つ。

そこにすむ水生昆虫には、カワゲラやヒラタカゲロウのように平べったい体をして岩にしがみつくタイプと、ヒゲナガカワトビケラのように石のあいだに網を張り、流れてくるえさを取るタイプとがある。

上流域に生息する魚は、泳ぐ力が強いイワナ、ヤマメ、アマゴや石のあいだにすむカジカなどで、両生類としては吸盤で岩にはりつくカジカ、ブチサンショウウオ、ヒダサンショウウオなどがいる。そして、それらをえさにするカワガラス、ヤマセミなどの鳥がすんでいる。

[2] 砂れきや岩で構成されている河底、水位の低いときには水面より上にあるところも含む。

●中流域の環境と動植物

上流に比べて流れが緩やかになるので、瀬（平瀬が多くなる）からふちへの水の落込みはなめらかになり、あまり波立たない。また、瀬とふちは、1つの蛇行区間のなかに1か所だけとなる。平瀬やふちでは河床に砂がたまり、水生植物も生育できるようになる。

しかし、流れは強いので、流れの中には泳ぐ力の強いアブラハヤ、オイカワ、ウグイ、アユなどが生息し、その他の動物は砂底や水生植物のしげみにもぐって流されるのを防ぐ。

中流域の水ぎわを特徴づける植物はツルヨシで、ほふく茎を出して石や砂を固定する。水田の用水路と共通する生物が多い。

砂底には、シマドジョウ、スナヤツメ、カマツカなどがすみ、砂にもぐって流されるのを防ぐ。オニヤンマのヤゴも砂にもぐって流されるのを防ぐ。卵も流されないように砂の中に産み込まれる。カワトンボのヤゴは流されないように水草のしげみにもぐり、水草につかまって生活する。卵も流されないように水草の茎に産み込まれる。

ヨシノボリ、ウキゴリは、腹にある吸盤を使って水草につかまって生活する。また、わき水部分にはホトケドジョウ、沈水植物にはハグロトンボやカワトンボのヤゴがすんでいる。

●下流域の環境と動植物

流れはさらに緩やかになるので、河床には泥がたまる。泥の中のえさをとることのできるコイ、フナ、ニゴイなどの魚が生活するように

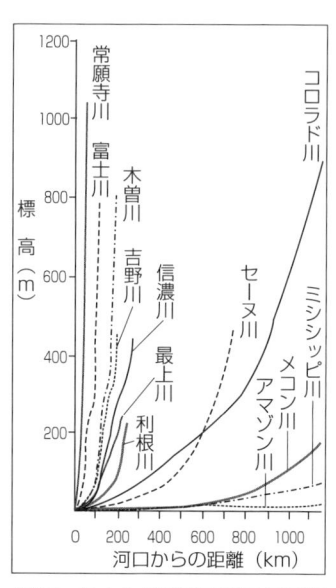

図5 日本と世界の河川のこう配

なる。
　下流域を特徴づける植物はヨシで，堆積する泥の中に地下茎を出して増え，茎で泥を固定する。そこで生活する水生生物は，水田の排水路やため池と共通するものが多い。

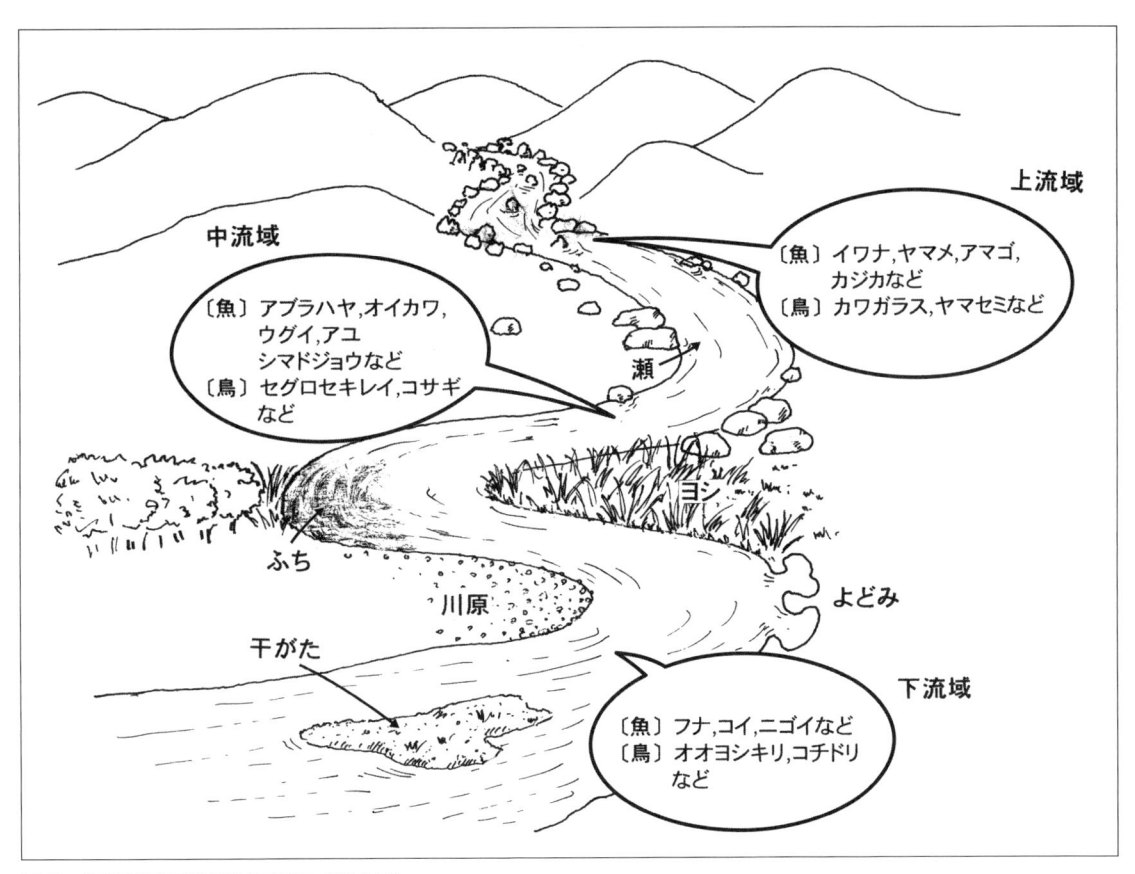

図6　河川流域の環境と動植物（模式図）

（図中ラベル）
上流域　〔魚〕イワナ,ヤマメ,アマゴ,カジカなど　〔鳥〕カワガラス,ヤマセミなど
中流域　〔魚〕アブラハヤ,オイカワ,ウグイ,アユ,シマドジョウなど　〔鳥〕セグロセキレイ,コサギなど
下流域　〔魚〕フナ,コイ,ニゴイなど　〔鳥〕オオヨシキリ,コチドリなど
瀬／ふち／ヨシ／よどみ／川原／干がた

参考　河川と水路，水田のつながり――水田や水路を「ゆりかご」にする下流域の魚

　春，水田に水が引かれると，河川の下流域にすむフナ（ギンブナ），コイ，ナマズ，ドジョウ，メダカなどが水路や水田にはいり，卵を産む。田んぼで温められた水が産卵をうながしたのである。卵を産み終えると，フナ，コイ，ナマズは川へ戻っていき，ふ化した稚魚は大きな魚に食べられることなく，水田や水路を「ゆりかご」にして生活する。
　この稚魚の群に水路に残ったメダカやドジョウが加わり，「春の小川」に歌われたメダカやフナの群れのすがたとなる。
　これらの魚は，もともと河川の両側に広がる湿地（後背湿地）を産卵場所にしていた。日本人はその後背湿地を水田につくりかえたが，水田のわきに水路をつくり，その出入口を河川とつないだ。そのおかげで，多くの淡水魚はこの水路を通って水田にはいり，産卵することができたのである。
　この水田と水路，河川のつながりは，縄文後期の福岡県の板付遺跡でもみられる。

参考 集落のすがた（景観）と農村の構造

私たちが目にする集落のすがた（景観）は、それぞれの農村のもつ構造を反映していることが多い。こうした、農村の構造を知ることは、地域の環境を創造していくうえで大切なことである。ここでは、農村のすがた（景観）から農村の構造を読み取ってみよう。

①平地農村のすがたと構造

平地農村では、集落を中心にそのまわりを耕地が囲み、さらにその先に林（雑木林やアカマツ林）がある景観をよく目にする。この集落は江戸時代の村（旧村）に相当するので、ここでは現在の行政区画の村との混同を避けるためにムラと片仮名で書く。同様に耕地はノラ（野良仕事のノラ）、林はヤマと書く。この言葉で関東地方の平地農村の構造を示すと、次のようになっていることが多い。

ムラ－ノラ－ヤマ

ヤマはノラに入れる堆肥の原料となる落ち葉をとる場所であった。ムラは冬の季節風を避けるために北西側は林（屋敷林）で囲まれている。屋敷林は用材林としての役割ももち、関東地方ではケヤキ、シラカシが中心である。ケヤキは、うす、大黒柱、シラカシは、きね、農具の柄などに利用され、生活に欠かせないものであった。

台地が低地に接するあたりには、台地内部に向かって、いく筋もの谷がはいり込んでいる。この構造は台地が丘陵地と接するあたりでもみられる。こうした地形を谷津地形といい、そこにつくられた水田を谷津田とよぶ。

谷津田わきの斜面が緩傾斜で南向きの場合には、集落は斜面の下、水田に近いところにつくられる。それは、人が暮らすためには、日あたりがよいこと、北風を避けられること、水田に近いこと、水の便がよいこと、などの条件が要求されるからである。こうした場所につくられた集落はうしろに山（斜面）を背負うことになるので、その構造は次のようになる。

ノラ－ムラ－ヤマ

なお、関西地方ではヤマをもたない平地農村が多いが、このような農村は江戸時代にワタなどの商品作物の栽培がさかんで、それを売って肥料（干しイワシなど）を調達していた。

富山県の砺波平野ではムラの南や西の方向に屋敷林がみられる。これは、夏に南から山をこえて乾燥した強風が吹き込むフェーン現象が起こるので、それを避けるためである。また、屋敷林にはスギが多く植えられている地域も多い。

②中山間地農村のすがたと構造

森や林、草地（ヤマ）が多い中山間地農村では、平地農村と異なり、集落や耕地をつくることができる場所は地形が平らなところに限られるので、その構造は次のようになる。

ノラ－ムラ－ヤマ（里山－奥山）

これは台地が低地に接するあたりの農村や台地が丘陵地と接するあたりの農村にみられる構造と同じである。日本では傾斜地が多いので、この構造が一般的である。

また、中山間地を構成する草地や林地の特徴は、次のようである。

草地 1960年代までは耕うんや運搬は牛馬の力にたよっていたので、牛馬1頭当たり1haていどの採草地が必要だった。採草地は火入れをするので、集落から離れた場所に共同利用のものがつくられた。

雑木林・アカマツ林 人里近くの林は、まきや落ち葉（肥料）をとるためのものであるが、人里から離れた林（里山に対して奥山とよぶ）は、おもに炭焼きに使われた。炭のほうがまきより軽いので、運び出しが容易なためである。

スギ・ヒノキ林、カラマツ林 用材を目的として、第二次世界大戦後に植えられたものが多いが、管理放棄されたものが目立っている。

③都市近郊農村のすがたと構造

私たちが目にする都市近郊農村は、集落（ムラ）と都市（マチ）が混在しているが、かつては純農村であったところが多い。その構造は、できるだけ古い時代の地図（→ p.141）を解読することで、知ることができる。

調査 農村の変化を調べてみよう

　農村の構造の変化の仕方には，一定の共通性がみられる。たとえば，中山間農村の構造の変化は，次のような順序で進行することが多い。

　①放牧地，採草地の減少と人工林化。薪炭林の減少と人工林化。スギ，ヒノキ，カラマツなどの人工林の増加。

　②放牧地，採草地の面積の減少や放棄にともなう林地化。過疎化にともなう農地の減少（放棄地の増加）。集落の移動（積雪地帯における過疎化対策としてのもの，ダム建設によるものなど）や廃村。

　一方，都市近郊農村では，①林，②畑，③水田，④集落林や社寺林（鎮守の森）のような順序で都市化することが多い。

　古い時代の地図を見て，それぞれの農村のもつ構造を調べてみよう。

　古い時代の代表的な地図には，明治末から大正年代に測量された地図（1/50,000 縮尺図）がある。また一部の地域を対象に，明治初期に測量された地形図（1/20,000 縮尺図で，関東地方では迅速測図，関西地方では仮製地形図）もある。

　これらの地図から，かつての農村のすがたがわかるだろう。そしてそのなかからムラ，ノラ，ヤマの配置の順序を見つけ出してみよう。

　次に，古い時代と現在の土地利用の変化を，各時代の地形図や航空写真を使って調べてみよう。1950年代までのようすは，明治末から大正年代に測量された地図（1/50,000 縮尺図）の部分修正図，それをもとにつくられた1/25,000 縮尺図，米軍によって撮影された航空写真，などで調べることができる。その後の時代は，定期的に測量がおこなわれ，航空写真が撮られているので，それらを参考にするとよい。

　こうした土地利用の変化のなかで農業，それ以外の産業，河川の構造，河川水の水質，林の面積と植生，生物の生息環境などはどのように変化しただろうか。

　また統計資料を使って，人口，農業，農地面積，それ以外の産業，などの変化も調べよう。それと同時に現地調査をおこない，放棄された農地や山林などの実態も調べてみよう。

　そして，それらの調査結果を地域の環境創造（→ p.154）に活用していこう。

平地農村のすがた（左）と中山間地農村のすがた（右）

1　生きものをとおして知る地域環境の特徴

2 環境調査の実際

環境調査を始めるにあたって

(1) なぜ，どうして，を大切に

　私たちがおこなう環境調査は地域をまるごと調べるもので，地域の自然・社会環境，水質，土壌，大気・騒音，生活環境の調査などをとおして，地域の実態を把握し，データ化し，よりよい環境創造のための的確な情報を得ていく作業である。調査の方法には，森や川や沼，水田や畑のフィールドを直接，観察・調査する方法と，文献や聞き取りによる調査を中心におこなう方法とがある。

　いずれの場合も，常に，なぜ，どうして，という問題意識をもって調査にあたることが大切である。そして，私たちが取り組む地域の環境調査と人類がかかえている多くの環境問題とは，どこで，どんなふうにつながっているかを考えていきたい。

(2) 調査の目的と方法を明らかにする

　環境の調査にあたっては，その目的と方法を明らかにすることが大切である。たとえば，現在の地域の環境を理解し，私たち1人ひとりが生活環境を維持していくための基礎的データの収集が目的である調査であれば，環境要素から調査項目を厳選し，科学的に共通な方法によって調査してデータ化していく。場合によっては，特定の要素を取り出して比較したり，あるいはいくつかの要素を総合して地域の環境を比較したりすることもある。このように調査の目的とその方法が明らかになれば，データは非常に重要なもので，地域，日本，世界の環境を考える資料としても有効になる。

(3) 計画書の作成，実施，修正，記録

　調査計画は，P（計画）－D（実践）－S（評価）というサイク

ルで考えていくことが重要である（図1）。計画を立てるにあたり，まず，何を解決しなければないのか（目的の明確化），次に，いつ，どこで，だれが，何を，どのようにするのか（実施要点の明確化）をはっきりさせる。計画書ができたら予備調査を実施し，修正す
5 べき点がある場合は修正を加える。

　いよいよ計画に沿って調査を実施することになるが，目的とするデータはしっかり測定して記録し，できるだけ周囲の状況も確認して記録ノートに書き込んでおくと，報告書作成のときに役立つ。

10 　さて，計画を立てて実施する前に，次の点を確認してみよう。
　①**テーマ**　自分で解決できるテーマで，文献などで調べて理解している。

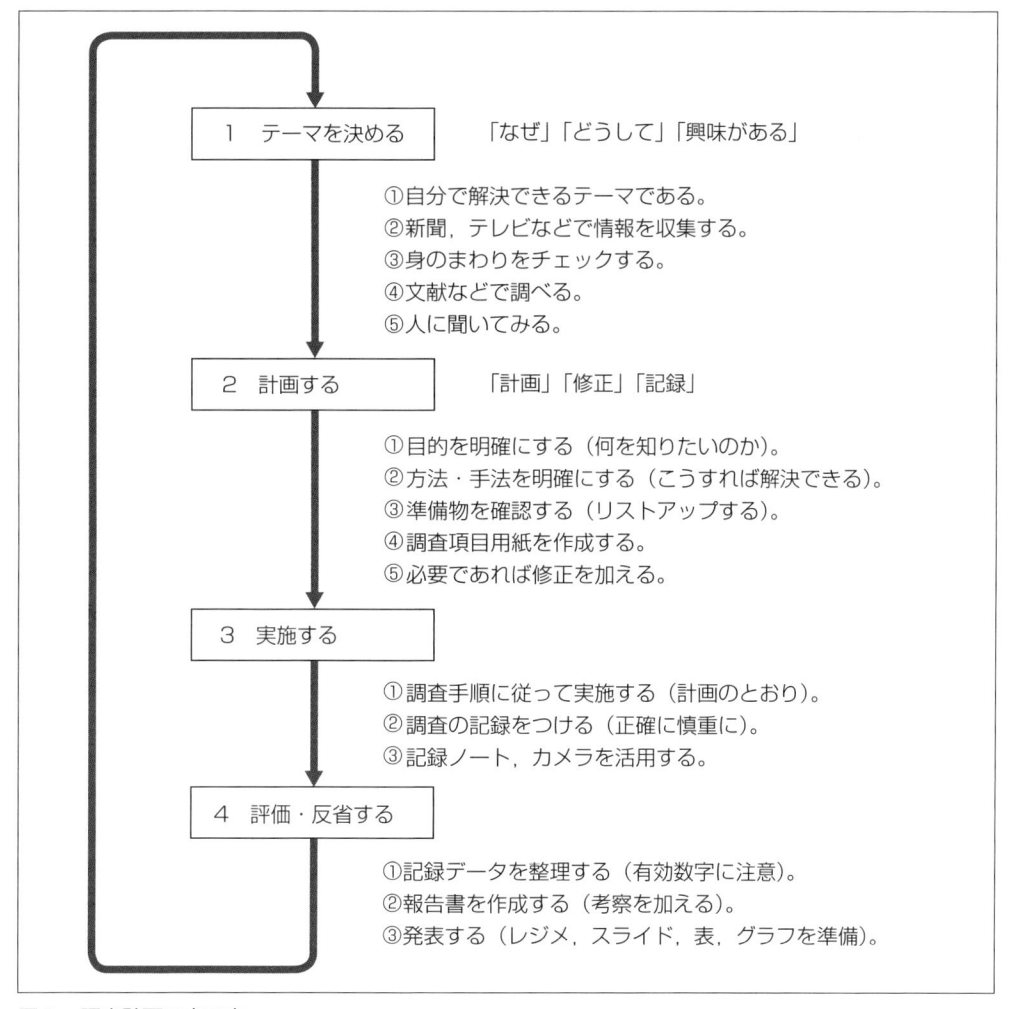

```
1 テーマを決める    「なぜ」「どうして」「興味がある」
    ①自分で解決できるテーマである。
    ②新聞，テレビなどで情報を収集する。
    ③身のまわりをチェックする。
    ④文献などで調べる。
    ⑤人に聞いてみる。

2 計画する    「計画」「修正」「記録」
    ①目的を明確にする（何を知りたいのか）。
    ②方法・手法を明確にする（こうすれば解決できる）。
    ③準備物を確認する（リストアップする）。
    ④調査項目用紙を作成する。
    ⑤必要であれば修正を加える。

3 実施する
    ①調査手順に従って実施する（計画のとおり）。
    ②調査の記録をつける（正確に慎重に）。
    ③記録ノート，カメラを活用する。

4 評価・反省する
    ①記録データを整理する（有効数字に注意）。
    ②報告書を作成する（考察を加える）。
    ③発表する（レジメ，スライド，表，グラフを準備）。
```

図1　調査計画の立て方

②準備　調査ノート，スケッチブックあるいはカメラ
　③調査目的　自分が何を調査するのかがはっきりしている。
　④調査方法　いつ，どこで，だれが，何を，どのようにするかがはっきりしている。
　⑤調査に必要な物品の準備　道具や器具，試薬などは自分でそろえる。
　⑥記録　数値は求められる有効数字に注意し，文献や聞き取り調査の場合，記録用紙を考案する。
　⑦計画の修正　なぜ修正しなければならないかを明確にし，修正した場合の影響，とくに調査の目的との関係を考慮する。

（4）調査のまとめと発表，今後の課題

　調査を終えてデータを整理したら，報告書にまとめる。まとめはかんたんなことではないが，これをすることによって調査が生かされる。また，調査実施者の考えが整理され，次の課題がみえやすくなることから，まとめは実際の活動と同様に重視されるものである。報告書の作成にあたり，その構成と書き方を確認してみよう。

　①調査テーマ　調査内容を簡潔にあらわす言葉（キーワード）を用いる。
　②報告者名　姓名とその所属を明記する。
　③調査の目的　できるだけくわしく，何を調査しようとしたのか，どのようなことをはっきりさせようとしたのかを明記する。
　④調査方法　だれが調査しても同じ結果が得られるように，どのような方法で調査をしたか明記する。
　⑤調査結果　図や表を活用して，なるべく簡潔に，わかりやすく示す。事実は正確に述べ，自分の都合で取捨選択しない。
　⑥結論　得られたデータをいろいろな角度から検討し，1つの考えを述べる。

　次に調査結果を発表して情報を共有することが必要になる。発表方法は，まとめの①〜⑥と同じ順にするが，とくに図や表を生かして，結論がはっきりわかるように簡潔に話す。

　個々の調査は地域環境を考えるために実施する調査であること

から，できるだけ多くの材料をもとにその傾向を見きわめることが重要にある。環境要因を数値化する工夫をして（表1），地域の健康度をチェックし，さらに住みやすい地域づくりを考えていこう。

表1 環境要因の数値化の例

	調査項目	判定点
地域の環境	人口，産業，交通，物の流れなどの調査 自然度調査 農地，緑地，都市などの植生調査 河川の断面・流速，流量の調査 緑地，農地，林地，河川などの動植物の生息，分布調査	1・2・3 1・2・3 1・2・3 1・2・3 1・2・3
水質の調査	五感による調査 水生生物による水質調査 水素イオン濃度の測定・調査 化学的酸素消費量（COD）の測定・調査 生物化学的酸素消費量（BOD）の測定・調査	1・2・3 1・2・3 1・2・3 1・2・3 1・2・3
土壌の調査	五感による調査 植物の種類による土壌の種類，酸度の判別 土壌水分・保水性・透水性の測定調査 土壌生物の調査と土壌の判別 土壌pH，電気伝導度の測定・調査	1・2・3 1・2・3 1・2・3 1・2・3 1・2・3
大気・騒音	五感による調査 指標植物，気孔観察による大気汚染調査 浮遊物質の測定・調査 窒素酸化物，硫黄酸化物，酸性雨の測定・調査 騒音，振動，紫外線の測定・調査	1・2・3 1・2・3 1・2・3 1・2・3 1・2・3
総点（S）		

注(1) 判定点の数値1はよい，2はふつう，3はわるい。
 (2) 総点が $20 \leq S < 30$：維持しよう，$30 \leq S < 50$：みつめよう，$50 \leq S \leq 60$：みんなで改善しよう。

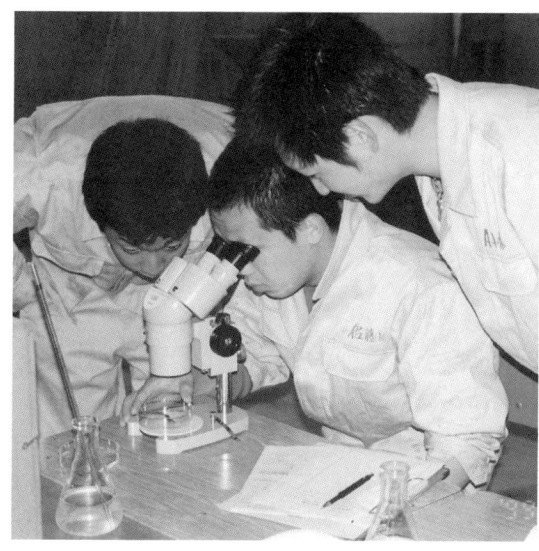

土壌動物の調査（左）と用水路の流速調査（右）

[Ⅰ 地域の自然環境の調査]

1. 地形，地質，景観の調査

● ねらい
　私たちを支えてきたのはこの大地である。人間はこれまで地形の特徴（図1）を生かしながら，土地を利用してきた。しかし，発達した道路網や工場誘致，宅地造成などによって地域の景観も変わりつつある。地形，地質，景観を調査することによって，将来の土地利用を考えてみよう。

● 用意するもの
　地形図・土壌図・地質図（国土調査：5万分の1），1mm方眼のトレーシングペーパー，定規，色鉛筆，記録ノート，筆記用具

（1）地形，地質（土質）

●**調査の方法**（図2）
　①調査地点を決め，方位を確認し，特徴ある山，川，森，建築物などをメモする。
　②地形図を利用して，おおまかに山地，台地，低地の区分図をつくる。
　③地質（土質）は地質図か土壌図を利用して，必要に応じて色分けする。
　④降雨後の排水の特徴や積雪量と期間，土地利用状況，自然災害の歴史など，必要に応じて聞き取り調査をおこなう。

●**調査結果のまとめ・考察**
　①自分が利用しやすい地図に加工できる。
　②方位，山，川，森，大型建造物，地質，土壌名などを明記する。
　③将来はどのように活用できるか考える。

（2）景観の調査（地形断面図，流域図の作成）

●**調査の方法**
　①調査の地点を決める。
　②地形図から地形断面図と流域図を作成（図3）する。

●**調査結果のまとめ・考察**
　①等高線，等深線を利用して，陸地の土地の起伏，山や谷の形，海底の起伏などをあらわすことができる。
　②ダムの流域図と地形断面図が作成できる。
　③流域図に植生図も加え，貯水量や放水量を考えてみる。
　④地形断面図に特徴的な植物を入れ，土地利用の可能性を考える。

図1　わが国の山村の典型的な地形

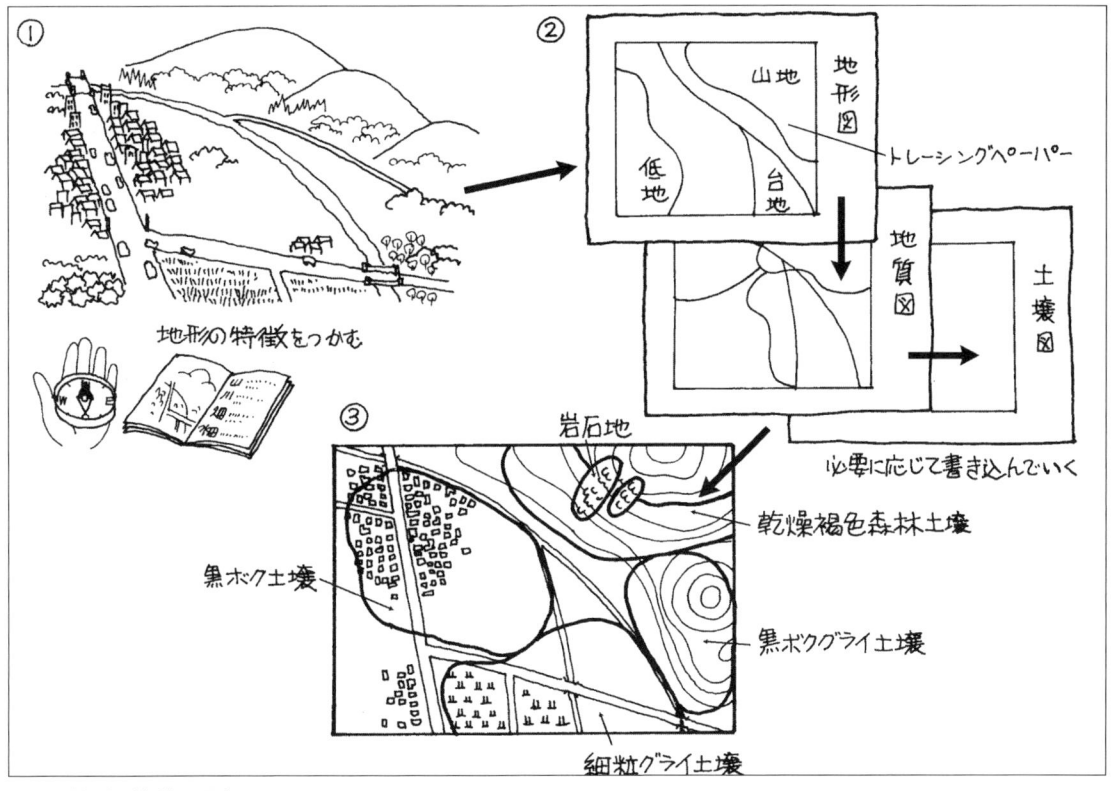

図2 地形，地質の調査

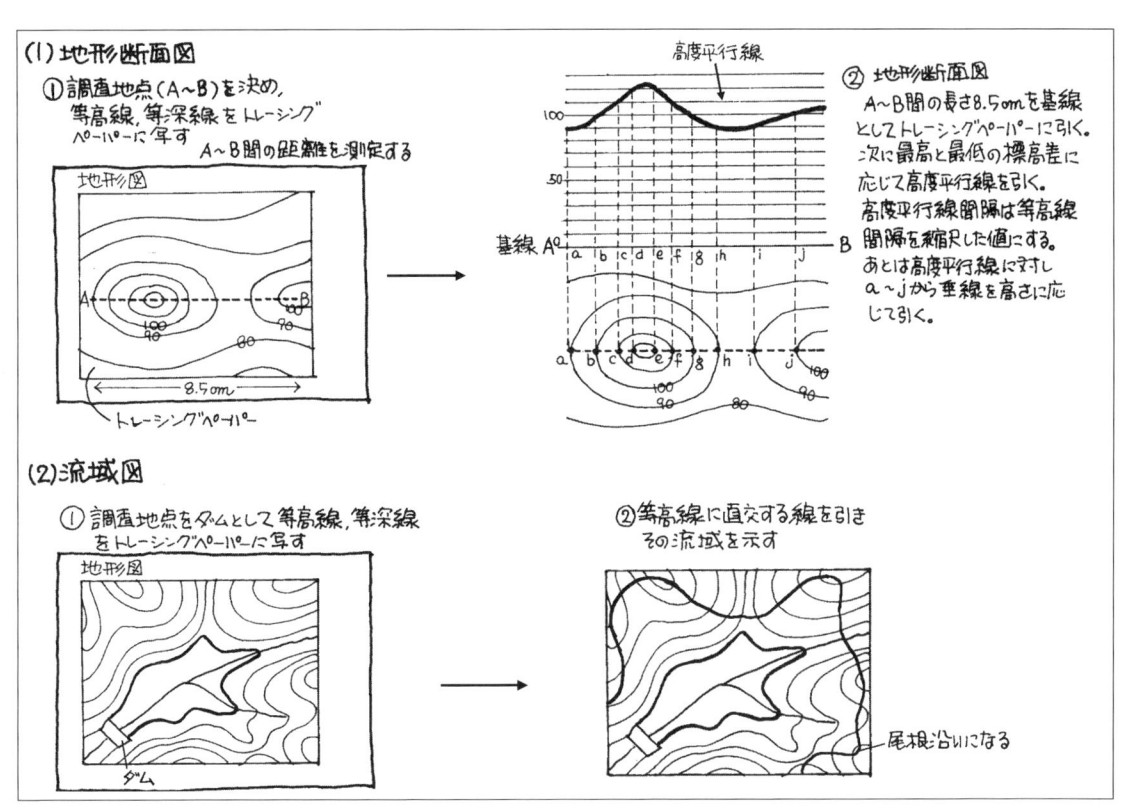

図3 地形断面図，流域図の作成方法

2 環境調査の実際

[Ⅰ 地域の自然環境の調査]

2. 気候・気象の調査

●ねらい

作物の栽培では，その地域の気候にその年の気象データを重ねながら，栽培管理をコントロールすることが重要である。地域の気象をデータ化し，くわえて過去の気象災害データを収集し，よりよい栽培条件の確保と気象災害に対する備えを万全にしよう。さらに，地域の気象を1km以下のメッシュに区分した気象区分図（メッシュ気候図）作成にも挑戦してみよう。

●用意するもの

百葉箱，最高最低温度計，乾湿球湿度計，メッシュ気候値，アネロイド気圧計，記録ノート，筆記用具（毛髪湿度計，自記温湿度計や自記温度計もある）

（1）気候・気象

●調査の方法

図4に示す気象調査機器の活用。

●調査のまとめ・考察

①データを月ごとにまとめ，グラフ化する。
○最高最低温度（日較差）と湿度と気圧を一覧表にまとめる。
○日較差と湿度の関係
○日較差と気圧の関係
○湿度と気圧の関係

②気候構成要素には気温，降水量，湿度，風，雲量，日照時間などがある。ここでは毎年データ化している気温と湿度を気圧を気候要素として記録する。

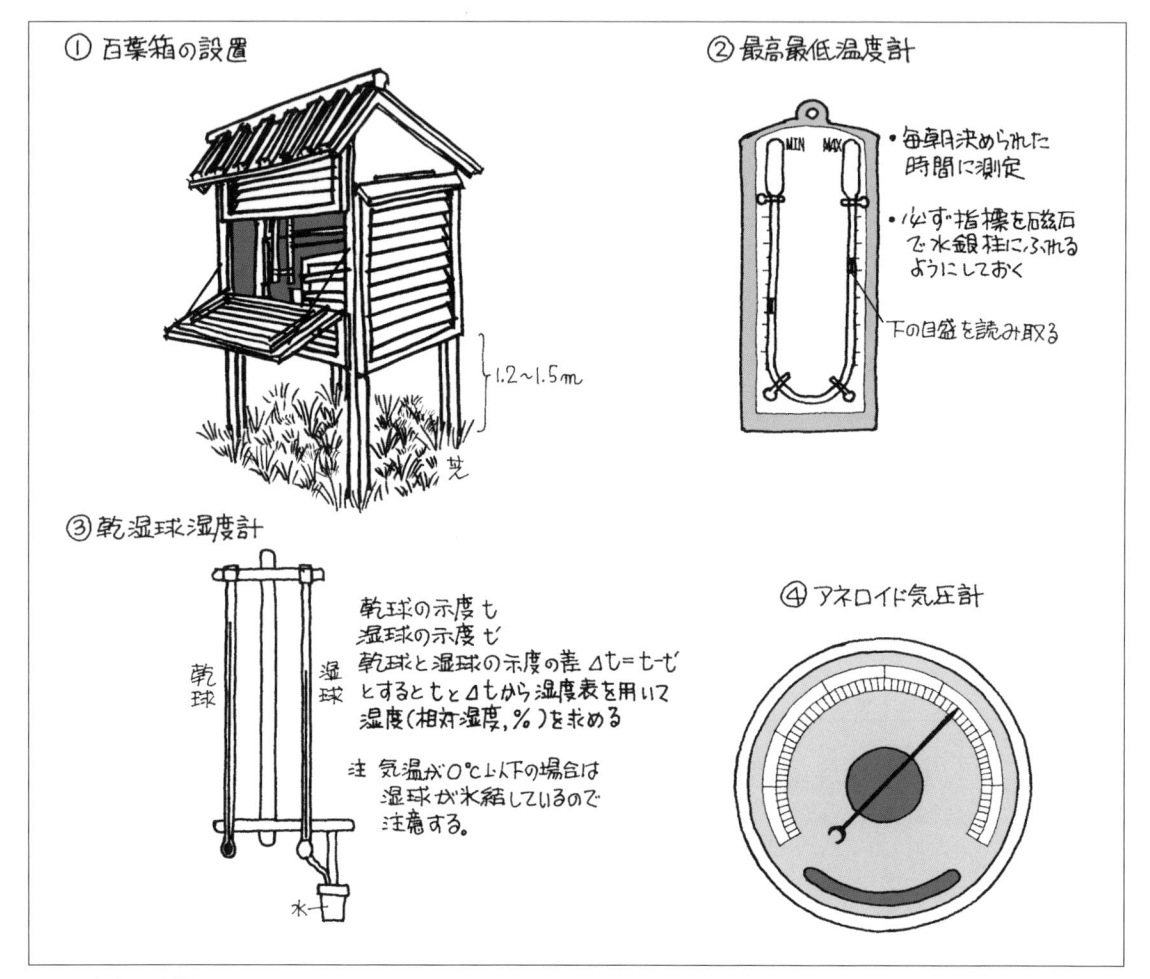

図4　気象調査機器

(2) 気象災害，気象区分図（メッシュ気候図）の作成

●**調査の方法**

①記録用紙を考案する。

②総務省統計局や各自治体の各種調査報告や，新聞社の記録年鑑等を参考にする。

③農業への気象災害は，冷害，凍害，霜害，寒害，風害，高温害，干害，水害，雪害，ひょう害，塩害，風や水による土壌侵食，農業施設や園芸施設の倒壊などがあるが，ここでは冷害・風害・水害について文献調査をおこない，状況を把握するために行政や農家に聞き取り調査をおこなう。

④メッシュ気候値を入手しメッシュ気候図を作成してみよう。

●**調査のまとめ・考察**

①過去の被害年表を作成する。

②過去の教訓から，地域ではどのような備えをしているか。

○行政としての対応

○自己の対応（JAや農業共済との連携）

③メッシュ気候図やメッシュマップ（国土数値情報）を活用することで，気象災害の回避はもちろん，適地判定，栽培適期の決定，生育の管理，農作業計画，収量予測，病害虫対策，貯蔵出荷などに十分な効果が期待されている（図5）。気象環境をよく理解し，利用することによって，自立できる農業も十分可能であると思われる。

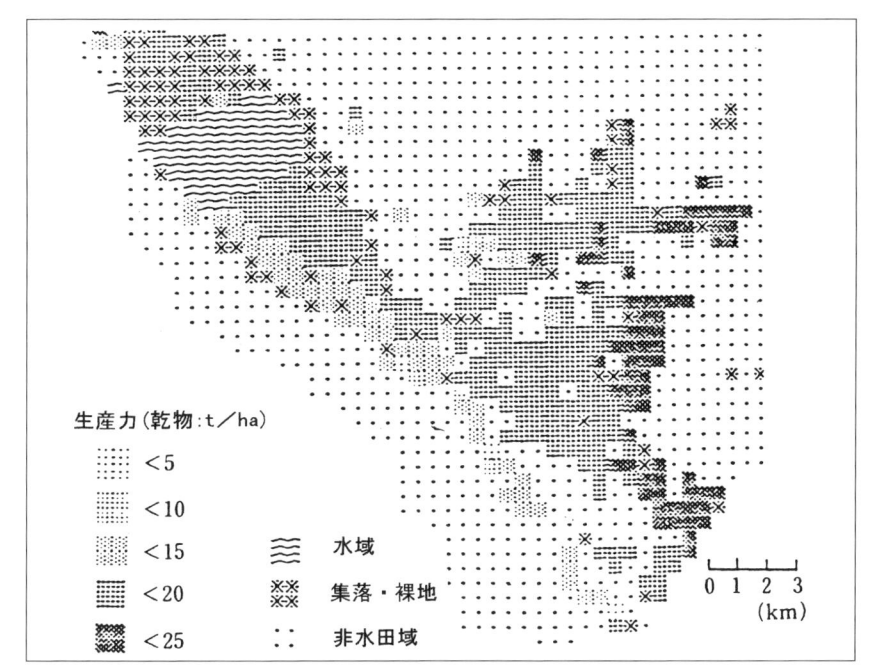

図5 メッシュマップを使って水稲の生産力分布を示した図（長野県諏訪湖周辺，星川原図）

3. 土地利用調査

[Ⅰ 地域の自然環境の調査]

（1）土地利用調査

●ねらい

地域が面としてどのように利用されているのかの情報は，利用されていない土地がどのくらいあるのかを知るために有効である。また，私たちが住む地域がどのように変化するのかの基礎データとして残しておくことも必要である。じっさいに土地利用状況をメッシュ法とリモートセンシング法（人工衛星や航空機などの地上から離れたところから，地表の状態や現象などをとらえる方法）により調査し，そのデータを利用して土地利用図を作成してみよう。

●用意するもの

地形図，土地利用図，人工衛星データ，航空写真，定規，コンパス，製図台，製図用紙，記録ノート，筆記用具

●調査の方法

①調査地点および周辺の土地利用の状況について調査し，区分する。
区分は水田（湿・乾田，休耕，放棄地の別），
畑（作物の種類，休耕，放棄地の別），
樹園地（果樹の種類，茶園，桑園など），
林地（天然林および人工林の別，樹種），
草地（野草地，牧草地，おもな優占種），
市街地（住宅地，工業用地，商業用地，公園），などとする。
②人工衛星情報や航空写真を活用する。

●調査のまとめ・考察

①データの基準メッシュのコードを探す。
○既存の土地利用図と比較
○変化のていどの確認
○大きな変化を抽出
②リモートセンシング法の活用について研究する。

（2）土地利用図の作成

●調査の方法

①人工衛星データを解析する。
②地形図を利用して，データと重ねる。
③標準地域メッシュを製図用紙上に区分する。
④地形図を利用して，製図用紙に書き込む。

●調査のまとめ・考察

①リモートセンシング技術について

利点：広い地域を同時に観察できること，得られた情報はそのまま地図と比較できること，常に変化を観察できること，センサによっては解像度は20mと高精度での解析が可能な点などがあげられる。

問題点：日本では耕地の面積が小さく，作付けも複雑で，多種の作物が入り組んでいる場合が多いので，情報の抽出が困難をともなうこともある。また雲があると地上の状況が把握できない。

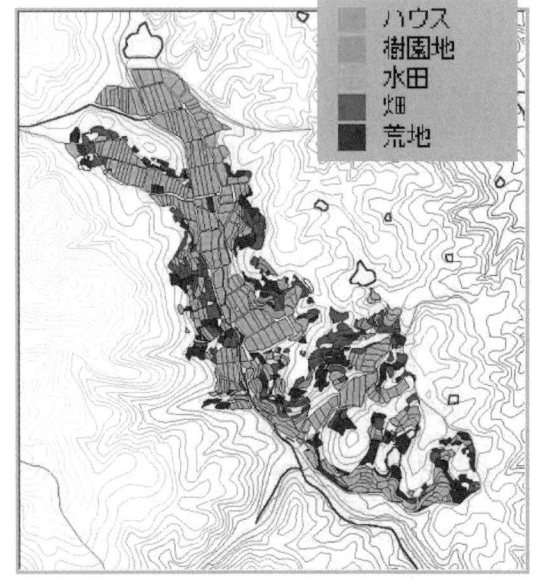

土地利用図の例

[I 地域の自然環境の調査]

4. 自然度調査

(1) ジョロウグモによる自然度調査

●調査の方法

①ジョロウグモは暗い環境よりやや明るい森林的な環境を好む傾向にあるので,ある地域のジョロウグモの生息数の多少は,その地域の自然環境,つまりその林の特徴をあらわす指標となる。また,その地域のクモの網にかかって,餌となる昆虫の生息数の多少を示す指標ともなる。そして,その背景にある総合的な自然度を示す指標ともなる。

②ジョロウグモの特徴を理解し,野外で個体数をカウントする。時期的には産卵期をむかえる10月上旬が最適である(図6)。

●調査のまとめ・考察

①調査地の地名と地図上での位置を明確にし,調査地ごとのジョロウグモ個体数から単位面積(1,000m²)当たりのジョロウグモの個体数をあらわす。

②調査地点を20～30か所,それ以上にし,自然度を比較する。

③あらかじめ,調査する場所の緑地環境を調査しておくと,考察が書きやすい。

(2) 帰化植物による自然度調査

●調査の方法

①帰化植物は,森林のように日本在来の植物が安定して群落をつくっている所には入りこめないが,人間の手が加わり,環境が不安定になっているところでは多くなる。調査地に生えている植物の帰化率を調べることによって,その場所の植生がどの程度自然状態から離れているか,つまり,自然度が高いか低いかを知ることができる。

②雑木林,休耕した畑や水田,舗装道路の道端など,一定の環境で同じような植物の生え方をしている所を何とおりか選び出し,そこにみられる種類を記録する。

次に図鑑でどれが帰化植物であるかを調べ,帰化率を算出する。

●調査のまとめ・考察

①帰化率は植物群落ごとに出す。

$$帰化率(\%) = \frac{帰化植物種類数}{全植物種類数} \times 100$$

②調べようとする地域の群落を多く選んで調査し比較するとよい。

●ねらい

自然度とは「自然らしさのていど」ということである。それは,動植物のなかから特定種を選び,その生育あるいは生息状況にもとづいてあらわす場合と,セミとかアシナガバチ,チョウ,帰化植物などのように,数種あるいは数十種,ときには数百種を含むグループ全体とし,その種類構成の状況にもとづいてあらわす場合とがある。

ここでは,特定の生物種と生物群を指標として自然度を調査してみよう。

●用意するもの

5m×5mの枠,カウンター,巻き尺,地図(5万分の1),図鑑,記録ノート,筆記用具

図7 帰化率の調べ方

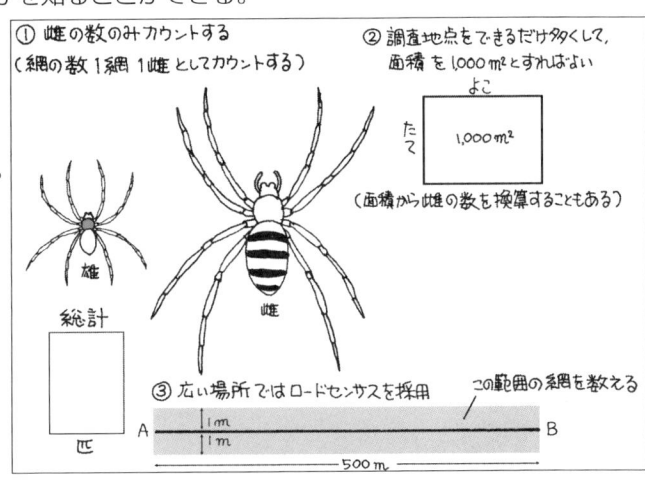

図6 ジョロウグモの数え方

[I 地域の自然環境の調査]

5.植生環境

(1) 農地（畑地），緑地
●調査の方法
①ある特定の群落測定にあたっては，群落のようすを見てちがいがある場合は，いくつかの調査地を決める（層化）。
②広い場所を全部調査することは不可能だから，正方形の枠を用いて調査する。
③種類，群落，高さ，被度，植被率を調査する（図8）。

●調査のまとめ・考察
①群落測定結果を一覧表にまとめる。
②測定データから1年草と多年草に分類する。
③農地と緑地を比較して特徴的な傾向を考えてみよう。

(2) 都市（街路樹の根元）
●調査の方法
①郊外と中心街の街路樹の根元を調査する。
②種類，群落，高さ，被度，植被率を調査する。
③必要に応じては，枠を活用して調査する。

●調査のまとめ・考察
①群落測定結果を一覧表にまとめる。
②測定データから1年草と多年草に分類する。
③農地と緑地と都市を比較して特徴的な傾向を考えてみよう。

●ねらい
　人間と農地，緑地，都市との関わり方がそれぞれ異なるところから，そこに生える植物にも特徴的な傾向があると思われる。調査してみよう。

●用意するもの
　1m×1mの枠，巻き尺，地図（5万分の1），図鑑，記録ノート，筆記用具

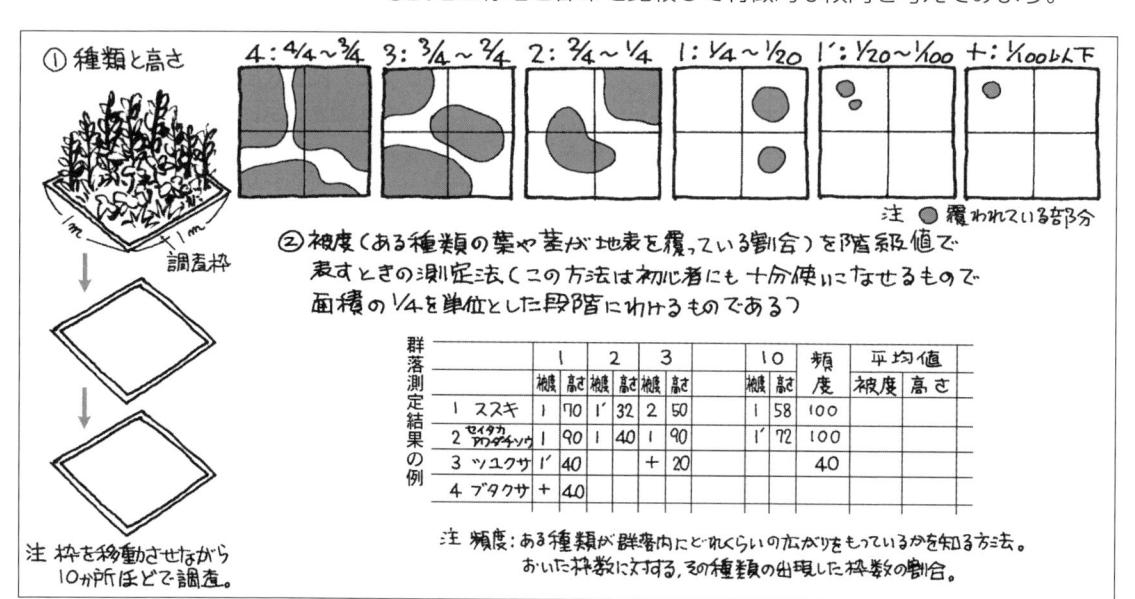

図8　群落の植物の種類，高さ，被度，植被率の調べ方

[Ⅰ 地域の自然環境の調査]

6.樹木の調査

(1) 林地の樹木の種類，大きさ（太さ，高さ）

●調査の方法

①林地内や周囲を予備的にみて歩き，その概略（地形，樹種，斜面の方向や傾斜，土壌のようす）を記録ノートに書き，調査方法を検討する。

②広い場所を全部調査することは不可能だから，枠を用いて調査する。

③種類，太さ，高さを調査する（図9）。

●調査のまとめ・考察

①葉などで仲間を確認しながら針葉樹，広葉樹に分類し，個体数を記録する。

②樹種はわかるものから記録し（わからない場合は写真などで記録），太さ，高さを測定する。

③調査地の組成をまとめ，これからの人間との関わりを考える。

(2) 階層構造

●調査の方法

①②（1）の①，②に同じ。

③同化層（炭酸同化をおこなう葉のついている層）の位置によって，上から第1層，第2層，……に分けていき，現地で何層に分けるか判断する（図10）。

●調査のまとめ・考察

①群落の組成表❶（図10の群落の組成表を参照）をつくる。

②各層でどの樹種が優占しているかの，相対優占度（％）を計算してみる。

③林地と人間の関わりについて話しあってみよう。

自然公園の中のいろいろな樹木

●ねらい

　私たちが生活するところの近くにある林地は，群落としても発達した構造をもち，有機物生産量も高く，動物の生息場所としてもすぐれている。この林地は放置された草地に木が侵入して，長い時間をかけて変化してできたものであり，林地の生態系を調査することは地域の環境を理解することにつながる。身近にある林から調査してみよう。

●用意するもの

　輪尺（太さの測定，木製，45〜100cm），ノギス（15cm），直径巻尺（直径割付巻尺），樹高計や測かん（高さの測定，5，8，10，12m），巻き尺（50m，20mなど），メジャー（スチール製が便利），白チョーク，カウンター，荷札，地図，図鑑（樹木，植物など），10m×10mの枠，カメラ，記録ノート，筆記用具

❶各群落を比較するために，森林の構造を数値であらわす組成表を作成する。まず，胸高直径から円の面積を計算し（これを胸高断面積あるいは基底面積という），種ごとにその合計を求める。さらに，これを階層ごとに集計し，その値から各種類の積算優占度もしくは，積算優占度の合計を100とした相対優占度を求める。これらを測定結果としてまとめていく。

2 環境調査の実際

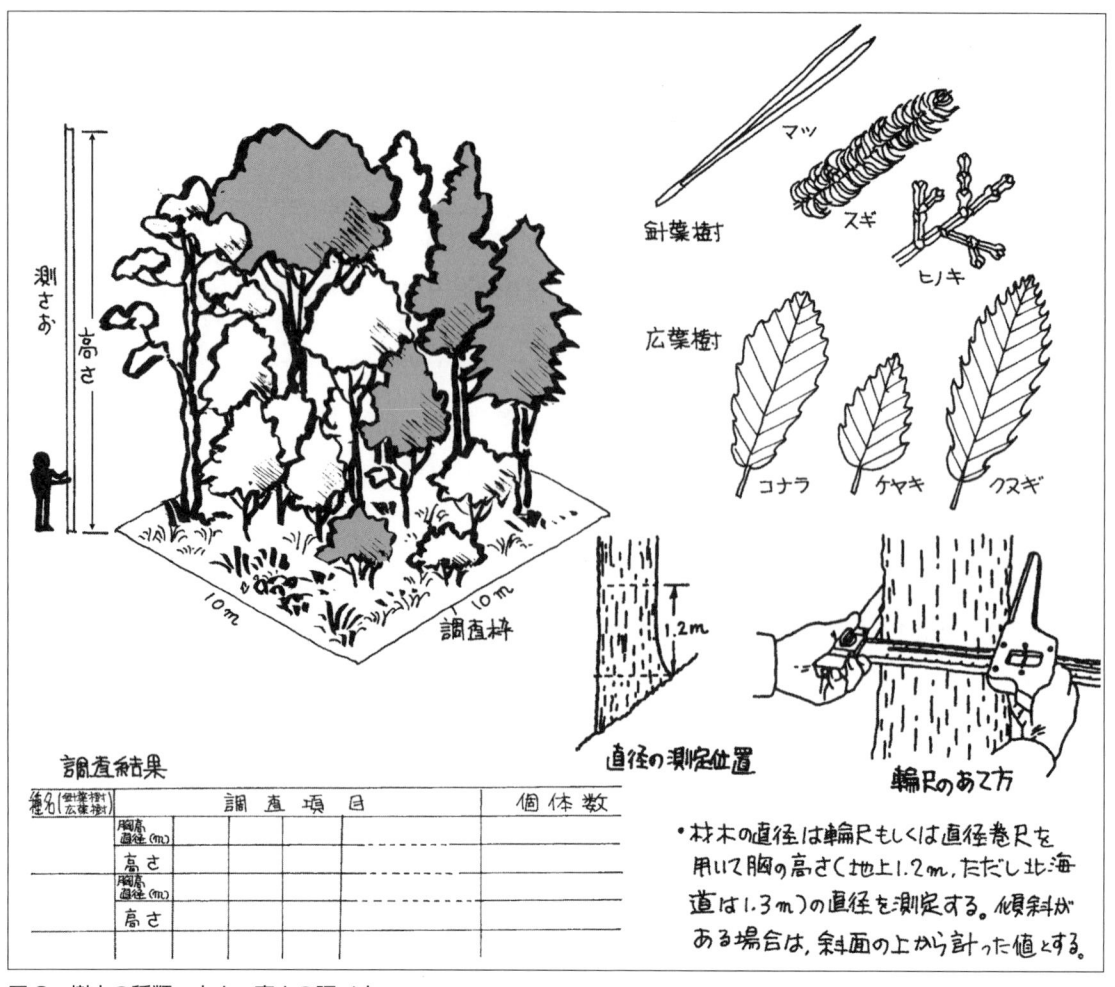

図9 樹木の種類，太さ，高さの調べ方

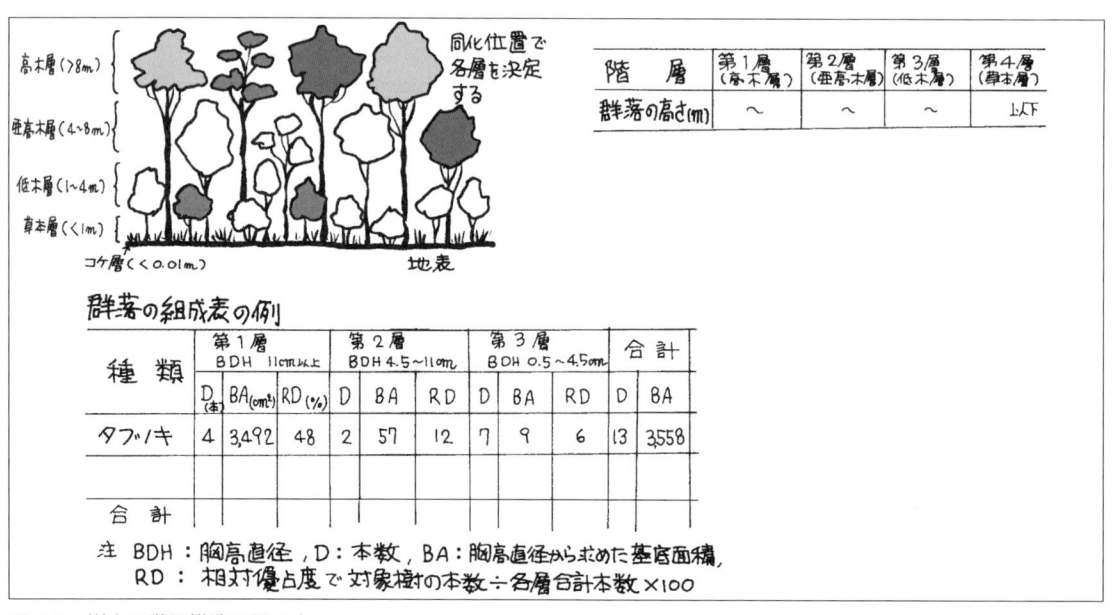

図10 樹木の階層構造の調べ方

[Ⅰ 地域の自然環境の調査]

7.動植物の分布・生息調査

(1) 緑地，農地，林地（タンポポの勢力分布と環境）

●調査の方法

①タンポポの在来種❶と外来種❷の分布を調査すると，在来種のタンポポは長年にわたって同じ景観を保ってきた畑や果樹園，社寺などに多く，人間活動と自然の働き合いによってつくられてきた農村的自然の指標であり，外来種のタンポポは近年いちじるしく人手の加えられた舗装道路やグランド，造成地などの環境に多く，急激な開発により生まれた都市的自然の指標であるといえる。そこでタンポポに注目し，特定の地域の環境がどの程度自然状態から離れているかを知るために，在来種と外来種の分布を調査する。

②私たちの住む地域の緑地，農地，林地について，タンポポの在来種と外来種の勢力分布を調査する。

③調査地点は500mおきに格子状に設定し，それを16点含む2km四方のメッシュを単位として整理する。

●調査のまとめ・考察

①調査地点で記録する項目としては，地点名，環境，タンポポの有無，種類，量，在来種と外来種の勢力比などがある。

②調査結果は地形図（1/25,000）に記入していく。環境との関連をひとめで見分けることができる。

③在来種と外来種のどちらが多いかについては，メッシュ内の平均値を算出して勢力分布図に記入する（在来種のみ―7，在来種が圧倒的に多い―6，在来種がやや多い―5，半々ぐらい―4，外来種がやや多い―3，外来種が圧倒的に多い―2，外来種のみ―1）。

④平均点は5段階に整理する。

7点―在来種のみ，$7 > x \geq 5$―在来種優勢，$5 > x > 3$―半々くらい，$3 \geq x > 1$―外来種優勢，1―外来種のみ（タンポポなしの地点は計算から除く）。

⑤調査地点の環境ごとに在来種と外来種の勢力比をまとめてみると，環境のちがいによる分布のようすがよく理解できる。

●ねらい

多くの種類の生物が生活しているということは，自然度の指標となる。なぜなら，その生物のすみ分けがしっかりできているということであって，環境も多様な要素を保持しているということになる。地域の現状を把握するために指標を決め，動植物の生息，分布を調査してみよう。

●用意するもの

調査票，地図（2万5,000分の1），手網，投網，釣り道具，セルびん，水中メガネ，スノーケル，カウンター，水温計，サンプル管，記録ノート，筆記用具

❶日本列島にもともと生えていたタンポポで，花を包んでいる総苞片の部分がななめに立つか総苞にぴったりとついている。

❷明治年間にヨーロッパから移入されて広がったタンポポで，花を包んでいる総苞片の部分がそりかえっている。

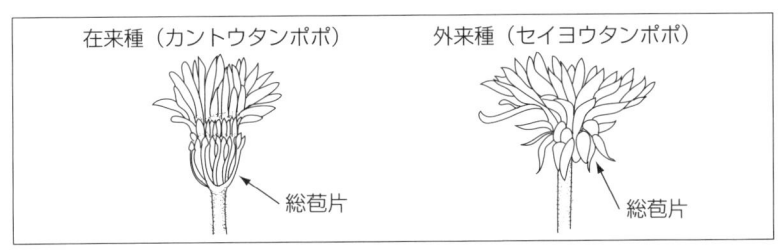

図11 総苞の形による在来種と外来種との見分け方
（在来種（カントウタンポポ）／外来種（セイヨウタンポポ）／総苞片）

(2) 河川（淡水魚の生息構成）

● **調査の方法**

上流域から下流域にかけての数か所で魚を捕獲し（調査後は放流），その種類と数を調査する（捕獲総尾数から生息量も推定してみる）。

● **調査のまとめ・考察**

①魚相を地図上に記録する。

②河口域は魚類にとって産卵や生活の場としてなくてはならない場所である。別の河川へ移動ができない魚にとっては，現在すんでいる河川の環境の変化が死につながることから環境について考える。

③自然度指数では，非常によい（イワナ，アユ，カジカ），よい（ウグイ，カワムツ，タナゴ），ややよい（ナマズ，メダカ），注意（フナ，モツゴ，ガダヤシ）に分類されるが，環境のちがいと種類の生息構成から河川の状況を考える。

[Ⅱ 水（水質）の調査]

1. 五感による水質調査

● **ねらい**

化学的に分析や調査をするだけではなく，河川や湖沼の水環境を見たり，さわったり，においをかいだり，味わったり，流れの音を聞いたりすることで環境のようすを知ることができる。水質調査をおこなう前に予備的におこなう必要がある。

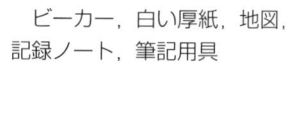

● **用意するもの**

ビーカー，白い厚紙，地図，記録ノート，筆記用具

● **調査の方法**

①河川や湖沼の水ぎわに立ち，周囲の音を聞く。

②水面を観察し，油浮きや浮遊物などを調べる。

③ビーカーに採水し（図1），白色の厚紙の上に乗せて濁りを見ながら，水の温度を手でたしかめる。

④ビーカーに鼻を近づけ，においを確認し，どのようなにおいかメモを取る。

⑤採水した場所での水を味わう（採水場所にもよる）。

● **調査のまとめ・考察**

①以下のような調査項目を記載した記録簿をつくり，各調査場所ごとにまとめる。

1. 調査年月日
2. 調査場所
3. 調査場所の環境
4. 調査場所の音
5. 水面のようす
6. 濁り
7. 温度
8. におい
9. 味

図1 水質の調査　まず採水する

②数名で各調査場所を調査して，感じたままのコメントを各自記録し，感じたままの水質調査結果を発表しあう。

③化学的分析の前におこなうと，汚染原因を解明する手がかりにもなる。

④河川や湖沼でみられた生物もあわせて記録しておくと，今後の調査に便利である。

[Ⅱ 水(水質)の調査]

2. 水生生物による水質調査

●調査の方法

①こぶし大くらいの石が川底にある場所を選ぶ。

②水虫取り網を川下に沈め，その付近の石を動かし，生物を捕獲する。

③網からバットに移し，指標となる生物をルーペや図鑑を用いて同定する。

④野帳に記録する。

●調査のまとめ・考察

きれいなところにいる生物—カワゲラ類，ヒラタカゲロウ類，ヒゲナガカワトビケラ類，ヘビトンボ（図2）

ややきれいなところにいる生物—シマトビケラ類，ニンギョウトビケラ類

やや汚れているところにいる生物—ミズムシ，シマイシビル，サナエトンボ

汚れているところにいる生物—イトミミズ類，サカマキガイ，赤色ユスリカ類（図2）

●ねらい

河川にすむ生物は，すむ河川が同じでも，同じところにすむとは限らない。ある河川のある箇所の環境に適応した生物がそれぞれにすみついている。たとえば，同じ河川でも上流部と下流部では水の汚れもちがい，そこにすむ生物の種類や数にも差が出てくる。そのため，生物の種類や数を調べれば河川の水質状況を知ることができる。

●用意するもの

ぬれてもよい靴か長靴，水虫取り網，バット，ピンセット，シャーレ，ルーペ，図鑑，記録ノート，筆記用具

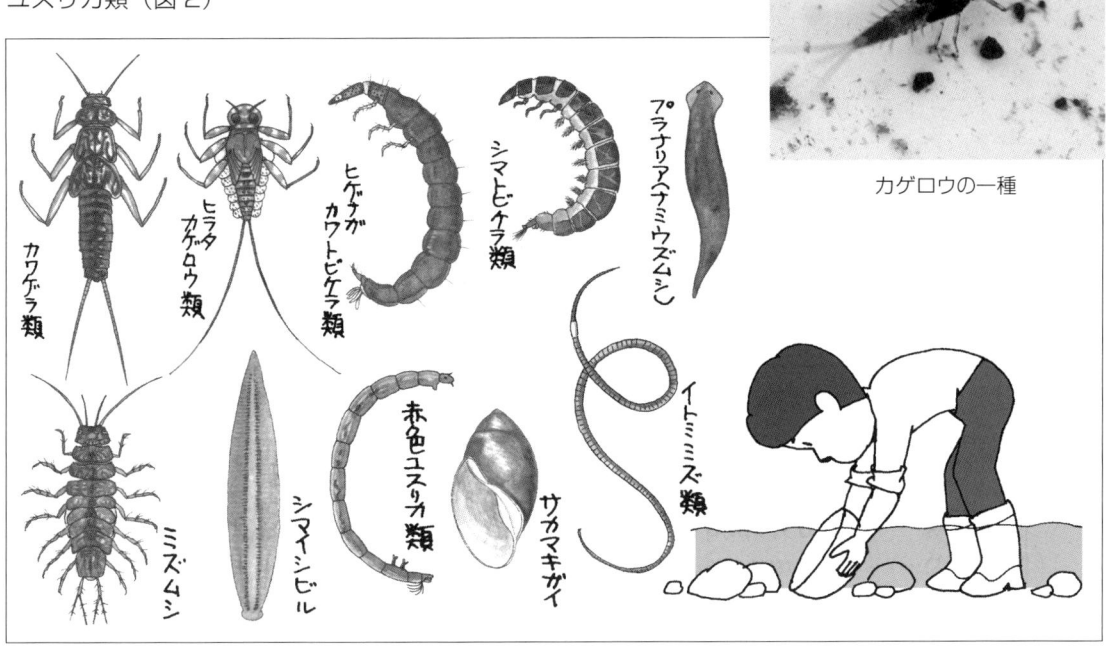

カゲロウの一種

図2 きれいなところにいる生物（上）と汚れているところにいる生物（下）

[Ⅱ 水(水質)の調査]

3. 透視度，浮遊物質量の測定

●ねらい

河川や湖沼などの水の濁りのていどを示す指標として透視度を用いた調査をおこなう。

透視度は水の中にある濁り（けんだく物質）の量と関わりあい，濁りが少なければ透視度があがり，より澄んだ水ということがわかる。また，水中に浮遊している物質を一定量ろ過して，ろ紙上に残留する物質を測定することにより，水の清浄度を調査する。このときのろ紙上に残ったものを浮遊けんだく物質量（SS）とする。環境基準は 100mg/l ではあるが，SSが小さいほど水は清浄であるといえる。

●用意するもの

100ml 以上のメスシリンダー，二重十字標識板，サンプル，定規，吸引ろ過器，ガラス繊維ろ紙，デシケータ，加熱乾燥機，化学天びん，アスピレータ，ピンセット，アルミシャーレ，記録ノート，筆記用具

（1）透視度

●調査の方法（図3）

①ケント紙に二重十字の標識板を用意する。
②その上にメスシリンダーをおく。
③サンプルを上から少しずつ加えていき，二重線が識別できなくなる時点で水位を cm で測定する。

●調査のまとめ・考察

　　　　　測定地点　　透視度（cm）　　評価
透視度の結果は汚れの相対的指標としてあらわす。

（2）浮遊物質量（SS）の測定調査

●調査の方法（図4）

①ろ過器にろ紙をセットし，アスピレータで蒸留水 200ml を引く。
②ろ紙をピンセットではさんでアルミシャーレに入れ，乾燥機で 105℃で1時間乾燥する。デシケータで放冷する。
③ろ紙の重量測定（amg）。
④①〜③の手順でサンプル（Vml）をろ過・乾燥および重量測定をおこなう（bmg）。

●調査のまとめ・考察

調査地点　ろ過前の重量（amg）　ろ過後の重量（bmg）　備考
SS（mg/l）＝（b − a）× 1000/V

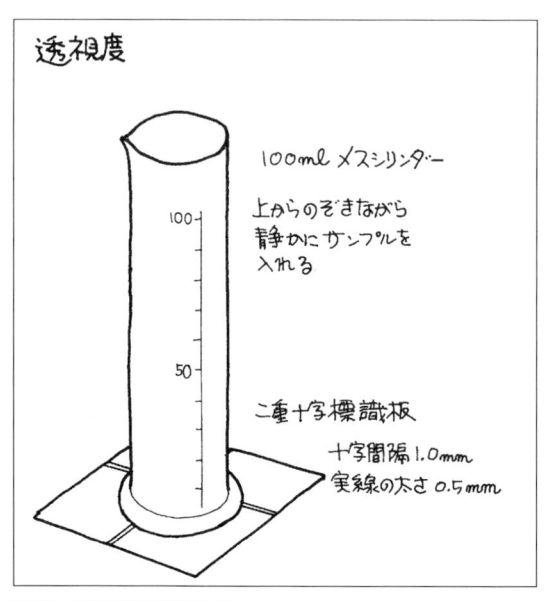

図3　透視度の測定方法

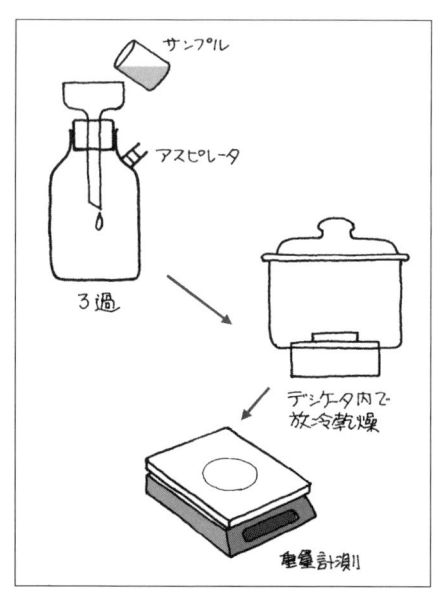

図4　浮遊物質量の測定方法

[Ⅱ 水(水質)の調査]
4. pH（水素イオン濃度）の測定

●調査の方法
①ひもつきバケツを河川水や湖沼の水で数回洗い，バケツで採水する。
②現地でおこなうならば，採水バケツの水をビーカーに注ぐ。学校に持ち帰るならば，採水バケツの水で数回洗った採水びんに入れ，空気がはいらないように栓をして持ち帰り，冷蔵保管する。
③ビーカーにpHメータ（図5）またはパックテストを入れ測定する。

●調査結果のまとめ・考察
①各調査ポイント（図6）ごとのpHを記入する。
②河川や湖沼周辺の環境も調査をする。
③周辺の環境が水質にどのような影響を与えているか考えてみよう。
④調査は何度か継続的におこない，長期間の変動を調べると，より具体的変化がわかる。

[Ⅱ 水(水質)の調査]
5. EC（電気伝導度）の測定

●調査の方法
①ひもつきバケツを河川水や湖沼の水で数回洗ってから採水する。
②現地でおこなうならば，採水バケツの水をビーカーに注ぐ。学校に持ち帰るならば，採水バケツの水で数回洗った採水びんに入れ，空気がはいらないように栓をして持ち帰り，冷蔵保管する。
③ビーカーに電気伝導度計を入れ測定する。

●調査結果のまとめ・考察
①各調査ポイントごとの電気伝導度を記入する。
②河川や湖沼周辺の環境も調査をする。
③周辺の環境が水質にどのような影響を与えているか考えてみよう。
④pHと同様に，調査は何度か継続的におこない，長期間の変動を調べると，より具体的変化がわかる。

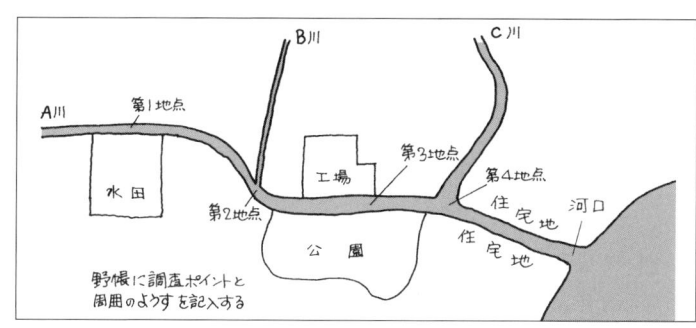

図6 河川の水質調査ポイントの例

●ねらい
飲料水に適した水は，国の定めている環境基準ではpH（ピーエッチ）6.5以上，8.5以下とされている。調査によって得られた河川水のpHをもとに，周囲の環境を考察する。

●用意するもの
ひもつきバケツ，採水びん，ビーカー，pHメータ（またはパックテスト），記録ノート，筆記用具

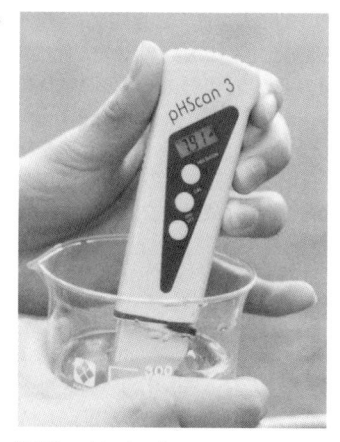

図5 pHメータ

●ねらい
水中の無機イオン（Na^+やCa_2^+）は電気をよく通すため，その存在をあらわすEC値（電気伝導度）は水の汚れの状況を知る指標となる。汚れた水は無機イオンが多いため，EC値が高くなる。温泉水や水田の排水路の水には無機イオンが含まれているため，汚れとは関係なくEC値が高い。

●用意するもの
ひもつきバケツ，採水びん，ビーカー，電気伝導度計，記録ノート，筆記用具

[Ⅱ 水(水質)の調査]

6. DO（溶存酸素量）の測定

●ねらい

水生生物は水中に溶存している酸素を吸って生きている。水中に溶けている酸素が多ければ、生物がすみやすい良好な水質であるといえる。したがって、DO値（溶存酸素量）は河川や湖沼の環境状況を知る指標となる。一般に、きれいな水ほどDO値は大きく、水道水として利用できる水の環境基準は5mg/l以上である。測定には、分析実験をおこなう場合と機器を使用する場合とがある。

●用意するもの

試薬：水酸化ナトリウム，炭酸ナトリウム，イソアミルアルコール，硫酸マンガン四水和物，チオ硫酸ナトリウム五水和物，ヨウ素酸カリウム，硫酸，硫酸 (1+5)（→ p.64），デンプン，アジ化ナトリウム

器具：100mlふ卵びん，300ml三角フラスコ，25mlビュレット，駒込ピペット，100mlビーカー，20mlホールピペット，記録ノート，筆記用具

●試薬の調整

アルカリ性ヨウ化カリウム溶液　水酸化カリウム700gとヨウ化カリウム150gをそれぞれ蒸留水で溶かし、混合して1lにして褐色ビンに入れ暗所で保存する。

アジ化ナトリウム溶液　蒸留水20ml中にアジ化ナトリウム5gを溶かす。

アルカリ性ヨウ化カリウムアジ化ナトリウム溶液　アルカリ性ヨウ化カリウム溶液125mlをメスフラスコに入れ、アジ化ナトリウム溶液20mlを加え、アルカリ性ヨウ化カリウム溶液で250mlとする。

硫酸マンガン溶液　硫酸マンガン四水和物480gをビーカーに入れ蒸留水で溶かしたあと、メスフラスコで1lとする。

デンプン溶液　可溶性のデンプン1gを水10mlと混ぜながら、100mlの熱水中に加え、1分間煮沸して放冷する。使用の際は作製した溶液の上澄みを用いる。

●調査の方法（図7）

①容量が記載されたふ卵びんを試料で3回洗浄してから、気泡がはいらないように注意して試料を入れて密栓する。

②硫酸マンガン溶液1ml，アルカリ性ヨウ化カリウム溶液とアジ化ナトリウム溶液1mlをそれぞれ混合すると白い沈殿ができる。びん中の上澄み液が3分の1くらいになるまで静置する。

③硫酸1mlを加え、密栓し沈殿を溶解すると溶液は褐色に変化する。

④溶解液を300ml三角フラスコに全量移し、ふ卵びんの中を少量の蒸留水で洗浄する。

⑤ 0.025mol/lチオ硫酸ナトリウム溶液により滴定開始。途中でデンプン溶液を加えると青色に変化し、滴定を続ける。無色になったところを終点とし、ビュレットの目盛の変化から滴定量を求める。

⑥ DOの計算　DO (mg/l) = $a \times f \times \dfrac{1000}{V-2} \times 0.2$

　　a：滴定量 (ml)　　V：ふ卵びん中の試料の量 (ml)
　　f：ファクター (0.025mol/lの正確な濃度を出すための補正係数)

0.025mol/lのチオ硫酸ナトリウム溶液　チオ硫酸ナトリウム五水和物を6.3gと炭酸ナトリウム0.2gを200mlの蒸留水に溶かし、1lのメスフラスコに入れ、標線近くまで蒸留水で薄め、イソアミルアルコール10mlを添加して1lとする。

●調査のまとめ・考察

①各調査ポイントごとのDO値を比較する。

②河川や湖沼の水草などの水生植物を調査して、有無とDO値を比較しよう。

③周辺の環境がDO値にどのような影響を与えているか考える。

④調査は1日のうち数時間おきにおこない、アオコや水草などによる酸素収支を確認をする。

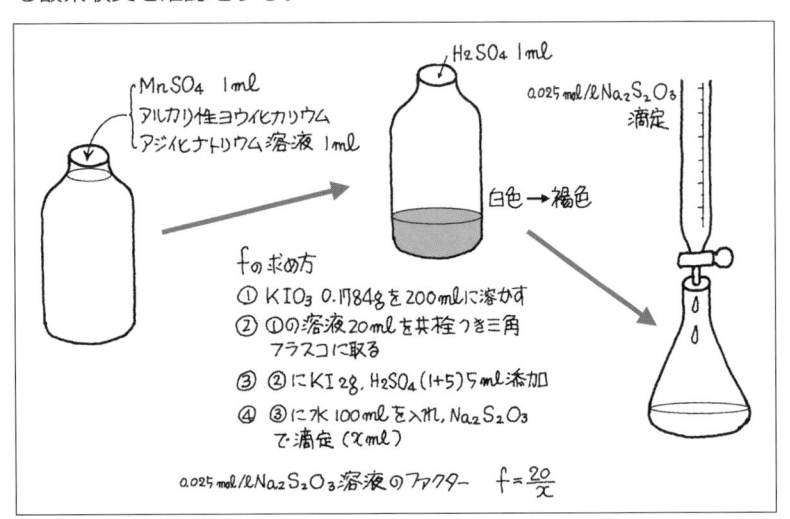

図7　DOの測定方法

[Ⅱ 水(水質)の調査]
7. BOD(生化学的酸素要求量)の測定

BODは,有機物による水の汚染を間接的に示す指標である。

●調査の方法(図8)

①曝気をおこない溶存酸素量を飽和状態にした蒸留水に緩衝液,硫酸マグネシウム溶液,塩化カルシウム溶液,塩化第二鉄溶液を加え,pH 7.2に調整して(水酸化ナトリウム,塩酸を使用)希釈水を準備する。

②試料を希釈水で適当な倍率に希釈し,段階的に希釈倍率を変えた数種類の希釈検水を調整する。河川の上流部でほとんど好気性微生物が存在しない場合には,好気性微生物が存在しうる場所を検討して,採取した水を添加する。

③原液を2本ふ卵びんに入れ,15分後と,20℃で5日間放置したもののDOを測定する。

④段階的に希釈倍率を変えたサンプルに③と同様の操作をする。

⑤これらの操作をおこなった15分後と,20℃で5日間放置したDO値とを使用し,BODを計算で求める。

BOD (mg/l) = 希釈倍率 × (15分後のDO値 − 5日後のDO値)

●調査のまとめ・考察

①各調査ポイントごとのBOD値を比較する。

②周辺の環境がBOD値にどのような影響を与えているか考える。

③排出基準は160mg/l以下,環境基準は水道水原水25mg/l以下。

④主要河川のBOD(2003年,単位mg/l)は,石狩川0.9,北上川1.0,最上川0.8,利根川1.2,多摩川1.2,信濃川1.1,木曽川0.6,淀川1.3,吉野川0.8,筑後川1.2である。

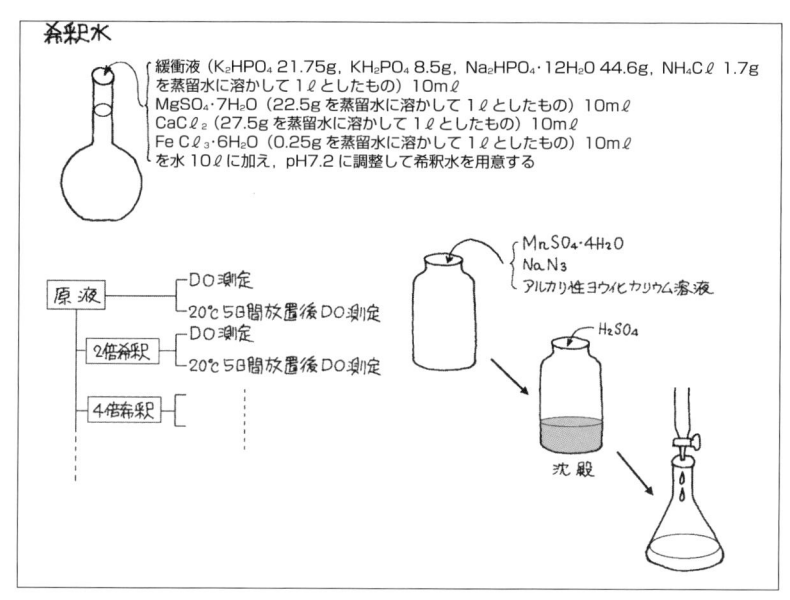

図8 BODの測定方法

●ねらい

水中の好気性微生物は汚濁物質である有機物を食べるときに酸素を消費するので,有機物(汚濁物質)が多いところほどBOD値が高くなる。河川の排水基準は160mg/l,水道水の原水は3mg/l以下とされている。

●用意するもの

試薬:リン酸水素2カリウム(K_2HPO_4),リン酸2水素カリウム(KH_2PO_4),リン酸水素2ナトリウム($Na_2HPO_4 \cdot 12H_2O$),塩化アンモニウム(NH_4Cl),硫酸マグネシウム($MgSO_4 \cdot 7H_2O$),塩化カルシウム($CaCl_2$),塩化第二鉄($FeCl_3 \cdot 6H_2O$),塩酸(HCl),水酸化ナトリウム($NaOH$),ヨウ化カリウム(KI),炭酸ナトリウム($NaCO_3$),イソアミルアルコール,硫酸(H_2SO_4),硫酸マンガン($MnSO_4 \cdot 4H_2O$),アジ化ナトリウム(NaN_3),チオ硫酸ナトリウム($Na_2S_2O_3 \cdot 5H_2O$),ヨウ素酸カリウム,デンプン

器具:100mlふ卵びん,恒温器,共栓つき500mlメスシリンダー,観賞魚用エアポンプ,300ml三角フラスコ,25mlビュレット,駒込ピペット,100mlビーカー,20mlホールピペット,記録ノート,筆記用具

[Ⅱ 水(水質)の調査]

8. COD（化学的酸素要求量）の測定

CODは，水中の有機物を過マンガン酸カリウムなどの酸化剤で分解するときに消費される酸素量で，有機物による水の汚染を示す指標である。

●**ねらい**
生活排水が流入するところはCOD値が高くなる。湖沼や海へ流入する排水はCOD値によって規制されている。

●**用意するもの**
試薬：硫酸銀（Ag_2SO_4），硫酸（H_2SO_4），過マンガン酸カリウム（$KMnO_4$），シュウ酸ナトリウム（$Na_2C_2O_4$）
器具：300ml 三角フラスコ，ウォーターバス，100ml メスフラスコ，駒込ピペット，10ml ホールピペット，50ml ビュレット，ホットプレート，記録ノート，筆記用具

●**調査の方法**（図9）
①サンプルを三角フラスコに適量取り，蒸留水で100mlにする。
②三角フラスコに硫酸銀1gと硫酸溶液（蒸留水に濃硫酸を2対1の容積割合で加えたもの，硫酸〈1+2〉とも表記）10ml，5mmol/l 過マンガン酸カリウム溶液（過マンガン酸カリウム〈純度の高いもの〉0.8gを蒸留水に溶かして1lとしたもの）10mlを加え，ウォーターバスに入れて30分間湯せんする。
③ウォーターバスから取り出し，12.5mmol/l シュウ酸ナトリウム溶液（シュウ酸ナトリウム1.675gを蒸留水に溶かして1lとしたもの）を10ml加え，ホットプレート上で60℃以上に水温を保ち，5mmol/l 過マンガン酸カリウム溶液で滴定する（am$l$）
④300ml フラスコに蒸留水のみ100ml入れ，②，③の操作をおこない滴定する（bm$l$）。
⑤COD の計算：COD (mg/l)＝(a－b)×1000／V×0.2×f

●**調査のまとめ・考察**
①各調査ポイントごとのCOD値を比較する。
②周辺の環境が河川，湖沼や海のCOD値にどのような影響を与えているか考える。
③排出基準は160mg/l以下，環境基準は水道水原水25mg/l以下。
④パックテストでもCODを測定することができる。

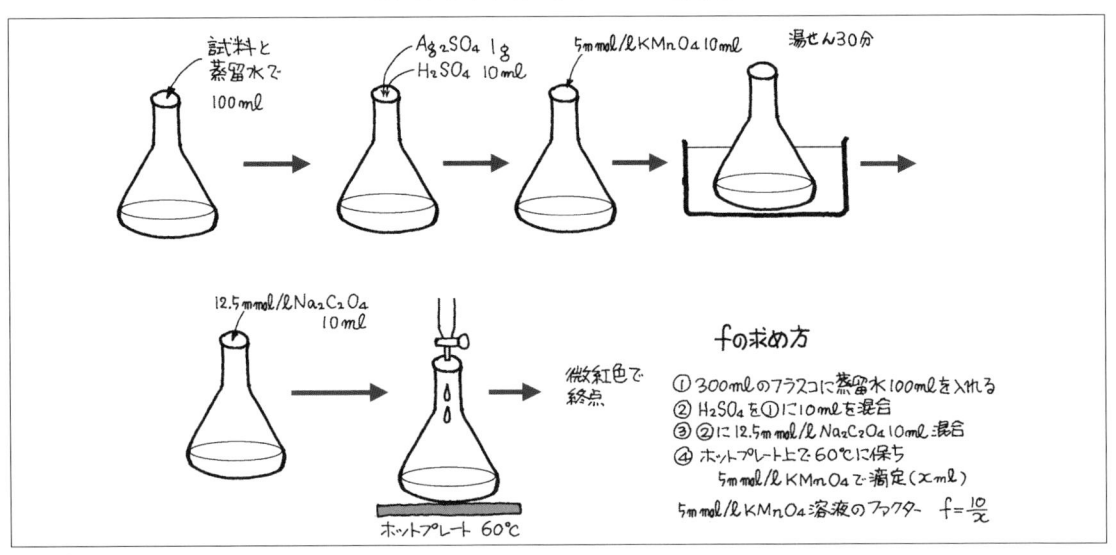

図9 COD の測定方法

[Ⅲ 土壌の調査]

1. 五感による土壌調査

●調査の方法
野外では，色→におい→乾湿→土壌構造→腐植量→土性の順で調査する（図1，2）。

●調査のまとめ・考察
①実験器具がなくても五感で土壌調査ができる。
②それぞれの要素を1つひとつ評価することも大切だが，土壌を構成する要素として土性，色，におい，土壌構造，乾湿，腐植量を総合的に評価する。

●ねらい
すぐれた農家の人は，自分が耕作している水田や畑の土をなめて土の健康状態をおおよそ判断する，と聞いたことがある。私たちも器具機材などを使用せず，自分の五感を信じて土壌調査をしてみよう。

●用意するもの
移植ごて，色鉛筆，記録ノート，筆記用具

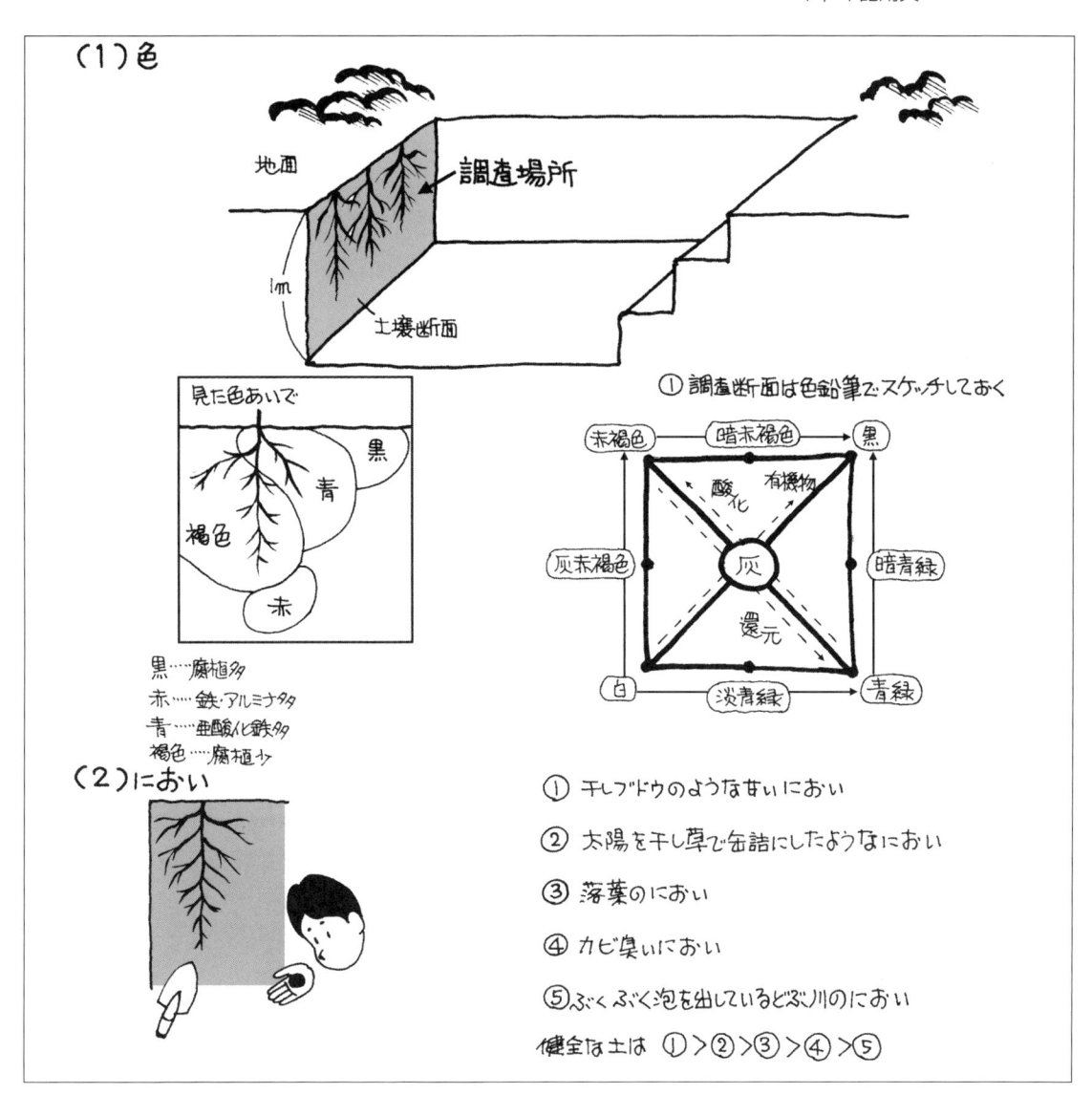

(1) 色

黒……腐植多
赤……鉄・アルミナ多
青……亜酸化鉄多
褐色……腐植少

① 調査断面は色鉛筆でスケッチしておく

① 干しブドウのようなあまいにおい
② 太陽を干し草で缶詰にしたようなにおい
③ 落葉のにおい
④ カビ臭いにおい
⑤ ぶくぶく泡を出しているどぶ川のにおい

健全な土は ①＞②＞③＞④＞⑤

(2) におい

図1 土壌の色，においの調査方法

2 環境調査の実際

(3) 乾湿（手で握ったときの感触）

① 強く握っても手のひらに全く湿り気が残らない ……乾
② 湿った色をしているが、土を強く握っても湿り気をあまり感じない ……半乾
③ 土を握ると手のひらに湿り気が残る ……半湿
④ 土を強く握ると手のひらがぬれるが、水滴は落ちない 親指と人差し指で強く押すと水が出る ……湿
⑤ 土を強く握ると水滴が落ちる ……多湿
⑥ 土を手のひらにのせると自然に水滴が落ちる ……過湿

(4) 土壌構造

〈断面〉
① 水平に板状に重なっているもの…板状構造
② 垂直に柱状に割れているもの…柱状構造
③ 壁土のようにのっぺりしたもの…壁状構造

〈手にとって軽くつぶす〉

団粒状　粒状　亜角塊状
角塊状　板状　柱状

(5) 腐植量

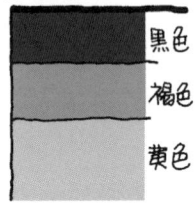

黒色
褐色
黄色

① 土の色の黒みで多さを判定する
　黒＞褐色＞黄
② なべとコッフェルがある場合
　○ すぐにこげ臭いにおいがする…多 
　○ かき回すとこげたにおいがする…中
　○ あまりにおわない…少

(6) 土性

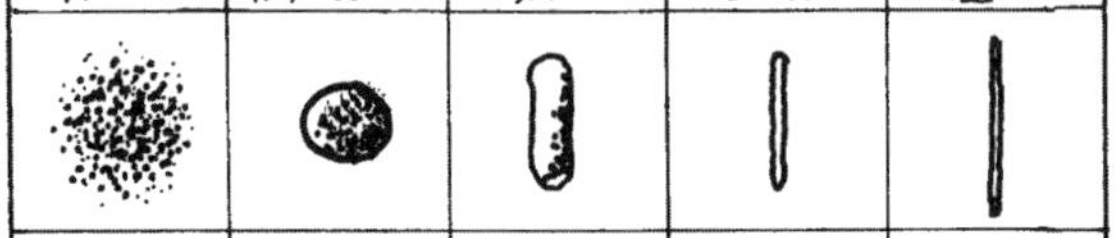

砂土	砂壌土	壌土	埴壌土	埴土
ざらざらしてほとんど砂だけの感じでばらばらではなにも棒にもならない	わずかに粘土を感じるおにぎりになるけれど棒にはならない	砂と粘土が半々の感じ指の太さの棒ならできる	大部分が粘土の感じつまようじぐらいの細い棒をつくることができる	ほとんど砂を感じない針のように細い棒をつくることができる
S	SL	L	CL	C

土壌調査表

調査地点				年 月 日( ) 調査		
地目		天気	調査前の天気	現況		
土層断面図	層の厚さ	色	におい	乾湿	土壌構造	腐植量	土性

土層断面図	層の厚さ	色	におい	乾湿	土壌構造	腐植量	土性
色鉛筆でスケッチする	0-10-20	黒色	②	半乾	団粒状	中	SL
	30-40-50	褐色	④	半湿	亜角塊状	少	S
	60-70-80-90	黄色	⑤	半湿	壁状構造	なし	CL

図2　土壌の乾湿，構造，腐植量，および土性の調査方法

[Ⅲ 土壌の調査]

2. 雑草による土壌の判定

（1）雑草の種類による土壌肥よく度の測定

●調査の方法（図3）

①未熟畑から熟畑へ移行していくあいだの植物（雑草）の種類を調査したもので，肥よく度が高くなるにつれて他の植物に負けて消えてしまうⅠ群，肥よく度に関係なく出現するⅡ群，肥よく度が高くなるにつれて出現するⅢ群から判定する。

②調査は部分的におこなうのではなく，耕作畑1区画の雑草を種群に分けて分布を確認し，畑の中でも肥よく度の高低を確認する。

●調査のまとめ・考察

①畑の中の植物（雑草）の分布図を作成する。

②種群の傾向から，畑の状態を総合的に判定する。

③希少ではあるが，Ⅰ群の植物が畑内にあるときはとくに記録しておき，その後どのように移りかわるか継続的に観察する。

（2）雑草の種類による酸度の判定

●調査の方法

①酸度（pH）は1～14までであり，7が中性，それより値が小さくなれば酸性，大きくなればアルカリ性を示すが，ここでは酸性に対する植物（雑草）の抵抗性から判定する❶。

②調査は部分的におこなうのではなく，耕作畑1区画の雑草を種群に分けて分布を確認し，畑の中でも酸度の強い部分，弱い部分を確認する。

●調査のまとめ・考察

①畑の中の植物（雑草）の分布図を作成する。

②種群の傾向から，畑の状態を判定する。

●ねらい

農耕にとってじゃまな存在が雑草であり，いかに手ぎわよく扱うかで作物のできが決まるといってよい。ここでは畑の雑草植生から，畑土壌の肥よく度が判定でき，土壌酸度もおおまかであるが判定できることから，それぞれ調査地点を決めて調査してみよう。

●用意するもの

図鑑，記録ノート，筆記用具

❶○最も強いもの―スミレ，シバツメクサ，オオツメクサ，オオバコ，キイチゴ
○強いもの―ハハコグサ，ヒメスイバ，ヘラオオバコ，スギナ
○弱いもの―ミミナグサ，トウダイグサ，イヌカミツレ
○最も弱いもの―ノミノツヅリ，ハコベ，ハッカ，ルリハコベ，ヤエムグラ，ヒメオドリコソウ，イヌフグリ，ナガバギシギシ

	Ⅰ群	Ⅱ群	Ⅲ群
無施肥地	シバ ススキ チガヤ ワラビ スギナ	ジシバリ イノコヅチ チドメグサ カワラケツメイ ドクダミ	
施肥地		ナズナ ブタクサ ヒメジオン メヒシバ ヨモギ	スベリヒユ カタバミ ザクロソウ エノキグサ キュウリグサ

図3 雑草と肥よく度の関係

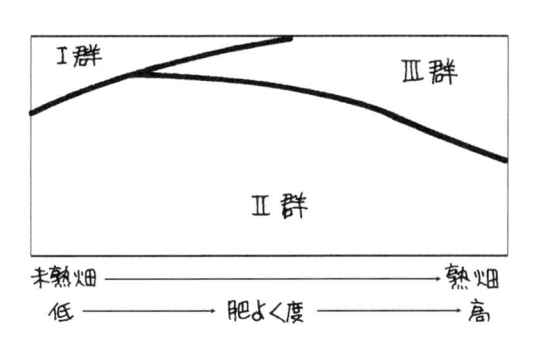

[Ⅲ 土壌の調査]

3. 土壌生物の調査

(1) ミミズ, ダンゴムシと土壌判定

●ねらい
　ミミズがすむ土はよい土, といわれるように, 土の中やその表層にはたくさんの土壌生物が生活している。それぞれが生態系のなかで役目をもち, 土の健康を守っている。ここでは, ミミズ, ダンゴムシ, センチュウについて調査し, そのすみ分けによって土壌を判定してみよう。

●用意するもの
　スコップ, ピンセット, ビーカー, サンプル管, ベールマン装置, 実体顕微鏡, シャーレ, 記録ノート, 筆記用具

●調査の方法
　①大型土壌動物であるミミズやダンゴムシはハンドソーティング法（ピンセットで採集）を用い, 25cm四方, あるいは50cm四方の範囲を決め, 表層を調査したら, 深さ10cmごとに土を掘り取りながらおこなう（図4左）。
　②目的によって調査範囲は異なるが, 耕作畑1区画を調査する場合は10か所ていどおこなう。
　③土の色や周囲の植物, 調査地点の状況を記録する。

●調査のまとめ・考察
　①深さごとの分布図（個体数）を作成する。
　②土の色や周囲の状況も考え, 総合的に健康度を判定する。そのはたらきから, ミミズやダンゴムシは多いほど健康である。

(2) センチュウと土壌判定

❶ネマトーダともいう。その多くは自活性で土中の有機物をえさにして, その分解をうながす重要な役割を果たしている。作物に障害を与えるのは植物寄生性のもので, 土壌中の生物相のバランスがくずれ, 寄生性センチュウが増加した場合に被害が多くなる。

●調査の方法
　①（1）と同じに土を取り, ベールマン装置で抽出する（図4右）。
　②実体顕微鏡で個体数を数える。

●調査のまとめ・考察
　①深さごとの分布図（個体数）を作成する。
　②センチュウ❶以外にもヒメミミズやクマムシなど, あまり見たことのない動物も同時に観察する。

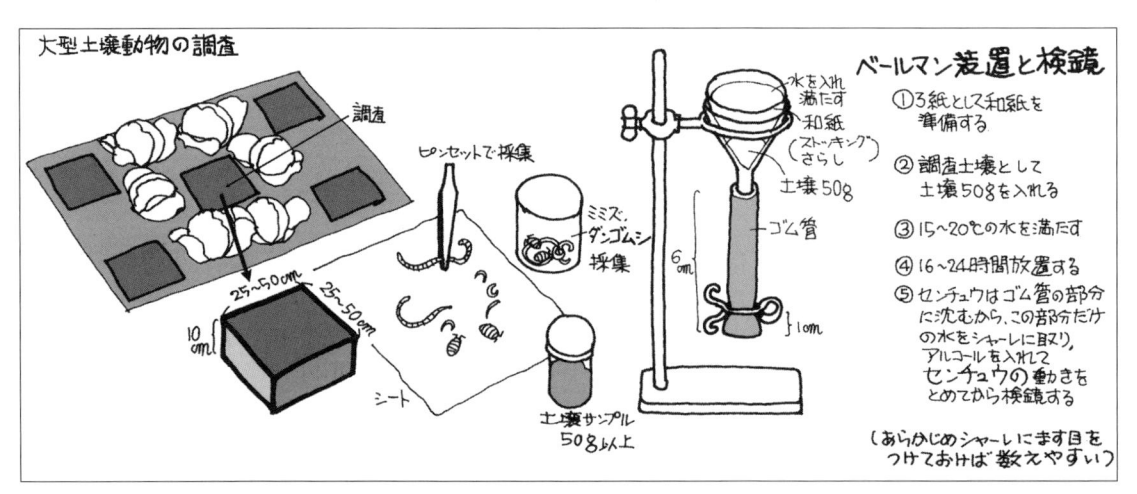

図4　大型土壌動物の調査方法とベールマン装置を用いたセンチュウの調査方法

[III 土壌の調査]

4. 土壌の三相分布の調査

(1) 三相分布の測定

●調査の方法
空き缶を利用して三相分布をはかる（図5）。

●調査のまとめ・考察
①土は基本的に固体の部分（固相），水の部分（液相），空気の部分（気相）になっていることを，しっかりとイメージできる。
②固相，液相，気相の割合が計算できる。

(2) 三相分布の調査

●調査の方法
①野菜畑，果樹園，水田，グランドを調査する。
②空き缶利用によりおこなう。

●調査のまとめ・考察
①野菜畑，果樹園，水田，グランドの三相分布を比較する。
②雨が降ったときの状態や土の色を事前にチェックしメモしておくと，考察する場合参考になる。

●ねらい
土壌は，固体の部分のほかに，土の粒子と粒子のすき間にある水と空気とからできている。作物を育てるためには，固体の部分（固相），水の部分（液相），空気の部分（気相）の3つの割合が大切であり，気相は20％以上が望ましいとされている。ここでは，ほ場に出て三相分布の測定・調査をしてみよう。

●用意するもの
ジュース缶，万能ばさみ，台ばかり，古いフライパン，アルミハク，計算機，記録ノート，筆記用具

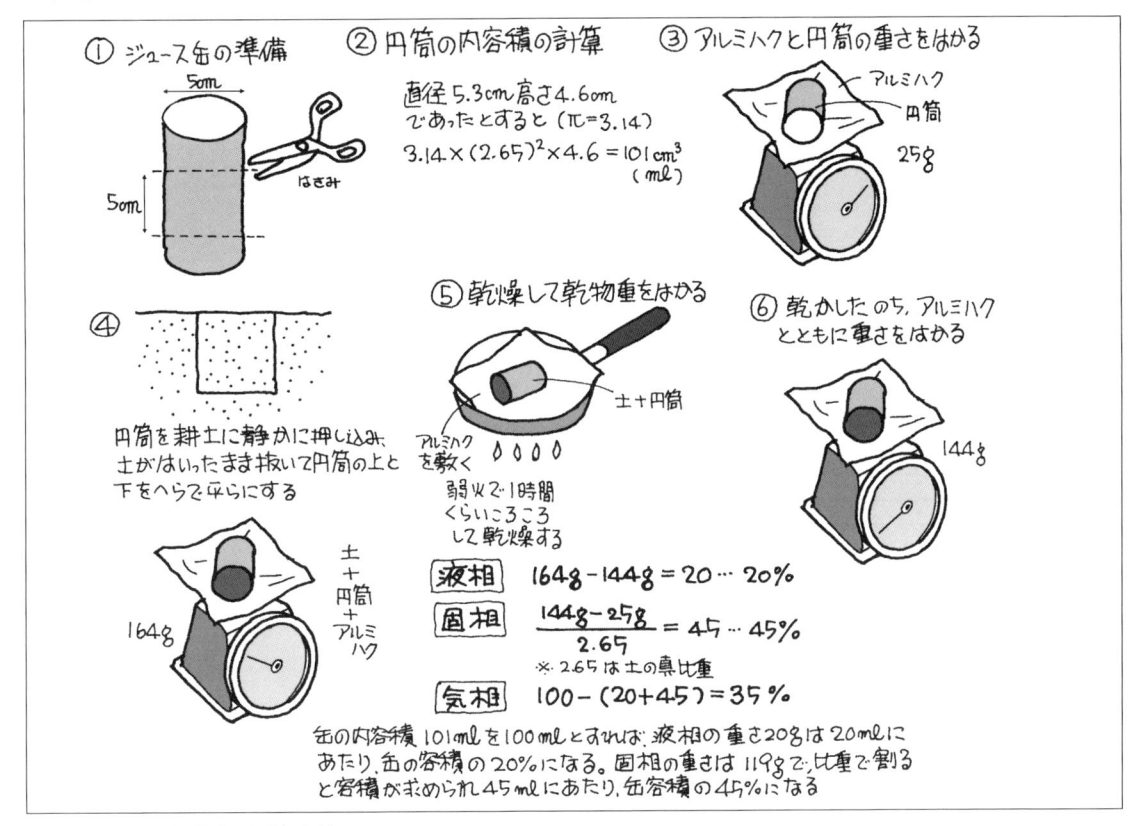

①ジュース缶の準備
②円筒の内容積の計算
直径5.3cm高さ4.6cmであったとすると（π=3.14）
$3.14 \times (2.65)^2 \times 4.6 = 101 cm^3 (m\ell)$

③アルミハクと円筒の重さをはかる 25g

④円筒を耕土に静かに押し込み，土がはいったまま抜いて円筒の上と下をへらで平らにする

⑤乾燥して乾物重をはかる
アルミハクを敷く
弱火で1時間くらいころころして乾燥する

⑥乾かしたのち，アルミハクとともに重さをはかる 144g

土+円筒+アルミハク 164g

液相 $164g - 144g = 20 \cdots 20\%$
固相 $\dfrac{144g - 25g}{2.65} = 45 \cdots 45\%$
※2.65は土の真比重
気相 $100 - (20+45) = 35\%$

缶の内容積101mℓを100mℓとすれば，液相の重さ20gは20mℓにあたり，缶の容積の20％になる。固相の重さは119gで，比重で割ると容積がもとめられ45mℓにあたり，缶容積の45％になる

図5 土壌の三相分布の測定方法

5. 土壌水分，透水性の調査

[Ⅲ 土壌の調査]

（1）土壌水分，保水性の測定・調査

●調査の方法

ほ場をテンシオメータで測定し，そのpF値から土壌水分と保水性を調査する（図6左）。

●調査のまとめ・考察

① pF値から土壌水分と保水性の状態を把握する。
② pF値から作物の生育環境を把握する。

（2）透水性の測定・調査

●調査の方法

①土壌硬度計で土壌のち密さを測定する（図6右）。
②雨降り後に調査地点の水はけの状況を調査する。

●調査のまとめ・考察

①土壌硬度計の値と水はけの状況から調査地点の透水性を考察する。
②水田土壌と畑土壌を調査し，比較する。

●ねらい

作物は水が不足するとしおれ，それを放っておくと枯れてしまう。また，水を過剰にやると，根腐れして生育がわるくなる。作物をよく育てるためには，排水をよくすることと，保水力のある土をつくることである。そこで，土壌水分，保水性，透水性について理解を深めるために，じっさいに測定・調査してみよう。

●用意するもの

テンシオメータ，土壌硬度計や貫入式土壌硬度計，記録ノート，筆記用具

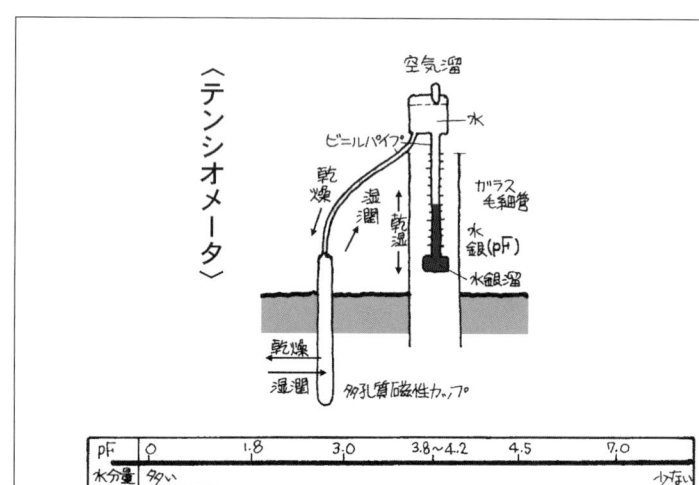

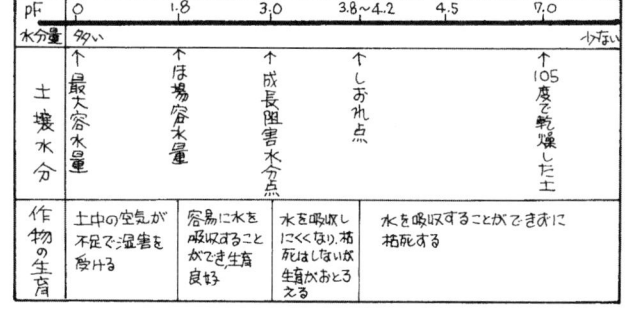

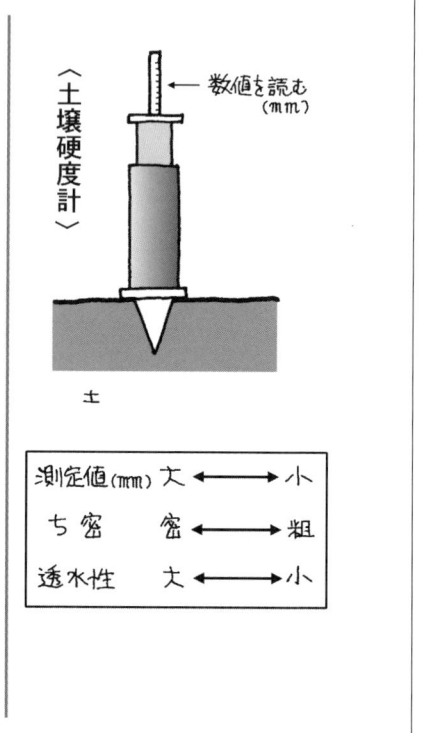

図6 テンシオメータと土壌硬度計による土壌水分，保水性と透水性の測定方法

6. 土壌 pH・EC の測定

[Ⅲ 土壌の調査]

（1）土壌 pH の測定・調査

●調査の方法
①調査地点を決める。
②土壌 pH（水溶性酸度）を測定する（図 7 左）。

●調査のまとめ・考察
①水溶性酸度は植物の生育に直接に影響するものである。
②調査地点ごとのデータを整理し，調査地に土壌 pH 値を入れた測定地図を作成する。
③雑草の種群と pH の関係を調べ，指標植物による方法を検討する。

（2）土壌 EC（電気伝導度）の測定・調査

●調査の方法
①調査地点を決め，EC 測定器で土壌を測定する（図 7 右）。
②ハウスや露地野菜の根の生育範囲内の土壌の EC を測定する。
③水耕栽培溶液の EC を測定する。

●調査のまとめ・考察
①測定値から土壌の状態をまとめる。塩類濃度障害に注意する。
②追肥や施用時期を考察する。
③水耕栽培溶液の更新のめやすにする。

●ねらい
作物が順調に生育するためには，その環境をととのえることが必要である。とくに，土壌の酸性またはアルカリ性の傾向が強くなれば，いろいろな養分が溶けなくなったり，効かなくなったり，大量に溶け出したり，流亡したりして，作物は欠乏症や過剰症を起こす。土の健康をチェックするために土壌 pH，EC（電気伝導度）の測定・調査をしてみよう。

●用意するもの
試験管，上皿天びん，薬包紙，ゴム栓，試験管立て，pH 試験紙，標準変色表，蒸留水，ピンセット，ビーカー，ガラス棒，EC 測定器，記録ノート，筆記用具

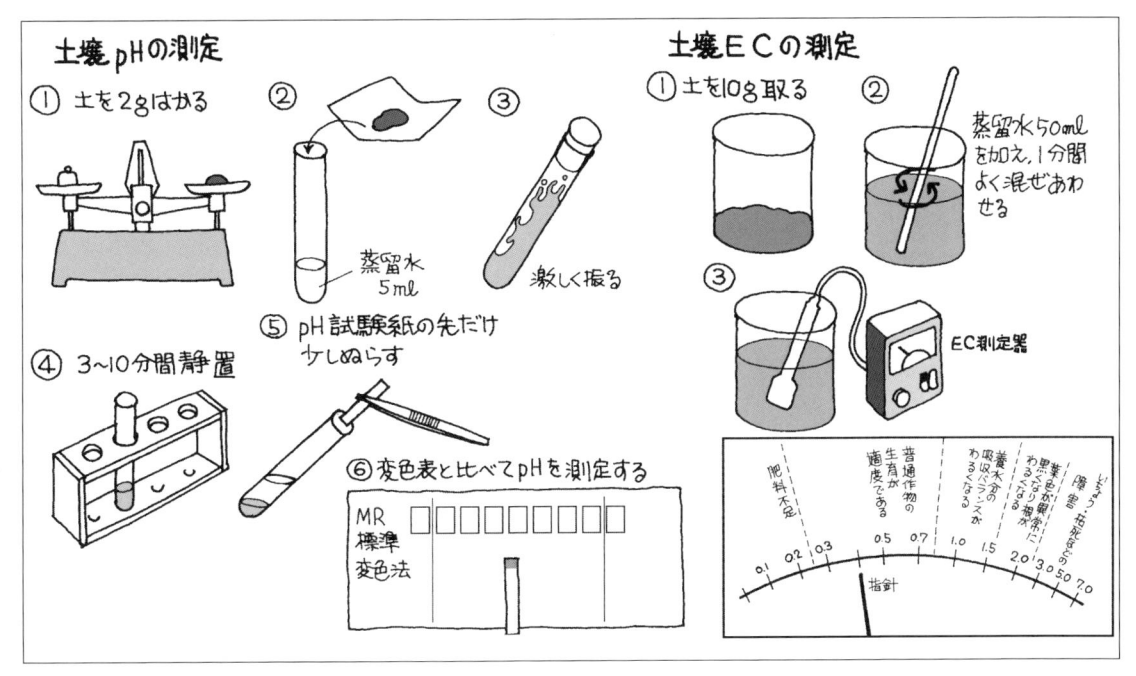

図 7　土壌 pH と EC の測定方法

[Ⅲ 土壌の調査]

7. 硝酸性窒素，メタンの調査

●ねらい
地下水の硝酸性窒素を測定し，汚染の状況を調査する。また，水田から発生するメタンを調査してみよう。水田に足を踏み入れると土の中からぶくぶくと泡が発生するが，これは土壌の還元によって生成したメタンガスである。

●用意するもの
ポリびん，水温計，地図，長靴，簡易な水質測定器具一式，集気びん，マッチ，記録ノート，筆記用具

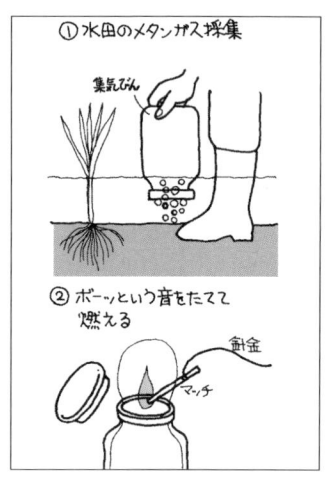

図9 メタンの検出方法

（1）地下水の硝酸性窒素の測定・調査
●調査の方法
①簡易な水質測定器具で硝酸性窒素を測定する（図8）。
②簡易な水質測定器具の試薬は，ナフチルエチレンジアミン，還元剤，増量剤，緩衝剤。

●調査のまとめ・考察
①硝酸性窒素と水の汚れのめやす
0.2～0.4ppm　雨水
0.2～1.4ppm　河川の上流の水
0.2～6.0ppm　河川の下流の水（地下水，わき水）
10ppm以下　　水道水（水道法では亜硝酸性窒素と硝酸性窒素の合計である）。
②調査地点ごとのデータをまとめ，地図上に記入していく。
③基準値より値が上回ったときは，定期的に調査する。

（2）水田から発生するメタンの検出・調査
●調査の方法
①水田に足を踏み入れ，ぶくぶくと発生する泡を集気びんで集め，火のついたマッチを近づけて燃えるメタンガスを確認する（図9）。
②燃えると青白い光が出る。

●調査のまとめ・考察
①メタンは無色で無臭であるが，同時に卵の腐ったような硫化水素のにおいがする。
②メタンの発生する原理と有効に使う方法を調べる。

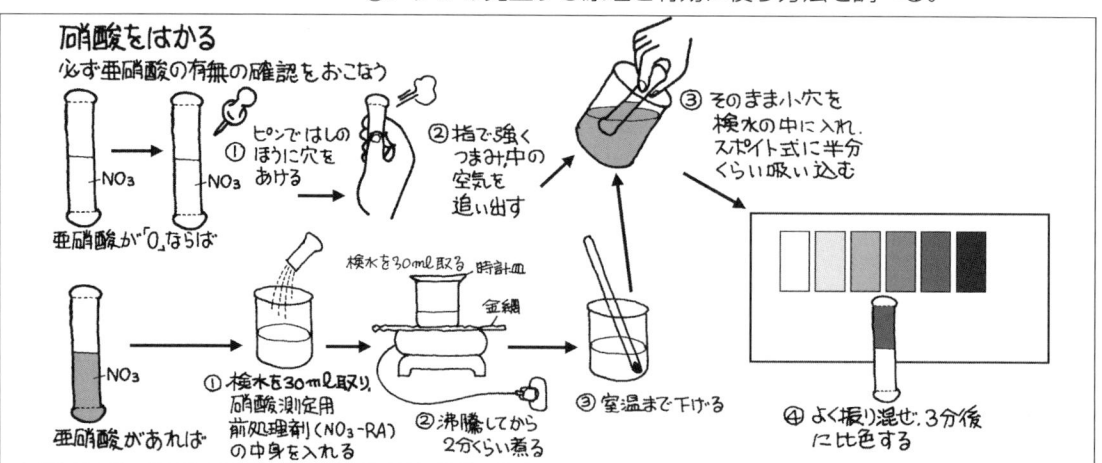

図8 簡易な水質測定器具による硝酸性窒素の測定方法

[IV 大気・騒音の調査]

1. 五感による大気調査

●調査方法（街中の場合）
　①数人ずつグループになり，街中を歩きながら，残しておきたい音，不快な音を感じたら，その場所を地図に書き込み，記録（録音）する。
　②音のほかに色（樹木や公園も含む），におい，形（建物も含む）などを記録ノートに記入したり，写真に撮ったりする。不快に思うところはどのような改善が必要かも，必ず書くようにする。
　③グループごとに評価をまとめて発表する。

●調査のまとめ・考察
　①地図だけではわからない地域環境を，人間も含めた生物の立場に立って，どんな場所を残したいか，どんな点を改善したいかを調査結果から考察する。
　②私たちの住む街の環境の基礎データをつくり，街の整備や改修に役立てることのできる資料を作成しよう。
　③残したいよい環境を写真に撮り，「わが街百選」などをつくってみよう。

●ねらい
　私たちは，さまざまな音，色，におい，形に囲まれて暮らしている。これらを意識してみると，自分がどのような住環境や自然環境に暮らしているかを知るきっかけになる。そして，快いもの，不快なものを整理すると，よい環境づくりのための基礎的なデータとなる。

●用意するもの
　地図，カメラ，テープレコーダ，記録ノート，筆記用具

[IV 大気・騒音の調査]

2. 指標植物による大気調査

●調査の方法
〈アサガオ〉
　スカーレットオハラの葉面を下から色の変化を観察する。
〈ウメノキゴケ〉
　樹皮や古い墓石や石垣に着生しているウメノキゴケ（図9）を調査する。
〈マツ〉
　①地域のマツがある場所を地図上で確認して，採取してくる。
　②マツの葉をスライドガラス上に固定して60倍の倍率で検鏡する。
　③1視野中の気孔50個を数か所観察し，平均してどれくらい粉じんがはいっているかによって汚れを比較する。

●調査のまとめ・考察
　光化学スモッグの発生と，指標植物の変化との関係を考えてみよう。

図9　樹皮（左）と墓石（右）に着生したウメノキゴケ

●ねらい
　植物や地衣類は大気の汚染を人間より敏感に感じ取る。
　たとえば，アサガオは光化学スモッグに感応すると葉に障害があらわれ，ウメノキゴケの仲間は硫黄酸化物に汚染されると枯死してしまう。また，マツの気孔も大気の汚れと密接に関わっており，微少な粉じんなどによって気孔がふさがれると枯れてしまう。身近な植物と大気の関係を調べてみよう。

●用意するもの
　アサガオの種子（品種：スカーレットオハラ），ウメノキゴケ（ウメ，サクラ，カキ，マツなどの樹皮，古い墓石や石垣に着生している），ルーペ，マツの葉，顕微鏡，スライドガラス，セロテープ，記録ノート，筆記用具

2　環境調査の実際　73

[Ⅳ 大気・騒音の調査]

3. 大気浄化能力の調査

●ねらい

一般に，植物は葉にある気孔で二酸化炭素を吸収し，酸素を放出する。また，気孔は根から吸収された水分を水蒸気にして放出する蒸散もおこなっている。樹木の葉の気孔は，汚染ガスの二酸化硫黄や二酸化窒素を取り込み，毒性の低い物質に変えたり，アミノ酸やタンパク質の合成に利用したりしている。

樹木の蒸散速度（気孔の開き具合）と汚染ガスや二酸化炭素の吸収速度には密接な関係がある。気孔が開いて水蒸気が通りやすくなれば，蒸散速度が高まる。このため，気孔の開き具合と蒸散速度はほぼ比例関係が成り立ち，気孔でのガスや水蒸気の通りやすい植物ほど，大気汚染物質の吸収量も大きいと考えられている。

樹木の蒸散速度を知ることは，二酸化炭素などの吸収状況を知る指標となる。

●用意するもの

メスピペット（1ml），ろうと，枝つき三角フラスコ，樹木の枝，シリコン栓，シリコンチューブ，ガラス管，ピンチコック，ろうと台，シーリングテープ，アルミハク，水槽，湿度計，照度計，記録ノート，筆記用具

●調査の方法（図1）

①シリコン栓に穴をあけ，1mlのメスピペットを空気がもれないように，吐出する側を上面にして差し込む。20枚ほどの葉のついた枝を，空気がもれないようにシーリングテープを巻いて差し込む。

②枝つきフラスコへろうとをつけたシリコンチューブを取り付け，ピンチコックを用いて水を調整する。

③水温の上昇を防ぐため，三角フラスコ全体をアルミハクでおおい，アルミハクごと水槽に沈める。

④ろうとに水を注ぎ，ピンチコックを調節して，0mlになるようにする。

⑤日あたりのよい場所に設置し，単位時間当たりの水位の変化を記録する。

●調査のまとめ・考察

①単位時間当たりの水位を読み，シートに記録する。

②すべての葉をコピー機で複写して，葉型のコピーをとる。コピーをした葉型を切り抜き葉の面積を算出する。

　葉の面積（cm^2）＝切り抜いた葉形の重さ（mg）÷切り抜く前の紙の重さ（mg）×切り抜く前の紙の面積（cm^2）

③蒸散速度を計算する。

1時間で蒸散された水量を葉面積で割り，蒸散速度を求める。

④樹木によって蒸散速度にちがいがあり，長時間にわたって計測すると樹木の特性が理解できる。

⑤さまざまな樹種を用いて実験をおこない，樹木植栽を環境浄化に活用できるか検討する。

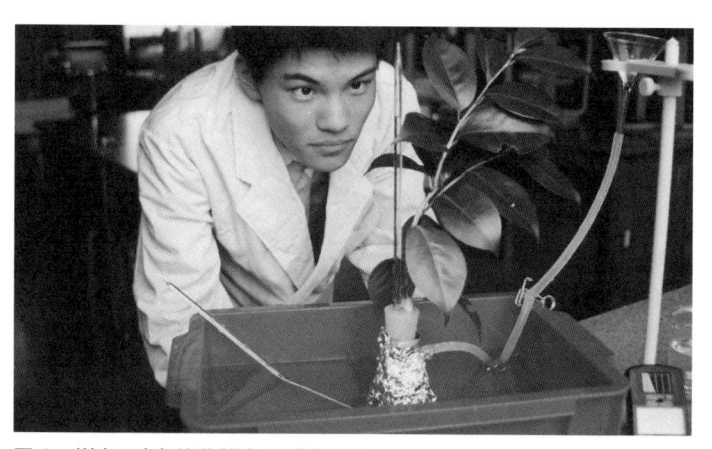

図1　樹木の大気浄化能力の測定方法

[Ⅳ 大気・騒音の調査]
4. SPM（浮遊粒子状物質）の測定

　大気中の浮遊粉じんのなかで，長時間にわたり大気中でただよい，人間がこれを吸い込むと肺などに悪影響を与える物質を浮遊粒子状物質（SPM）という。

●調査の方法（図2）

　①ハイボリュームエアサンプラーに，重さを測定したガラス繊維ろ紙をおき，1分当たり1.0m^3ていどで24時間大気を吸い込ませる。

　②24時間後，開始後と24時間後の流量メータを読み，2つの平均値を流速とする。

　③粉じんを吸引したガラス繊維ろ紙をデシケータ内で放置し，総粉じん量を求める。

　④計算方法

　　総粉じん量（$\mu g/m^3$）＝ 1,000 ×吸引前後のろ紙の重量差÷吸引流速（m^3/分）× 24 × 60

●調査のまとめ・考察

　①サンプルを取る場所によるSPMの量を比較しよう。

　②測定結果から数値が高いところはなぜそうなったのか考察しよう。

　③曜日や気象条件などでも変化の可能性があるので，継続的にデータを取り考察しよう

　④原子吸光分光分析装置がある場合，重金属濃度を測定する。

　⑤葉面の汚れを利用して測定する方法もあり，浮遊粒子状物質との関連を考察してみよう。

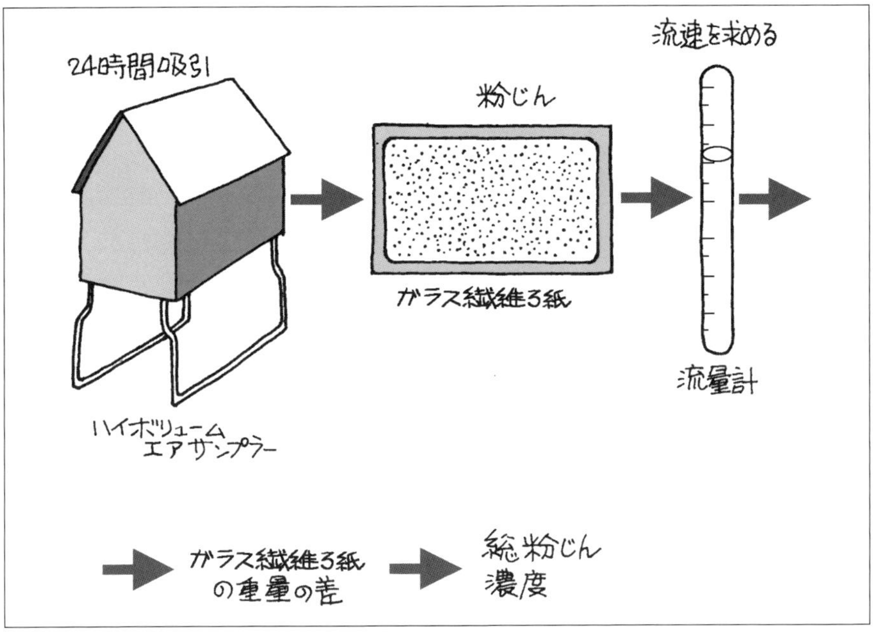

●ねらい

　発生源は自動車，工場，焼却炉，砂じんなどであるが，原因の解明はむずかしい。重金属を調べれば，地域ごとの汚染状況を把握できる。浮遊粒子状物質は，直径10μm以下の大気汚染物質として環境基準が決められている。

●準備するもの

　ガラス繊維ろ紙，ハイボリュームエアサンプラー，化学天びん，記録ノート，筆記用具

図2　SPMの測定方法

[IV 大気・騒音の調査]
5. 窒素・硫黄酸化物，酸性雨の調査

●ねらい
　窒素酸化物は，二酸化窒素をザルツマン試薬を用いた吸光度法によって，硫黄酸化物は，二酸化硫黄を溶液伝導率法によってそれぞれ測定する。
　大気中の窒素酸化物や硫黄酸化物を調べることは，酸性雨を理解するうえでも大切なことである。

●用意するもの
　窒素酸化物：捕集管，分光光度計，トリエタノールアミン，ザルツマン試薬（スルファニル酸，N-1ナフチルエチレンジアミン二塩酸塩，リン酸），ビニルテープ，亜硝酸ナトリウム（$NaNO_2$），50ml共栓つき比色管，記録ノート，筆記用具
　硫黄酸化物：ピペット，メスシリンダー，共栓つき50ml比色管，分光光度計，記録ノート，筆記用具
　酸性雨：pH器具，100mlビーカー，pHメータ，洗浄びん，ろ紙，記録ノート，筆記用具
　試薬：塩酸，塩化ナトリウム，塩化バリウム2水塩，ゼラチン，キシロール，硫酸カリウム（K_2SO_4）

　大気汚染の原因となっている窒素酸化物や硫黄酸化物は，人間の社会的活動にともない発生する。窒素酸化物は，ものの燃焼によって空気中の窒素が酸化されて発生する。発生源は自動車や工場などである。硫黄酸化物は，おもに化石燃料中の硫黄分が燃焼によって酸化されて発生する。石油・石炭の燃焼やディーゼルエンジンなどが発生源となる。
　これらの大気汚染物質は，上空で移流拡散するあいだに硝酸や硫酸に変換されて雨水に取り込まれ，pHが5.6以下の酸性雨となって地上に降り注ぐ。酸性雨のpH値は，降り始めの2～3mmが最も低くて強い酸性を示し，その後は上昇していくことが知られている。

（1）窒素酸化物
●調査の方法
　①ふたつきの高さ4cmのプラスチック管の内壁に沿って，幅2cmのろ紙を長さ5.5cmの短冊に切って入れる（捕集管）。
　②NO_2吸収液として，50%のトリエタノールアミン水溶液をろ紙にしみ込ませる。
　③ろ紙がプラスチック管の内壁に密着したことを確認する。
　④調査地点を決め，捕集管を24時間暴露する（図3）。
　⑤ザルツマン試薬5mlを入れ，10分間放置し発色させる。
　⑥分光光度計の吸収波長を545nmに調整する。
　⑦亜硝酸ナトリウムで検量線を作成する。
　⑧吸光度を測定し，検量線から二酸化窒素（NO_2）の量を求める（mg/l）。

●調査のまとめ・考察
　①環境基準NO_2は0.04～0.06ppmである。自動車の排気ガス1,000～4,000ppmには5～10%ていどのNO_2が含まれている。
　②主要道路沿線や学校周辺に捕集管を設置し，二酸化窒素の量を測定して空気の汚れぐあいを比較しよう。
　③酸性雨中の硫酸濃度pH3以上で50ppm以上含むとされている。

（2）硫黄酸化物
●調査の方法（図4）
　①共栓つき50ml比色管に一定量のサンプルを入れ，蒸留水を加えて40mlにする。
　②その中へ1mol/lの塩酸4mlと塩化バリウムゼラチン溶液4ml

を加え，さらに蒸留水を加えて 50mℓ にする。
　③栓をしてよく混合し，15 分間放置する。
　④分光光度計の吸収波長を 600 ～ 700nm に調整する。
　⑤硫酸カリウムを用いて検量線を作成する。
　⑥吸光度を測定し，検量線から硫酸イオン濃度を求める（mg/ℓ）。

●調査のまとめ・考察
　①雨水の硫酸イオン濃度を知ることから，空気中の硫黄酸化物の存在を推測しよう。
　②主要幹線道路や大型車の往来が激しい周辺で硫酸イオンを測定し，硫黄酸化物の影響を考察しよう。
　③酸性雨中の硫酸濃度 pH3 以上で 50ppm 以上含むとされている。

図3　NO₂測定用の捕集管

（3）酸性雨

●調査の方法
　①あらかじめビーカーを屋外に設置するか，市販の酸性雨測定キットを用いてサンプルを収集する。
　② pH メータを用いて pH を測定する。

●調査のまとめ・考察
　①降り始めから数 mm ずつサンプルを採取できると，計時的なデータの変化をみることができる。
　②主要道路やばい煙発生施設付近などで雨水を採取して，その pH 値を地図上に描くと，地域の酸性雨の降雨分布を考察できる。

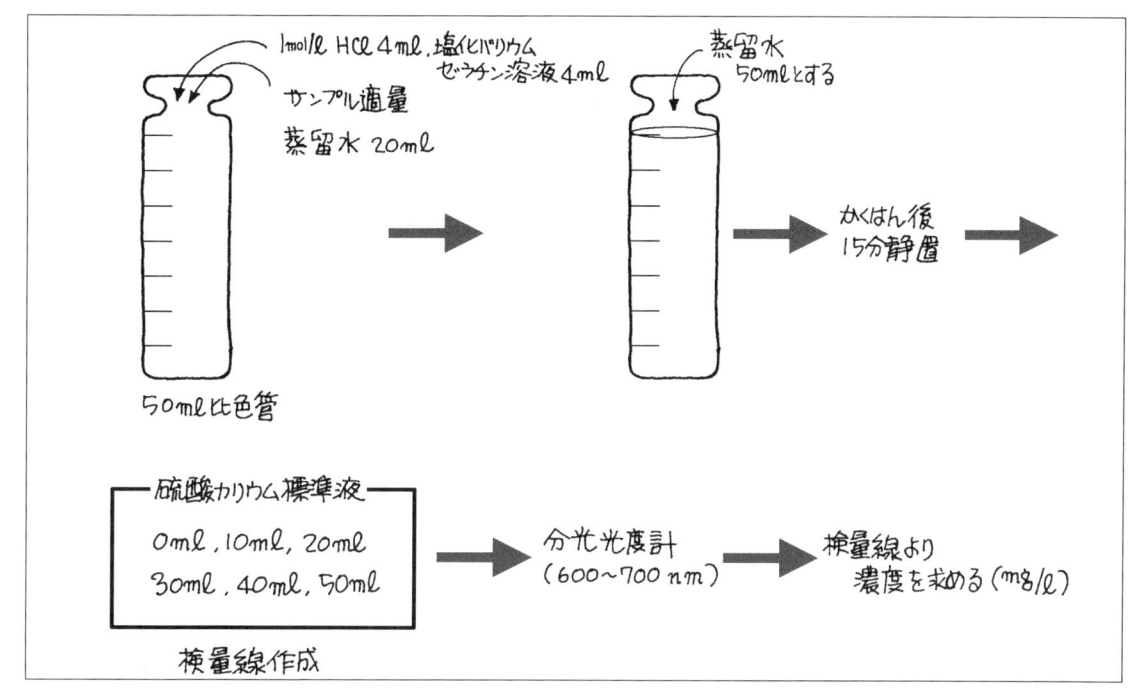

図4　硫黄酸化物の測定方法

[Ⅳ 大気・騒音の調査]

6.騒音・振動の調査

●ねらい
　生産，建設作業，流通，販売などの社会経済活動によって，私たちにとっては不快な環境状況が発生することも少なくない。たとえば，騒音は自動車，航空機，鉄道，建設作業や店の営業などが，振動は工場，建設作業，大型車の運行などが原因にあげられる。これらは，私たちが直接的に被害を受ける代表的な公害である。地域における騒音や振動の状況を調べることは，地域の発展や環境に配慮した街づくりの基礎データとして役立てることができる。

●用意するもの
　騒音計，数取器，紫外線測定器，記録ノート，筆記用具

(1) 騒音の調査
●調査の方法
　①騒音計を道路や測定したい面に対して直角になるように固定して（図5），単位時間当たりの騒音を測定する。
　②道路であれば，車両などの通過台数を計測する。

●調査のまとめ・考察
　①騒音計を用いて，交通量の多い主要道路や経済活動のさかんな場所などの騒音を測定し，その計測値を環境基準と比較して問題点を考察しよう。
　②道路の場合は，通過する車両の種類により騒音も変わってくる。測定する道路がもつ社会・経済的価値を考えてみよう。

(2) 騒音・振動の影響調査
●調査の方法
　①環境白書，環境データブックや環境についての行政資料の数年間分のなかから，自分の住む都道府県や市町村の騒音や振動の苦情データ件数をまとめる。
　②数年間の変化を比較しながら，原因の移り変わりを知る。
　③データを表やグラフにして整理する。

●調査のまとめ・考察
　①表やグラフから苦情の種類や内容の変化を読み取り，騒音や振動による地域への影響を理解する。
　②騒音や振動についてはさまざまな地域性があるので，発生原因や改善策などの状況を調べる。過去の新聞などを利用し，歴史的な流れを理解しよう。

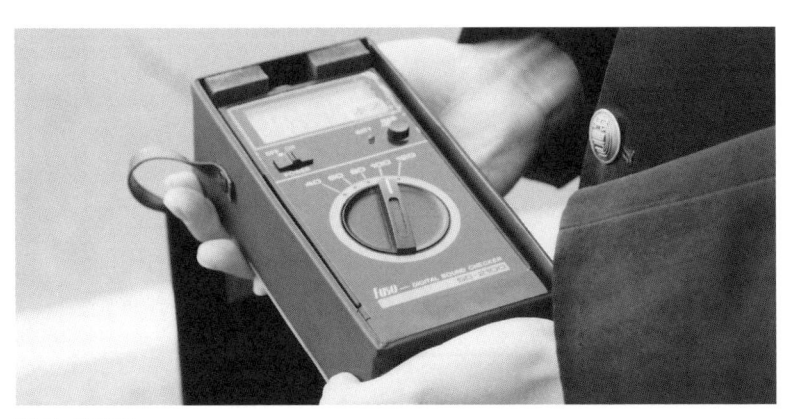

図5　騒音計

第3章 農林業の営みと環境

1 作物の生育と栽培

1　作物の成長と一生

多くの作物は種子を土にまくと，しばらくして芽や根を出す。発根した根は土中に伸びて水や養分（養水分）を吸収し，発芽した芽は地上に伸び出し，葉を広げて太陽光を受けとめて光合成をおこなう。茎や根の先端部分（分裂組織）では細胞分裂を活発におこなって，次々と葉や茎，根を増やしていく。

やがて茎の先端や葉のつけ根（葉えき）に花芽を分化し，それが成長して花になると，開花・受精がおこなわれ，果実の肥大・成熟が進み，次代の子孫となる種子を完成させる。このようにして，作物は生命活動の１つのサイクル（生活史）を終える（図１）。

こうした作物の生活史にみられる，葉，茎，根を増大させて自らの体をつくるための成長を**栄養成長**，花芽分化後の次代の子孫をつくるための成長を**生殖成長**という❶。

❶作物栽培では，栽培の目的や作物の種類に合わせて，栄養成長と生殖成長の進み方を調節することが大切になる。

2　体のつくりとはたらき

植物の体の構造と，おもなはたらきを図２に示す。

葉　葉は，茎から伸びた葉柄とその先に広がった葉身からなる。葉身の表面近くには葉肉細胞が並んでおり，この中にある葉緑体で光合成がおこなわれる。

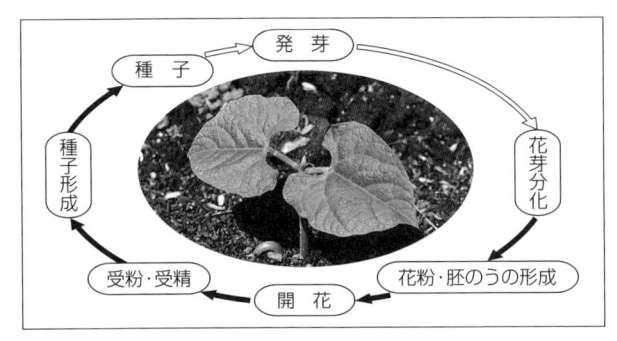

キュウリの開花（雌花）

図１　栽培植物の生活史（模式図）
注　⇨は栄養成長，➡は生殖成長

ダイズの発芽

光合成に必要な水は根から吸収されて茎を通って葉に運ばれ，二酸化炭素は葉の裏側にある気孔❶とよばれるすき間から取り込まれる。光合成によってつくられた有機物（炭水化物）は，水に溶けて体の各部に運ばれて，タンパク質，脂肪などさまざまな成分の合成や呼吸に利用される。

根

根は，種子の中の幼根が伸びた主根（種子根ともいう）と主根から発生した側根（分岐根ともいう）からなる。根はたくさんに枝分れして土中に張りめぐらされて，植物体を支えている。根の先端近くには，表皮細胞の一部が突出して根毛が形成されている。根毛は若い根に多く，根の表面積を拡大させて，養水分をさかんに吸収する❷。

茎

茎は種子の幼芽が伸びた主茎（主稈）と主茎から発生した側枝（分げつ）からなる。茎の節にはえき芽があり，これが伸びて側枝となる。茎は，葉や花をつけ，根とつながり，植物体の骨組みとなっている。

茎の中心部には維管束が発達しており，茎から葉柄をへて葉身に，また茎から根につながっていて，養水分を体の各部へ運ぶ❸。形成層は茎や根の先端部と同じように細胞分裂をおこなう。

❶気孔は，葉が太陽光を受けて温度が上昇したさいに，水蒸気を積極的に排出（蒸散）して，温度を下げるはたらきもしている。

❷根も呼吸しているので，根が健全にはたらくためには，土の中に十分な酸素が必要である。

❸維管束の道管では根で吸収された水や養分が，師管では葉でつくられた炭水化物が体の各部へ運ばれる。

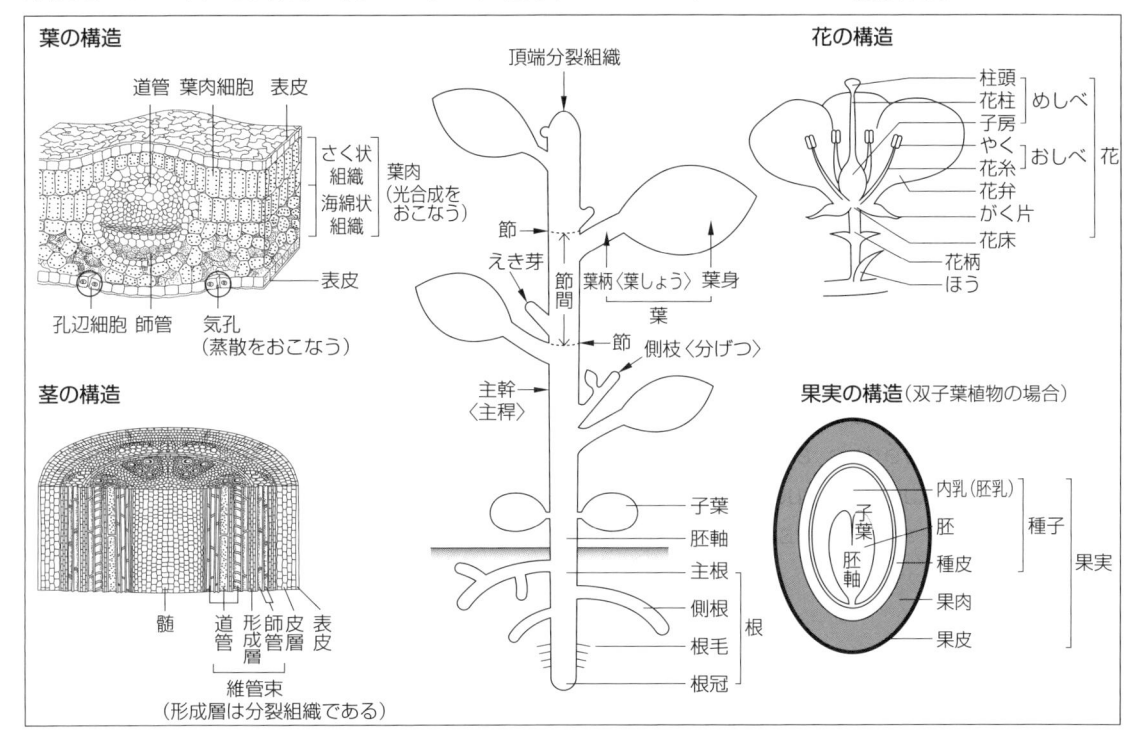

図2 植物の体のつくりとはたらき（〈 〉はイネ科植物の場合のよび方）

花と種子

花は，おしべ，めしべ，花弁などからなる。おしべの先端には花粉のはいったやくがあり，花粉は飛び散ったり，昆虫や風に運ばれたりして，めしべの柱頭に付着する。柱頭上の花粉は花粉管を長く伸ばし，子房に到達すると受精[1]がおこなわれ，果実の肥大や種子の形成が進む。

種子は，胚と胚乳，種皮からなる。胚には次代の植物のもとになる，子葉，胚軸，幼芽，幼根がある。胚乳には，胚が成長するための養分がたくわえられている。種子は，一定の水分と，温度，酸素が確保されると，幼芽や幼根が成長を開始して発芽する。

3 栽培環境の要素と管理

栽培環境の要素

作物は，光，温度，湿度，水，養分，雑草，病原菌，害虫など，じつに多くの環境に取り囲まれている。この作物を取り巻く環境は栽培環境とよばれる。

栽培環境は，図3のようにじつにさまざまな要素から成り立っている。一般的には，地上部に存在する光・気温・降水量などの**大気（気象[2]）環境**，地下部に存在する土壌中の養分・水分・空気・pHなどの**土壌環境**，地上部と地下部にまたがる病原菌・害虫・雑草などの**生物環境**に整理される。

栽培環境の管理

作物の能力を十分に発揮させ，生産を高めていくために，栽培環境を適切に管理する必要がある。

栽培環境の管理は，土をやわらかくする耕うん，温度を確保する保温や加温，光をさえぎる遮光など，土壌構造，温度，光の強さや日長などの各環境要素の改善を目的としておこなわれるが，じっさいには1つの管理がさまざまな構成要素に影響を及ぼすことが多い[3]。

また，作物は栽培環境に大きく影響されるが，同時に作物を栽培することによって栽培環境は変化する[4]。

したがって，栽培環境の管理にあたっては，それぞれの要素の特性と要素間の関係，作物栽培による環境の変化などを理解して，適切に管理することが大切である。

---

[1] 植物によって受粉の仕方は異なり，同じ個体の花粉と受粉する自家受精と，別の個体の花粉と受粉する他家受精とがある。

[2] 気温，温度，日射などの大気の状態とその変化にともなう降雨，台風などの現象を指す。一方，その地域の長期間にわたる気象の総合的な状態を気候という。

[3] たとえば，耕うん（耕起と砕土）をおこなうと土が細かくなるだけでなく，空気が土のなかにはいることによって，地温が変化し，酸素が供給されて，微生物の活動にも変化が起こり，土壌養分の状態にまで影響を与える。

[4] たとえば，作物を栽培すると土壌中の養水分が作物に吸収されて変化する。作物が一面に茂ってくると，地面に届く光がさえぎられて暗くなり，雑草の発生が抑えられるようになる。

4 作物栽培の基本

　作物は，人間が野生植物を改良してつくり出したものであり，人間が世話をしないと十分な生産をあげることはできない。作物を栽培するには，さまざまな環境要素を，その作物に適した状態にととのえる必要があり，それが作物栽培の基本である。

適地適作，適期栽培　作物栽培にあたって，まず大切なことは，地域の自然環境に適した作物や品種を選んで栽培すること（**適地適作**という）である。そして，選定した作物や品種に適した栽培時期（播種あるいは植付けから収穫までの期間，作期ともいう）を決めることである[❶]。

　そうすれば，その作物や品種に適した環境下で栽培されるため，生育が順調に進み，よぶんな管理作業がなくなり，いたずらに高度な技術や機械・施設を用いなくてもよい。また，肥料や農薬などの使用も必要最小限ですみ，環境と栽培者にやさしい作物栽培が可能になる。

田畑の準備　栽培にあたって，田畑の土がかたいままでは水や空気を十分保持できないし，根の伸びもわるいので，土を耕す（**耕起**）必要がある。土壌の酸度（pH）

❶温室やハウス，トンネルなどをじょうずに利用すれば，栽培環境を改善し，作期の幅を広げたり，病害虫の発生を抑えたりすることができる。しかし，こうした施設栽培では，露地栽培にまして，栽培環境の細かい観察や管理が必要になる。

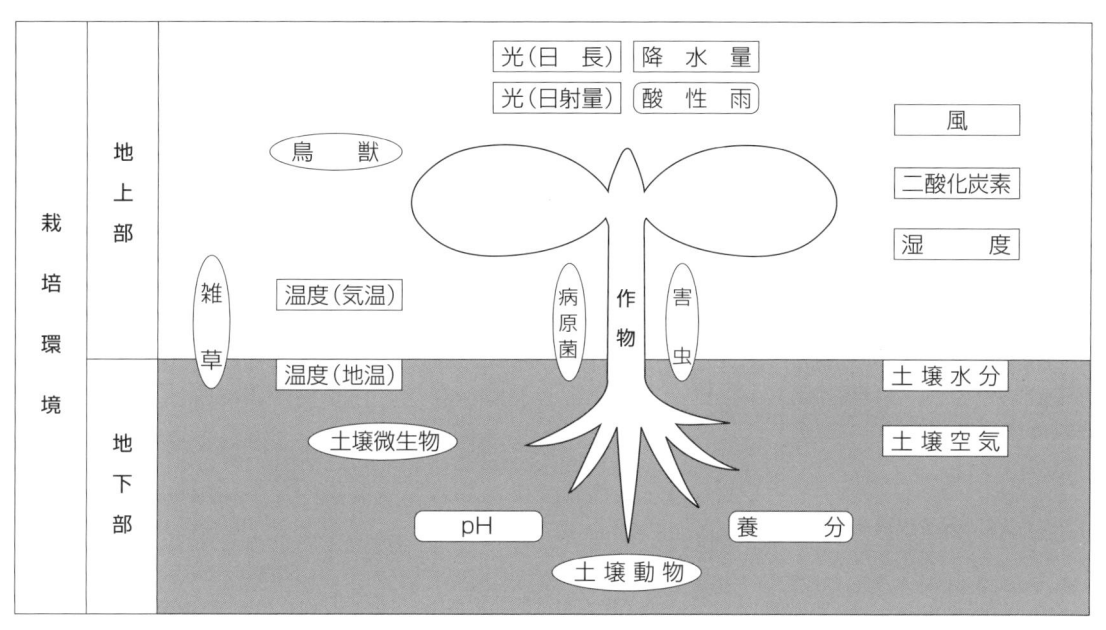

図3　作物を取り巻くさまざまな栽培環境　（☐物理的環境，☐化学的環境，◯生物的環境）

1　作物の生育と栽培

や排水性などを改良する必要があるときには，耕起の前に石灰質資材や堆肥などの土壌改良資材を散布して，耕起によって土壌に混和する（図4）。

耕起しただけでは大きな土塊が多いので，土塊を砕き（**砕土**），表面を平らにする（**整地**）。水はけがわるい場合には，湿害を防ぐために，みぞを切ったり盛り土をしたりして，うねの上に種子をまいたり，苗を植えたりする。

また，播種や植付けの前には，土壌中の養分を補うために，ふつう肥料（元肥）を施すが，肥料は畑の状態や作物の種類などにあわせて，適切な量を施すことが大切である[❶]。

たねまき，定植

たねまき（播種）の方法には，点まき（点播），すじまき（条播），ばらまき（散播）などがある（図5）。いずれの場合も適正な播種密度とする[❷]。

たねまき後は，土をかぶせて（**覆土**），種子と土が密着するようにかるく押さえつける（**鎮圧**）。覆土の厚さは，種子の厚さの2〜3倍くらいとすることが多い[❸]。

作物の種類や作期によっては，育苗床や育苗容器で一定の大きさの苗を育ててから田畑に定植することも多い。定植のさいには，適正な栽植密度を確保するとともに，深植えや浅植えにならないように注意する必要がある（図6）。

栽培管理

発芽後に必要となる栽培（肥培）管理は，作物の種類や作期などによって異なるが，基本となる管理には以下のようなものがある。

発芽後の幼苗期には，茎葉の混みぐあいをみて，混みすぎているところは**間引き**をおこなう。また，生育初期には雑草の発生が多いのではやめに防除する。除草作業は，うね間の土を浅く耕す**中耕**とあわせておこなうことが多い。

作物の生育がかなり進んだら，作物の倒伏を防ぐために，中耕したのちに，耕した土を作物の株もとにかける**土寄せ**をおこなうこともある。病害虫の防除は，病害虫の発生状況を常に観察し，発生予察情報なども利用して，適期におこなう。

肥料は元肥だけでは不足することが多いので，生育の状態をみながら，適期に適量の追肥をおこなう。

---

❶種子や果実，イモの収穫を目的とする作物では，肥料がおおすぎて，栄養成長がおう盛になりすぎると，花や果実の着生や肥大がわるくなる（「つるぼけ」という）。

❷厚まきにすると，ひ弱な生育になったり，側枝（分げつ）の発生が抑えられたりしてかえって生育がおとることがある。

❸種子には明るいところで発芽が促進されるもの（好光性種子）があり，この場合は覆土はごく薄くするか，おこなわない。

メロンの整枝
注　メロンやトマトなどの果菜類では，茎葉の数や配置を調節する整枝，茎の先端部を摘み取る摘心，よぶんな果実を摘み取る摘果などの細かい管理が必要になる。

| 作付体系の工夫 | 作物の栽培は1回で完結するものではなく、ふつう同じ田畑で次々と栽培が繰り返される。そのため、現在の栽培は前作の影響を受けているし、次作にも影響を及ぼす。こうした田畑に栽培する作物の順序や組合せを作付体系とよぶ。高い作物生産を持続していくためには、この作付体系を工夫していくことがきわめて重要である（→ p.126）。

プラウでの耕起　　ロータリでの耕うん

図4　耕起・砕土・整地、うね立ての方法

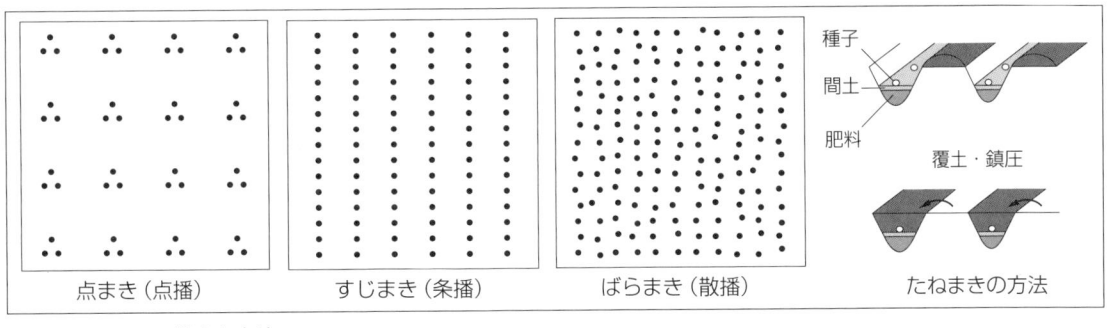

点まき（点播）　　すじまき（条播）　　ばらまき（散播）　　たねまきの方法

図5　たねまきの様式と方法
注　点まきでは1か所に数粒まくことが多い。

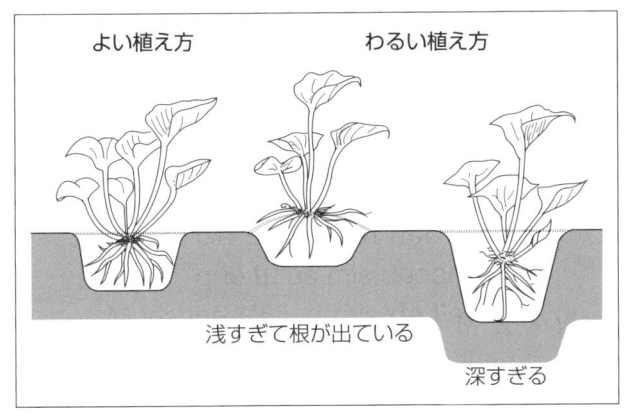

よい植え方　　わるい植え方
浅すぎて根が出ている
深すぎる

図6　苗の植え方
注　浅すぎたり、深すぎたりすると、地上部・根とも生育がわるい。

秋野菜（カブ）の管理（間引き）

2 農業生産と環境

① 作物生産のあゆみと発展

食用作物の誕生　植物は，根から無機物を吸収し，太陽光エネルギーを利用して**光合成**をおこない，大気中の二酸化炭素から有機物を合成する。人間をはじめとする動物は，無機物だけから有機物を合成することができず，植物の合成した有機物を食べることで生命を維持している。

しかし，野生の植物には，セルロースやリグニンなど，人間の消化できない有機成分が多い。そこで人間は長い時間をかけて，人間の消化しやすいデンプン，タンパク質，脂肪などの含量の高い植物をつくり出してきた。それが食用作物である。

自然環境と農業の形態　植物の生育に必要な温度や雨量などの自然条件は世界的に大きく異なり，それぞれの自然条件に応じた食用作物が栽培されている。たとえば，雨量の多い熱帯や温帯ではイネが栽培され，雨量の比較的少ない温帯や亜寒帯では麦類が栽培されている。

また，良質な食用作物が生産できない乾燥地や寒地では，草などによって家畜を生産している。こうして世界では，それぞれの土地条件に適した農業が営まれている。

作物生産の持続　作物は土壌中の養分を吸収して生育するが，その一部は作物に吸収されずに，大気や地下水などに逃げ出している。人間が作物生産をおこなったあとに，収穫物として持ち出された養分と，作物に吸収されずに逃げ出した養分を土壌に補給しないと，土壌中の養分量はしだいに減少して作物収量が低下してしまう。

この作物生産にともなう土壌養分の減少をいかに補うかは，農業における古くからの大きな課題であり，土地の条件に応じてさまざまな方法が工夫されてきた。たとえば，焼き畑では3〜5年間の作物栽培のあと，20〜30年間は森林に戻して，土壌養分の

回復を自然におこなわせた。人口が増えると，つねに畑状態にして食料生産をおこなうようになり，ヨーロッパでは，マメ科牧草よる生物的な窒素固定と，家畜ふん尿を養分補給に利用した[❶]。

作物生産の飛躍的向上

しかし，牧草や家畜ふん尿などの有機物を循環利用しているだけでは，国全体の作物生産を飛躍的に向上させることはできなかった。それを可能にしたのは，20世紀にはいって開発された化学合成の窒素肥料[❷]であった。代表的な化学肥料には，硫酸アンモニウム（硫安），過リン酸石灰（過石），塩化カリウム（塩加）などがある（表1）。こうした化学肥料の普及によって，土壌養分の減少を補い，人口増加率を上回る勢いでの作物生産量の増加が可能になった。

[❶] わが国では，収穫後の水田にはマメ科のレンゲを栽培して，固定された窒素を水稲の生産に活用した。また，雑木林の落ち葉や入会草地の刈り草から堆肥を生産し，水田や畑に施用した。人ぷん尿も積極的に活用された。

[❷] 19世紀中頃に鉱石からリン酸肥料とカリ肥料が合成された。窒素肥料は1913年にドイツで，大気中の窒素ガスと水素ガスを反応させてアンモニアを合成する技術が開発され，その後の化学工業の発達によって普及した。

表1 主要な化学肥料

	肥料の名称（通称）	成分含有量	肥効特性
窒素肥料	硫酸アンモニウム（硫安）〔$(NH_4)_2SO_4$〕	20.5〜21%のNと23〜24%のS	水溶性で速効的
	尿素〔NH_2CONH_2〕	45〜46%のN	水溶性で速効的
リン酸肥料	過リン酸石灰（過石）	15〜26%のP_2O_5	リン酸としては速効的
	熔成リン肥（熔リン）	17〜25%のP_2O_5	肥効は緩効的
カリ肥料	塩化カリウム（塩加）〔KCl〕	61〜63%のK_2O	水溶性で速効的
	硫酸カリウム（硫加）〔K_2SO_4〕	50〜53%のK_2O	水溶性で速効的

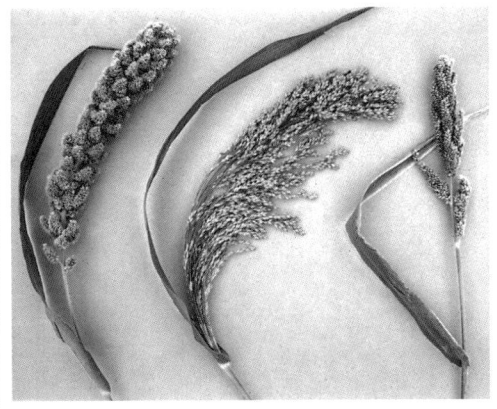

生活を支えてきたアワ（左），キビ（中），ヒエ（右）

先人によってつくり出された大きさや色の異なるダイズ

2　わが国の農業発展と課題

作物生産の特徴　わが国では，古くから少ない経営面積で食料生産量と農業所得を増やす努力を重ねてきた。たとえば，わが国の台地には酸性土壌が広く分布し，強酸性，リン酸の不足やアルミニウム害によって，作物生産は強く制限されていた。これを解決したのが，リン酸の多量施用である。リン酸肥料として通常過リン酸石灰を使用するが，これは粒子もこまかく，水に溶けやすいリン酸が多いので，施用しても土壌にすぐ吸着されて固定されてしまう。そこで，ガラスビーズ状の熔成リン肥（熔リン）などの新しいリン酸資材がわが国で開発された❶。これによって，各種作物の収量を飛躍的に向上させることが可能になった。

　一方，化学農薬の登場によって有害生物の防除が容易となり，化学肥料や化学農薬の施用量が増加した。しかし，化学肥料の施用量をむやみに増やすと，病気が発生しやすくなる場合が多くなった❷。これによる病気の発生を防止するためにも，さらに化学農薬の散布が増加した。

　野菜や花などの栽培で肥料や農薬を多量に施用するようになると同時に，産地ごとに特定の種類の野菜を連作する場合が多くなった。その連作障害を防止するために，土壌くん蒸剤の使用量も増加した❸。

　野菜や花などの栽培で多肥栽培を繰り返していると，作物に吸収されないかなりの量の養分が土壌に残るため，毎回同じ施肥をおこなっていると，土壌中の養分が過剰かつアンバランスになってくる。きょくたんな場合，無機養分（塩類）全体の濃度が異常に高くなって，土壌水中の浸透圧が高くなりすぎて，作物が枯れてしまう濃度障害や特定の養分欠乏❹を起こしたりする。

家畜生産の特徴　わが国では高度経済成長を契機に国民所得が向上し，畜産物の需要が高まった。これに応えるために畜産が振興された。そのさい，乳牛や肉用牛のための草地はあるていど拡大されたものの，ブタやニワトリの濃厚飼料は，もっぱら安価な輸入飼料に依存することよって，畜産を

❶熔成リン肥の場合，それだけではアルカリ性が強すぎるので，熔成リン肥と酸性の過リン酸石灰とを4：1に混合した資材を一度に多量施用することによって，酸性の中和，アルミニウム害の解決，リン酸の供給をいっきょに可能にした。

❷その典型的な例が水稲のいもち病である。いもち病は気温が16〜30℃で発生し，適温は24℃前後であるため，30℃以下の涼しい夏には発生しやすくなる。このとき窒素施用量が多いと，いもち病が激発する。

❸連作障害は輪作すれば防止できるが，輪作に組み入れるムギ類やトウモロコシなどは，低コスト生産の可能な大規模経営でないと，十分な所得が得られないことが多い。経営面積のせまい農家では，市場で商品価値の高い野菜や花の生産に集中した。

❹過剰となったカリウムが，カルシウムやマグネシウムなどの吸収を妨害するために発生する。

リン酸資材の投入によって高まった畑の生産力

化学肥料の施用とともに増加した化学農薬の散布

参考　人ぷん尿の農地還元によって守られた江戸の環境

わが国では，室町時代にはすでに人ぷん尿が広く使われていた。とくに，江戸時代になって水田の造成が活発化して，林地や草地が減少する一方，都市が大きく発達したことを背景に，都市の人ぷん尿を農村に運搬して，肥料として利用することが大規模におこなわれるようになった。

当時，人口100万人をようしたロンドンでは，し尿が下水を通じて河川に流され，テムズ川は悪臭を発していた。しかし，100万人都市の江戸ではし尿は農地に還元されて，河川に流されることが少なかったため，隅田川はシラウオがそ上するほどきれいであった。

ただ，人ぷん尿は多量の水分を含んだままだったので，微生物分解にともなう十分な発熱が生ぜず，寄生虫卵が死滅しないという問題はあった。

急速に拡大させてきた。その結果、飼料自給率は急速に低下した❶。

また、かつて家畜の少ない時代には、家畜ふん尿は貴重な養分源であったが、経営が大規模化するにつれて、利用されないままに処分しなければならないものが多くなった。こうして、現在では国内で生産される家畜ふん尿全量中の窒素量は、年間80万t弱である。

これに対して、各作物を生産するさいに、健全に作物を生産できる範囲で家畜ふん尿を最大限施用して、残りの養分を化学肥料で調整するとした場合の、全農地の受け入れられる家畜ふん尿窒素は58～71万tと試算されている❷。

このため、家畜ふん尿を堆肥にしてほかの農家に利用してもらったり、ふん尿を微生物で分解させて浄化処理したりしている。しかし、こうした処理・利用はまだ完全なものではなく、野積みされたり、農地に過剰に施されたりしている場合も少なくない。

3 農業による環境問題

化学肥料、農薬、家畜ふん尿などの施用量が増加すると、どのような問題が生ずるのだろうか。

水質汚染

化学肥料や堆肥などの有機物を問わず、作物が吸収できないほど多量の窒素を施用すると、水田は別にして、硝酸イオンが地下水に浸透し、豪雨のさいには土壌表面を流れる水とともに河川に流入する。硝酸イオンは血液中の酸素の運搬を妨害するので、硝酸イオン濃度の高い水を飲むことは危険である❸。

リン酸は土壌粒子に吸着されやすいので、地下水に浸透することはない。しかし、豪雨の際には土壌表面を流れる水によって、土壌粒子に吸着したまま河川に流入し、リン酸の一部が溶け出してくる。硝酸イオン濃度やリン酸イオン濃度の高い河川や湖沼では、藻類のアオコなどが大発生する。この現象は富栄養化とよばれる。こうした水は見た目にもわるく、水中の酸素を藻類が消費して、酸素欠乏（酸欠）によって魚が死んだり、やがて藻類などの死体が腐敗して悪臭を放ったりする。

❶飼料自給率は、高度経済成長の始まった1960年頃には約70%あったが、1990年代には20%台に低下した。

❷じっさいには、堆肥化の過程で窒素の一部がアンモニアになって大気に揮散するので、年間80万tは全農地で受け入れ可能なぎりぎりの量といえる。

❸水道の水質基準では、硝酸性窒素および亜硝酸性窒素の和が10mg/l以下と決められている。

また，水道水にするために，アオコの死体などの有機物含量の高い水を塩素ガス消毒すると，有毒なトリハロメタン（メタンに塩素などのハロゲン元素が結合した物質）が生成される。
　かつては，水質汚染の主たる源は鉱工業であったが，環境規制の結果，その汚染は少なくなり，現在では農業と都市生活からの排水が主要な汚染源になっている❶。最近，地下水や地表水中の硝酸イオン濃度が高くなってきたため，その環境基準が設けられている❷。

温室効果ガスの発生

　温室効果ガス発生の大部分は石油や石炭の燃焼に由来しているが，近年では農業もその一端を担っている。わが国で排出されている温室効果ガスの90％以上は二酸化炭素である（→ p.175 表2）。農業はその二酸化炭素を栽培作物が吸収するので，二酸化炭素の固定で大きな役割をはたしている。しかし，農業機械の運転，化学肥料や農薬の製造のために石油を消費しており，全体の3％の二酸化炭素を排出している。
　また，メタン排出量の約半分は農業がしめている。メタンは酸素のない条件（還元状態）で，有機炭素化合物から生じた有機酸をメタン細菌が利用することで生成される。メタン細菌が活躍し，おもな発生源になっている場は，水田，ウシなど反すう動物の消化管や家畜ふん尿の貯留施設などである❸。

❶鉱工業の排水による汚染は，特定のせまい場所から多量の汚染物質を排出するのに対し，農業や都市生活の排水による汚染では，個々の場所から排出される汚染物質の量は少ないが，排出している範囲の総面積が広大なため，総排出量が大きくなる。前者による汚染はポイント汚染（点源汚染），後者による汚染はノンポイント汚染（面源汚染）とよばれる。

❷ 1999年に「水質汚濁に係る環境基準」で，硝酸性窒素と亜硝酸性窒素の合計を10mg/lとすることが追加された。

❸メタン生成は還元状態が発達し，有機物が多い条件で起きるため，1年中たん水された有機物含量の高い湿田で生成量が多い。乾田化して中干しをおこない，イネわらを堆肥化して事前に好気的条件で分解させてから施用すれば，生成量がいちじるしく減少する。

草地で放牧を中心にした酪農

オゾン層破壊物質の発生

オゾン層破壊物質として最も問題な物質は，冷媒や消火剤などに使用されているフロン（クロロフルオロカーボン）やハロン（→p.7，8）などであるが，農業では土壌くん蒸剤の臭化メチル（メチルブロマイド）が問題にされている。わが国では，連作障害回避のために臭化メチルを使用しているが，2005年に全廃することが「オゾン層を破壊する物質に関するモントリオール議定書」（→p.167）で決定されており，わが国もこれに従って臭化メチルの使用量を削減しなければならない。

アンモニアガスの発生

家畜ふん尿を不適切に貯留や堆積しておくと，アンモニアガスが発生する。アンモニアはアルカリ性だが，大気に逃げたあとで雨とともに土壌に落下すると，硝化菌によって硝酸イオンに変えられて酸性物質となる。このため，土壌の窒素含量が高まったり，土壌の酸性化が生じたりして，自然植生が変化したり，森林が被害を受けたりするので注意が必要である。

農薬汚染

食品中の残留農薬基準，それを確保するための農薬施用基準，水道水，地下水や河川・湖沼などの水質基準が定められ，これらの基準をこえた濃度の農薬が食品や水に存在している例はわが国ではほとんどない。しかし，土壌に残留した農薬や水系に流れた農薬は，その濃度が低くても，微生物から植物や微小動物をへて大型動物にいたる食物連鎖によって，大型動物の体に濃縮（生物濃縮）される。その結果，死，奇形，繁殖障害などの害を野生動物に与えている。また，残留農薬やその他の難分解性有害物質の一部は大気に揮散し，陸地から遠く離れた海洋や極地にまで運ばれて，地球全体に広がっている。

土壌の重金属汚染

かつては，鉱工業から排出されたカドミウム，銅，亜鉛などの重金属類が農地土壌に混入していることがあった。しかし，最近では農業自体が重金属類の汚染源になっている場合もある。その1つに，家畜のえさに成長促進のために添加されている銅や亜鉛[1]がある。

また，下水処理場で発生する都市下水汚泥には，各種の重金属

---

[1] これらを基準以上に高濃度で添加すると，銅や亜鉛はほとんど吸収されずに排出され，その家畜ふんを土壌に施すと土壌に蓄積してしまう。

類が存在していることが多いため,都市下水汚泥を堆肥にして土壌還元すると,土壌に重金属類が蓄積してくることがある。

臭化メチルによる土壌消毒

各国の農業の発展と課題

わが国の穀物や牛肉のおもな輸入先であるアメリカやオーストラリア,明治期以降に日本農業の手本とされたEU諸国の農業の特質を,日本のそれと比較すると,表2のようである。わが国以外の国々は高い穀物自給率を達成しているが,その一方で生産性の追求による農地の土壌侵食,環境汚染などの問題もかかえている。

表2 わが国と欧米先進国などにおける気候・土地条件と歴史的発展過程

地域	日本	アメリカ・オーストラリア	EU主要国
気候条件	夏季に高温多雨(アジアモンスーン気候)	おおむね温暖で降水量は比較的少ない	夏季に冷涼で,降水量は少ない
土地条件	国土面積は狭小で傾斜地が多く,国土面積にしめる農用地比率は低い	国土面積にしめる農用地比率が高い	国土面積にしめる農用地比率が高い
歴史的発展過程	○少ない農用地,零細規模のもとで,温暖・湿潤な気候条件を利用し,連作ができるなど,安定的な食料生産が可能な水田農業が発達した ○個々の零細性や農家段階での水利調整が困難なことなどから,集落を単位とする営農形態が進んだ	○欧州からの入植者が,安価な土地と少ない労働力のもとで粗放,労働節約的な大規模機械化農業を成立させた ○畑作における穀物の専作化,大規模化の進展により,穀物などの輸出型農業として発展してきた	○英国におけるエンクロージャー,フランスにおける農業革命などを通じ,比較的規模の大きい農場的経営の基盤が確立された ○畑作における地力維持の観点から,畜産,穀作,飼料作などを組み合わせた有畜複合型農業として発展してきた
おもな部門	米,野菜,畜産	ムギ類,トウモロコシ,ダイズ,肉用牛	酪農,肉用牛,ムギ類,ジャガイモ

3 栽培環境と作物生産

1 大気（気象）環境と作物栽培

大気（気象）環境の特徴

わが国はアジアモンスーン（季節風）地帯に位置している。そのなかで世界的にも多雨な地帯に属し、年間降雨量は平均約1,800mmで、ヨーロッパやアメリカ合衆国の2倍強にも達する。しかも、梅雨や台風のさいには短期間に激しい豪雨が降る。そのうえ、夏季は熱帯なみの高温と高湿度になる。

そして、北緯24度の沖縄県から北緯45度の北海道まで南北に細長いうえに、中央部に山脈が走っている。このため、南北のみならず、標高によっても気象条件（気候❶）が異なり、年間をとおした気象条件は地域によってじつに多様である。

作物栽培の特徴

このため、わが国では多雨と夏季高温を生かして、水田でのイネ生産が農業の基本となっている。そのうえで、地域の気象条件を生かして地域ごとにさまざまな農業が展開されている（図1）。たとえば、リンゴは気温18〜20℃でよく成長し、冬季の低温に強いという特性をもち、これに適した青森県や長野県などの比較的冷涼な気候地帯で栽培されている。一方、カンキツは25〜30℃でよく成長し、冬季の低温に比較的弱い。このため、静岡県、和歌山県、九州、四国など比較的温暖な気候地帯で栽培されている。

夏季冷涼な高原地帯では、平地での野菜生産が高温のためにむずかしい時期に野菜を生産している。また、昼夜の温度差も大きいので、品質のよい花（リンドウ、カーネーションなど）が生産されている。一方、冬季も比較的温暖な四国、九州、沖縄県などに加え、冬季の日照量の多い関東平野などでは、施設栽培によって保温や加温をしながら、野菜や花の生産がさかんにおこなわれている。そのほかにも、各地の特色ある気象条件を利用した作物栽培がみられる❷。

❶緯度や海陸の分布などに左右されるような比較的広い地域についてみた気候を大気候、地形などの影響を受けるもっと小さい範囲での気候を小気候という。さらに、近くの建物の有無あるいは作物や雑草の種類などの影響を受ける、ごくせまい範囲での気候を微気候という。

❷冬の日照の豊富な太平洋側の寒冷地においては、ハウスを設置して不織布などの被覆資材をあわせて活用することで、冬場の野菜栽培を可能にしている。

水田地帯でのリンゴ栽培

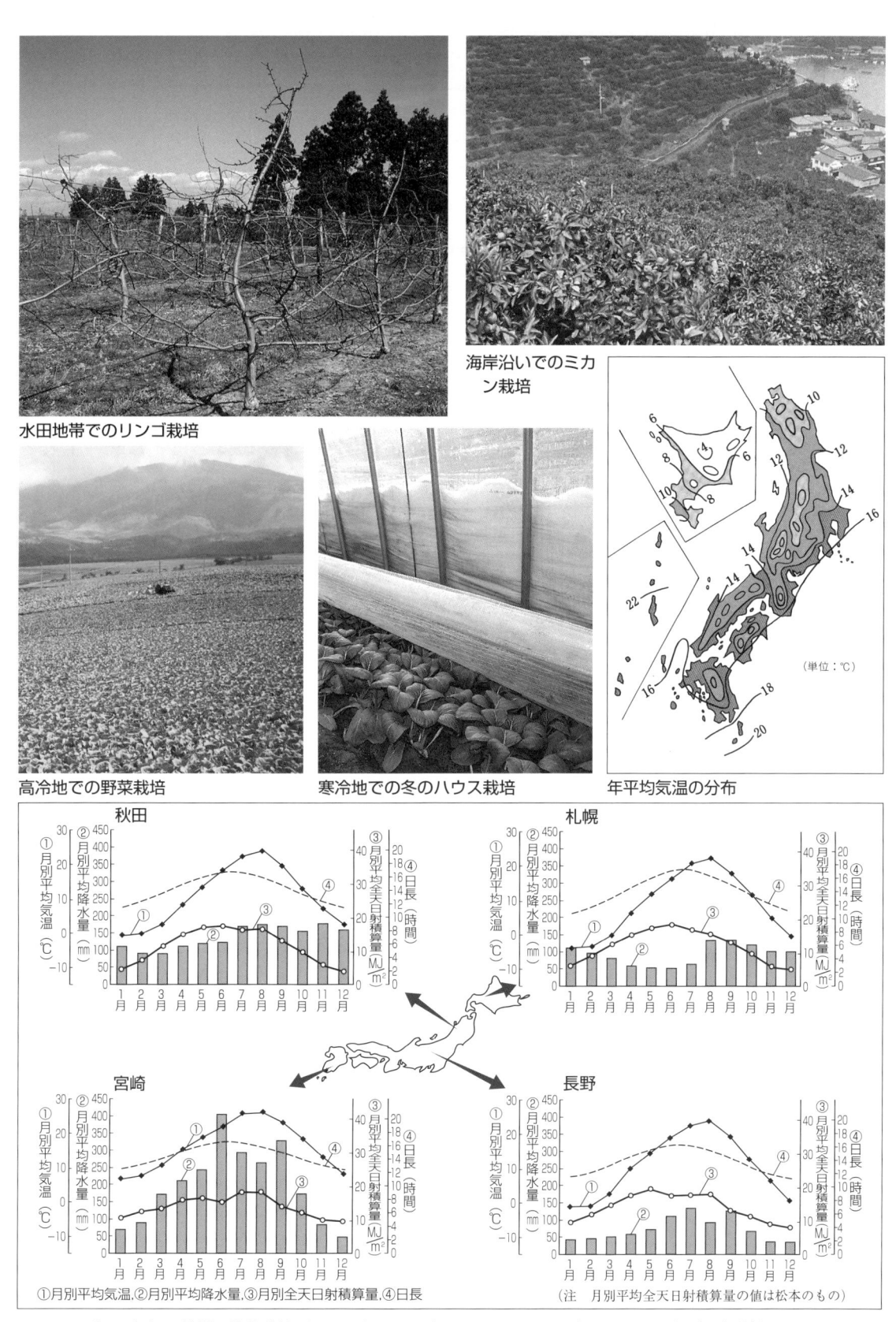

海岸沿いでのミカン栽培

高冷地での野菜栽培

寒冷地での冬のハウス栽培

年平均気温の分布

①月別平均気温, ②月別平均降水量, ③月別全天日射積算量, ④日長

(注　月別平均全天日射積算量の値は松本のもの)

図1　わが国の気候の特徴と作物栽培（月別の気温，降水量は1971～2000年までの平均値〈平年値〉）

3　栽培環境と作物生産

2 土壌環境と作物栽培

土壌環境の特徴　わが国の土壌は多種多様であり，低地土（沖積土），火山性土，台地土（洪積土），泥炭土などに分けられる（表1）。低地土は，河川によって運ばれてきた土砂が，海岸の沖積平野，扇状地，谷底平野などに堆積してできた土壌である。九州北部から近畿地方までの西日本の低地土は，火山灰の混入が認められず，水田として利用すれば，リン酸の天然供給力が高く，また，他の養分にも富み，古くから稲作地帯として発達してきた。

水田を除く台地上の畑や草地の土壌のほとんどは酸性土壌となっている❶。しかも，火山国であるため，北海道，東北，関東，東山，南九州の台地は火山灰によって広くおおわれており，畑と草地の約半分は火山性土である。火山性土やそれ以外の強酸性土壌には，アルミナ（酸化アルミニウム）が多量に含まれている。アルミナの多い土壌は強酸性で，**リン酸の固定力**❷が強く，リン酸が吸収されにくいうえに，アルミニウムイオン自体が植物の生育を阻害する。

また，土壌の種類や利用の仕方などによって，有機物含量が異なり，有機物含量が乏しい土壌では，土壌粒子がばらばらの状態でち密に詰まっていて（単粒），排水もわるく，土壌への空気の浸透もわるい。それに対して，土壌有機物が多い土壌では，土壌有機物（腐植物質）が土壌粒子を結合し，すき間のたくさんある**土壌団粒**が形成される❸（図2）。

作物栽培の特徴　低地土では稲作が発達したのに対し，台地の畑での主力作物は，酸性のリン酸の乏しい土壌で比較的よく生育するサツマイモ，ラッカセイ，チャ，クワ，ミカンなどであった。とくに，チャはアルミニウムを好む作物で，アルミナの多い強酸性土壌に適している。コムギ，トウモロコシ，ダイズ，野菜類の作物も栽培されたが，収量は低かった。

しかし，台地の畑でも先に紹介したように，リン酸資材の開発と多量施用によって，各種作物の収量を向上させることが可能になった（→ p.88）。

---

❶わが国は多雨であるため，土壌中のカルシウム，マグネシウムなどの，水に溶けたときにアルカリ性を示す陽イオン（塩基）が，雨によって流されて酸性になりやすい。

❷リン酸は，酸性土壌ではアルミニウムイオンや鉄イオンと結合してリン酸アルミニウム，リン酸鉄の結晶となって難溶化する。また，アルカリ土壌ではおもにカルシウムイオンと結合してリン酸カルシウムとなって沈殿して難溶化する。これをリン酸の固定といい，その強さをリン酸の固定力という。

❸黒ボク土などは，化学的性質は劣悪だが，団粒構造の発達した物理性のすぐれた土壌であることが多い。一方，温度が高いと有機物の分解が激しく，熱帯などでは有機物が徹底的に分解された赤色や黄色の土壌となる。

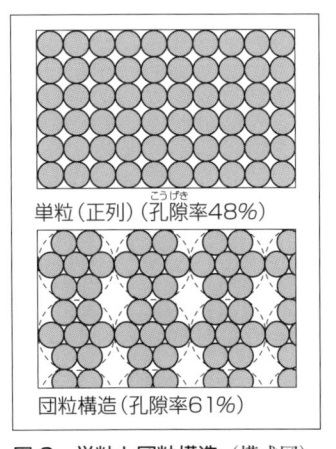

単粒（正列）（孔隙率48%）
団粒構造（孔隙率61%）

図2　単粒と団粒構造（模式図）

表1 土壌区分とわが国の農地土壌

大分類	中分類	乾湿など	農地（100ha）	特　性
低地土（沖積土）	褐色低地土	乾	4,081 （普通畑2,311）	排水良好な低地に堆積した土壌で，酸化された褐色の土層が続き，腐植物質を含む表層をほとんどもたない
低地土（沖積土）	灰色低地土	中	11,418 （水田10,566）	堆積した砂などが水の影響で灰色化した土壌で，赤褐色の酸化斑が随所に見られる
低地土（沖積土）	グライ低地土	湿	9,047 （水田8,894）	排水不良な低地に堆積し水の影響で青灰色の層（グライ層）をもつ土壌で，下層に青灰色の層が発達する
火山性土	黒ボク土	乾	9,542 （普通畑8,511）	排水良好な台地に堆積した土壌で，酸化斑も青灰色の層ももたず，土壌の腐食含量が高い
火山性土	多湿黒ボク土	中	3,488 （水田2,741）	台地の排水不良なくぼ地などに堆積した土壌で，土壌断面に酸化斑が認められる
火山性土	黒ボクグライ土	湿	526 （水田508）	排水不良な低地に堆積した土壌で，下層に青灰色の層が認められる
台地土（洪積土）	褐色森林土	乾	4,431 （普通畑2,875）	排水良好な森林の下に発達した黄褐色の土壌で，酸化斑も青灰色の層も認められない
台地土（洪積土）	灰色台地土	中	1,575 （水田792）	平坦な台地に発達し地下水の影響で全体が灰色化した土壌で，酸化斑が認められる
台地土（洪積土）	グライ台地土	湿	446 （水田402）	台地に発達し地下水の影響で下層に青灰色の層をもつ土壌
泥炭土	泥炭土	未分解	1,419 （水田1,095）	肉眼で植物組織の認められる泥炭の堆積した土壌
泥炭土	黒泥土	分解進む	778 （水田759）	泥炭の分解した黒い有機物の層をもつ土壌
その他	未熟土（砂丘未熟土）		242 （普通畑223）	海岸から風で運ばれた砂の堆積した土壌
その他	岩屑土（がんせつど）		148 （樹園地77）	岩石の崩壊した礫や砂がその場で堆積した土壌

注　（　）内は，おもに利用されている農地の形態と面積。
（土壌区分：北海道施肥標準，北海道農務部，1978，農地土壌：土壌保全調査事業全国協議会編『日本の耕地土壌の実態と対策』新訂版，平成3年による）

参考　ボカシ肥

　有機質肥料を山土や粘土資材などに混ぜて短期間堆積し，微生物によって分解させたものがボカシ肥で，以下のような利点がある。

　アンモニア態窒素は山土に保持されたり微生物細胞の成分になったりして，養分のむだが少なくなる。養分濃度が低いので，株元に施用しても濃度障害を起こさない。有機成分が少しずつ無機化されるので，土壌中の窒素濃度が一気に高くならない。また，油かすや米ぬかなどの直接施用では，幼植物を加害するタネバエの幼虫が発生しやすいが，ボカシ肥にすると，その発生がおさえられる。

　ボカシ肥つくり方の1例を示すと，以下のとおりである。

　油かす300kg，米ぬか200kg，骨粉200kg，魚粉200kg，もみがら100*l*，もみがらくん炭100*l*，過リン酸石灰40kg，ゼオライト20kg，粘土資材100kg，発酵菌70kgを混ぜて発酵させる。

　これは窒素分を抑えた追肥型のボカシ肥で，みぞ施肥（局所施用）として用いる。

3　生物環境の特徴と作物栽培

　わが国は夏季の気象条件が高温・多湿で，雑草，病気，害虫が非常に発生しやすく，その種類も多い（表2，3）。これを防除するために，古くからさまざまな工夫がなされてきたが，化学農薬の出現によって有害生物管理の技術革新がなされた。たとえば，除草剤使用の増加とともに，水稲栽培に要する除草労働時間がおおはばに減少した（図3）。

　わが国の農家の経営面積はせまいので，単位面積当たりの収益をあげるために集約的な農業をおこなっている。そのさいには，有害生物による収穫の損失を減らし，傷や虫食いのない外形品質のすぐれた農産物を人手をかけずに生産するために，各種農薬の使用量が多く，単位面積当たりの農薬使用量は世界でも最上位クラスとなっている。

　とくに，野菜栽培では連作されることが多いため，連作にともなって増殖してくる土壌伝染性の病原菌やセンチュウを防除するために，土壌くん蒸剤の使用量も急速に増加した。

4　耕地生態系の特徴とはたらき

耕地生態系の特徴　食用作物は人間の消化しやすい有機物を多量に合成する植物であり，他の生きものの好むえさでもある。そのうえ，その土地に自生している植物に比べれば生活力に乏しい。したがって，そのまま放置すれば，当然，病気や害虫，雑草などの害を受け，収穫量はおおはばに減少してしまう。収穫物をこうした有害生物から守るためには，防除が必要になる。

　また，農地では作物の種類もほ場ごとに特定の品種だけを栽培することが多いうえに，作物や家畜以外の他の生物をできるだけ排除するため，地上部の生物の種類が単純化している。同時に，人間が収穫物として有機物の一部を系外に持ち出しているので，絶えず土壌中の養分が減少するために，養分の補給が欠かせない。

　とくに畑では，耕起による土壌中の有機物の分解が活発で，自

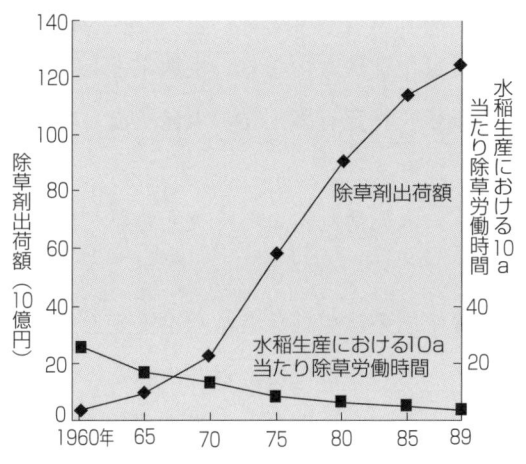

図3 除草剤出荷額と水稲生産における除草労働時間の推移

表2 糸状菌病の種類

作物	空気伝染性	土壌伝染性
イネ	黄化い縮病,いもち病,紋枯れ病,ごま葉枯れ病,小粒菌核病	苗立枯れ病
イモ類	ジャガイモ疫病	ジャガイモ粉状そうか病,ジャガイモ黒あざ病,サツマイモ黒斑病,サツマイモつる割れ病
マメ類	ダイズべと病,インゲン炭そ病	ダイズ白絹病,インゲン根腐れ病
野菜	キュウリべと病,トマトはかび病,カボチャうどんこ病,イチゴ灰色かび病	ウリ類つる割れ病,キュウリ・トマトの疫病,ハクサイ根こぶ病,ダイコンい黄病
草花	キク白さび病,シクラメン灰色かび病	シクラメンいちょう病,カーネーション立枯れ病

表3 わが国の主要雑草の例

		イネ科	カヤツリグサ科	広葉雑草
水田雑草	1年生	タイヌビエ,イヌビエ,アゼガヤ	タマガヤツリ,コゴメガヤツリ,ヒデリコ,テンツキ	コナギ,アゼナ・アメリカアゼナ,アゼトウガラシ,アブノメ,オオアブノメ,キカシグサ,ヒメミソハギ,ミゾハコベ,チョウジタデ,イボクサ
	多年生	キシュウスズメノヒエ,エゾノサヤヌカグサ	マツバイ,クログワイ,ミズガヤツリ,ホタルイ,シズイ	オモダカ,ヘラオモダカ,サジオモダカ,ウリカワ,ミズハコベ,アゼムシロ,セリ,ヒルムシロ
畑地雑草	1年生	メヒシバ,ヒメイヌビエ,アキメヒシバ,オヒシバ,アキノエノコログサ,エノコログサ,スズメノテッポウ	カヤツリグサ	ツユクサ,イヌタデ,ナズナ,イヌビユ,ヒメジョオン,アオビユ,オオイヌタデ,エノキグサ,ハコベ,オオイヌノフグリ,ツメクサ,シロザ,オオツメクサ,スベリヒユ,ホトケノザ,ハハコグサ
	多年生	チガヤ	ハマスゲ	スギナ,ハルジオン,ギシギシ,オオバコ,ヨモギ,タンポポ類,スイバ,エゾノギシギシ,チドメグサ,ヤブガラシ,ワラビ,ワルナスビ,ヒルガオ,ジシバリ類,カタバミ

参考 畑の不安定さ

　畑は生物学的な不安定性をかかえている。畑土壌中には植物に寄生する病原菌やセンチュウが存在しているが,それらが寄生する植物の種類は限定されている。1回だけの栽培ならば,その作物に寄生する病原菌やセンチュウは大きな被害を生じるほどは増えない。
　しかし,翌年にも同じ種類の作物を栽培すると,作物残さの上で生き残っていた病原菌やセンチュウが,すぐに根に感染してさらに増殖し,被害を起こすまでに増えてしまう。このように畑は同一種類の作物の連作によって,その種類の作物に寄生する病原菌やセンチュウを繁殖させて,連作障害を起こしやすい。

然の林地や草地に比べて土壌有機物含量が低い。そのため，微生物や昆虫などの土壌生物の量や種類も少なく，生態系としての緩衝力が乏しいため，異常気象，特定有害生物の大発生などが生じると，壊滅的な被害を受けてしまう。

耕地生態系は，このように人間活動によって支えられている生態系である。

耕地生態系のはたらき

耕地生態系は単純化された不安定な系であるが，そのなかでは，自然生態系に比べれば弱いながら生態系としての機能がはたらいている。

生物間の相互作用 露地栽培のナス畑には，食害するミナミキイロアザミウマとともに，その天敵であるヒメハナカメムシも生息している。殺虫剤によって天敵が殺されると，かえってミナミキイロアザミウマが増えてしまうことがある。また，土壌中には土壌伝染性の病原菌を抑える能力をもった微生物が生息しており，微生物相互間の均衡が保たれて，被害の激発が抑えられている❶。

物質循環 作物を栽培するときには，作物体の吸収量に見合う窒素を化学肥料で施用している。しかし，じっさいに作物が吸収した窒素には，化学肥料由来の窒素は全体の半分ていどにすぎず，残りは土壌有機物から無機化されてきた窒素が吸収されている。つまり，収穫後の作物残さの茎葉や根は，土壌動物や土壌微生物によってすぐに分解されたり，土壌有機物として蓄積されて少しずつ微生物に分解されたりする。こうして肥料として投入された窒素と一緒になって作物の根から吸収される❷。このように窒素は耕地の中で循環している（図4）。

食物連鎖 耕地でも食物連鎖が生じている。無機物だけで増殖した微生物，作物の合成した有機物を食べて増殖した微生物，そしてトビムシ，ダニなどを，ミミズなどのより大きな動物が食べ，それをモグラ，鳥などのさらに大きな動物が食べている。

したがって，食物連鎖の底辺は微生物であり，堆肥や作物体をすき込むと微生物のえさである有機物が増えるため，底辺の微生物の量が増加する。こうして有機物施用をおこなうと，食物連鎖の底辺が大きくなり，その上に乗る動物の数や種類が増えてくる。

❶土壌消毒をおこなうと，病原菌を抑える能力をもった微生物が多量に死滅してしまい，生き残った病原菌が急速に増殖して，かえって被害が増えることがある。また，消毒後に病原菌が外部から侵入すると，病原菌を抑える微生物が少ないために，大繁殖しやすい。これを警戒して，野菜産地では消毒後もビニルシートを外さないことがある。

❷そのときに土壌中に施用直後のわらや堆肥などがあると，微生物が増殖し，肥料からの無機態窒素を横取りする。

野生生物の生息地　耕地では，人間が遷移を停止させ，毎年ほぼ同じ状態を再現している。そのため，耕地にはこうした環境に適応した野生生物が定着してくる。

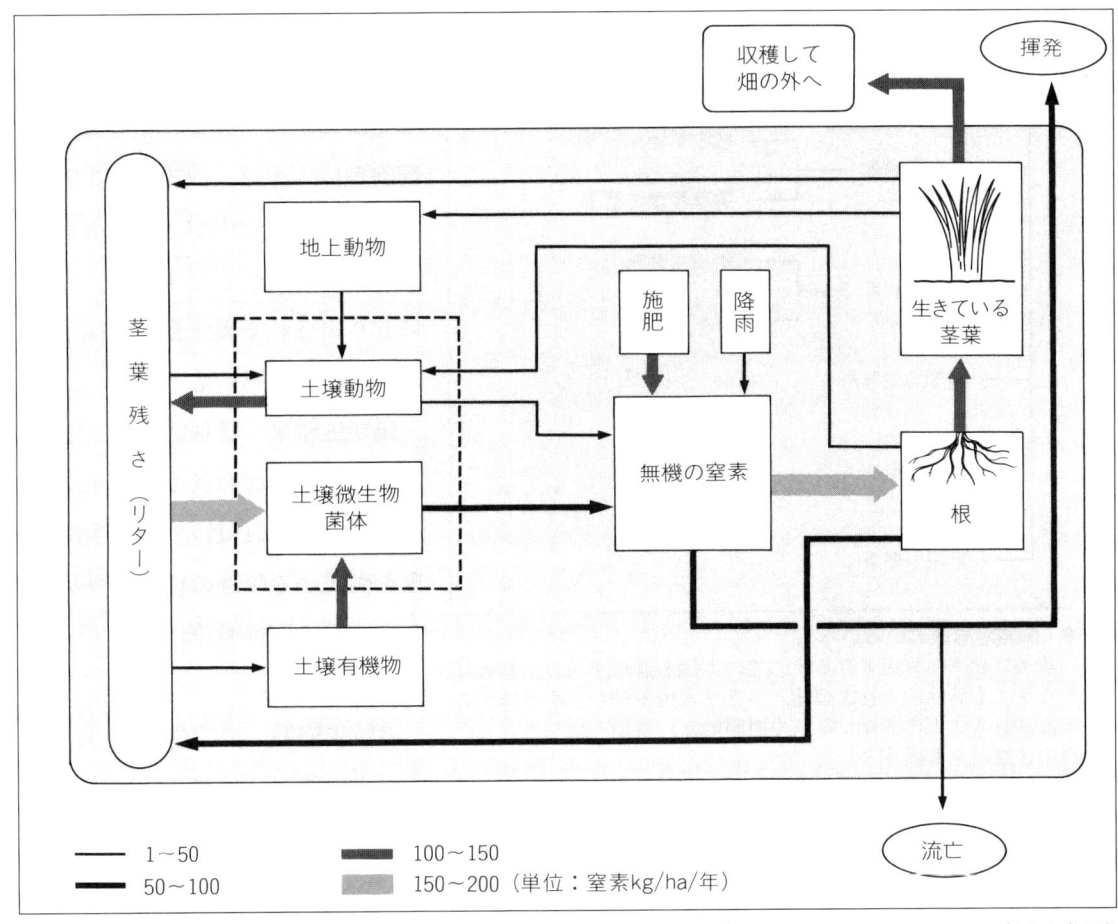

図4　窒素の循環の例（オオムギ畑）　　　　　　　　　　（ROSSWALL AND POUSTIN，1984年より作図）
注　施肥や降雨による畑への持ち込み，収穫物としての畑からの持ち出しや地下への流亡，および揮発を含んだ，オオムギ畑をめぐる窒素の循環をみたもの。線の太さは窒素の量をあらわしている。

凡例：
- 1〜50
- 50〜100
- 100〜150
- 150〜200（単位：窒素kg/ha/年）

参考　水田のなかでのイトミミズ（→ p121, 図12）の活動と食物連鎖

水田では，堆肥や牧草をすき込むと，微生物が増加し，これをえさにするイトミミズが増えてくる。イトミミズは頭を下にして土壌表面から体を土壌の中にもぐり込ませて，土壌粒子と一緒に微生物を食べ，消化できない土壌粒子を土壌表面に飛び出したしっぽから排出する。

このため，土壌表面には3〜5cmもの厚さで土壌粒子が積み上がる。これによってコナギなどの雑草の種子が埋没されて，雑草の発芽が抑制される。

そして，イトミミズの活動によって，リン酸を吸着した土壌粒子が田面水にはね上げられる。田面水では光合成をおこなうラン藻がリン酸を利用して窒素固定もおこなって増殖する。これを動物性プランクトンが食べて増殖する。イトミミズ，ラン藻，動物性プランクトンをドジョウ，タニシなどの動物が食べている。

4 森林・林業と環境保全

1 森林のもつ機能と環境保全

森林の現状

地球上の陸地の約 30% は森林でおおわれている（図1）。現在，世界の森林面積は約 39 億 ha で，おもにアマゾン流域，カナダ，中央アフリカ，東南アジア，ロシア連邦などに分布している（図2）。気候帯別にみると，熱帯が最も多く約半分をしめ，ついで亜寒帯・寒帯が多くなっている❶。また，世界の森林の大部分は，自然林と半自然林であり，植林された人工林は全体の 5% にすぎない。

一方，温暖・湿潤な気候のわが国は，樹木の生育に適した，世界的にみても恵まれた地域で，国土の約 65% が森林でおおわれている。現在の森林面積は約 2,400 万 ha で，そのうち天然林は 54%，人工林は 42% で，人工林の多くは針葉樹である（表1）。このようにわが国の森林は，国土にしめる割合が高く，しかも人の手によって維持される人工林が多いという特徴をもっている。

❶およそ，熱帯 47%，亜寒帯・寒帯 33%，温帯 11%，亜熱帯 9% となっている。

森林の多様な機能

森林は，木材やキノコ，山菜などの林産物を環境に大きな負荷を与えずに繰り返してつくり出すことができ，人びとの暮らしを支えている。また，さまざまなかたちで国土や環境を保全し，生活基盤を支えている。

成熟した森林やよく管理された森林には，やわらかな土壌が発達し，雨水が土壌の孔げきを伝わって地下に浸透し，土壌表面を流れる雨水の量がおおはばに減少するので，災害を防ぐ効果がある❷。浸透した水は，地下をゆっくりと流れて，やがて河川などに排出されるため，年間の河川流量が平準化し，生活や産業に必要な水資源の量が安定化する。

また，防風林，防潮林，防雪林，魚付林❸として機能したり，太陽エネルギーを吸収して気温の上昇を抑えたり，騒音を緩和したりして，森林周辺の人びとの生活環境の保全に貢献している。

雨水が地下に浸透する過程で，土壌によって汚濁物質が吸着・

❷樹木がなく土がかたければ，雨水は土壌をえぐりながら斜面を一気に流れて，洪水や土砂崩壊（がけくずれ）などの災害をもたらす。

❸魚類を集め，その繁殖・保護を図る目的で設けられた林。

図1 世界の森林（上：南米・アマゾン川流域〈近年伐採も進む〉，左下：アジア・日本〈人工林〉，右下：北米・ロッキー山脈）

表1 日本におけるタイプ別の森林面積

森林のタイプ			面積（万ha）
樹林地	人工林	針葉樹	1,011.4
		広葉樹	22.4
	天然林	針葉樹	246.7
		広葉樹	1,085.3
竹林			15.4
伐採跡地			13.1
未立木地			49.8
森林面積			2,444.1

注 2000年8月現在。未立木地（みりゅうぼくち）は森林を予定しているが，まだ樹木の枝葉が土地をおおう面積が30％未満のもの。
（ポケット農林水産統計から抜粋）

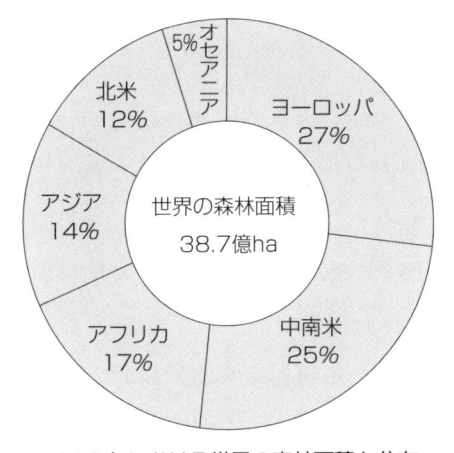

図2 2000年における世界の森林面積と分布
（FAO: Forest Resources Assessment 2000, 2001 より作図）

世界の森林面積 38.7億ha
ヨーロッパ 27%
中南米 25%
アフリカ 17%
アジア 14%
北米 12%
オセアニア 5%

4 森林・林業と環境保全

浄化され，さらに地下の岩石のあいだを流れるうちにミネラルが補給され，わき水となって良質な飲み水を供給している。

このように森林は，森林のある地域だけでなく，そこから離れた都会の人びとの生活基盤をも守っている。このほかにも森林は，表2に示すような，さまざまな機能をもっている。最近では，大気中の二酸化炭素を吸収・固定できることから，地球環境の保全に貢献する森林の役割が改めて注目されている。

② 森林・林業の課題と今後の方向

減少する世界の森林

世界の陸地は，かつては現在よりも多く森林におおわれていたが，その多くは消失し，農地や都市などに変わった。世界の森林の減少は，いまなお続いており，1990年から2000年のあいだに，北米やヨーロッパの先進国では約1,300万haの増加[❶]がみられるものの，途上国では約1億700万haが減少し，世界全体では約9,400万haの森林が失われた（図3）。なかでも自然林は，この10年間に毎年1,610万haずつ消失した。

世界全体の森林減少の3分の1は，木材の切り出しによるものと考えられている。途上国においては，人口増加や経済成長による農地や都市の拡大，輸出用の木材の切り出し，燃料確保のための伐採などが森林減少のおもな原因である[❷]。

こうした森林の減少は，そこに住む人びとの生活基盤をぜい弱なものにするとともに，生物の多様性を低下させて地球規模の環境悪化の要因となるなど，世界的に大きな問題となっている。

わが国の森林の課題

わが国の森林は，第2次世界大戦により大きく荒廃したことから，戦後約10年間は国土の保全や水資源のかん養などを目的にした造林が急速に進められ，森林面積が増加した。1960年頃からの経済の高度成長期には，増大した木材需要を背景にして，森林の伐採と造林[❸]がさかんにおこなわれた。その後は，伐採・造林面積ともにしだいに減少したが，森林面積はここ40年間，24万ha余で推移している（図4）。

❶農産物が生産過剰となり，農地の一部を環境保全のために積極的に植林を進めていることが，増加の要因の1つである。

❷熱帯では，農地開発のための森林伐採が，森林減少の最も大きな原因となっている。

❸広葉樹がパルプ原料として利用されるようになったこともあり，広葉樹を伐採し，その跡地に針葉樹を植林する拡大造林がさかんにおこなわれた。

表2 森林の機能

林産物の供給	生活必需品である木材，キノコなどの林産物を供給している
水資源のかん養と浄化	森林土壌に雨水を貯留して徐々に放出し，河川などへの流出量を平準化させて，渇水が起きにくくして，生活や産業に必要な水の安定供給に貢献している。雨水が森林土壌を地下に浸透する過程で浄化し，さらに岩石のあいだを通過する過程でミネラルを補給し，わき水として正常な飲み水を提供している
自然災害の防止	河川などへの流出量を平準化することによって洪水防止に貢献するとともに，樹木が強い雨の衝撃を弱めたり，土を保持したりして，土壌流出防止や土砂崩壊防止に貢献している
生活環境の保全	強い風とそれによる土砂の飛散（風食）や海岸沿いの潮風による害を防ぎ，太陽エネルギーを吸収して気温の上昇を抑え，騒音を緩和するなど，人びとの生活環境の保全に貢献している
保健・文化的機能	美しい景観やレクリエーションの場を提供し，人びとの健康や精神の維持に貢献し，自然観察などをとおして教育の場ともなっている
生物多様性の保全	野生生物の生息地として機能し，さまざまな動植物や微生物を育んでいる
地球環境の保全	光合成によって二酸化炭素を難分解性の木質成分に転換して蓄積し，おもに二酸化炭素の上昇による地球温暖化に貢献している。また，風食による土砂の移動を減らすなどによって砂漠化防止に貢献している

（林政審議会「林政の基本方向と国有林野事業の抜本的改革」1997をもとに作成）

水資源をかん養する森林

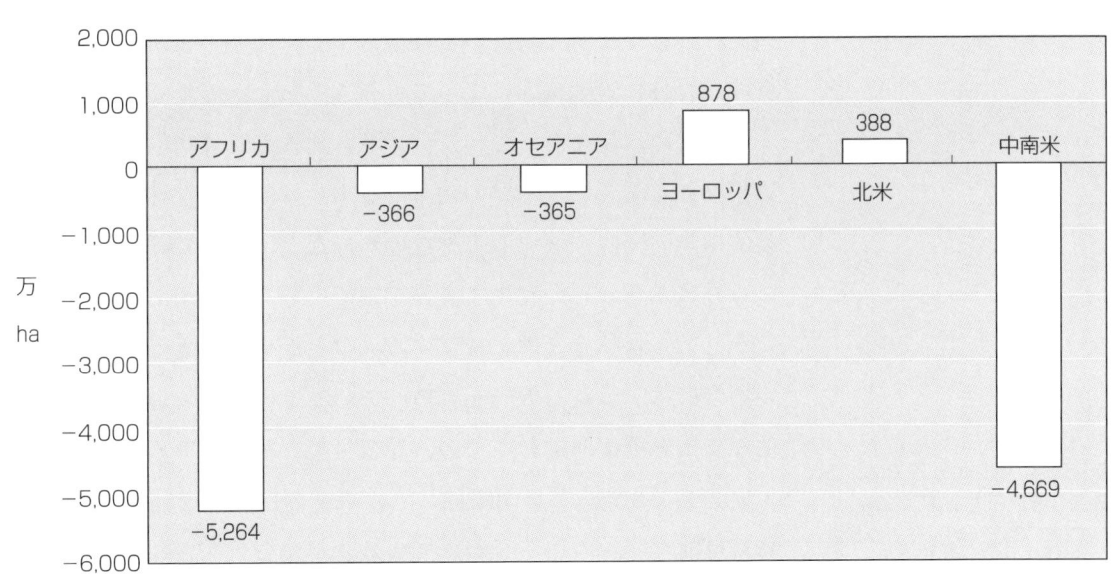

図3 1990～2000年における世界の森林面積の変化　（FAO: Forest Resources Assessment 2000, 2001 より作図）

アフリカ −5,264　アジア −366　オセアニア −365　ヨーロッパ 878　北米 388　中南米 −4,669（万ha）

4　森林・林業と環境保全

しかし，わが国の森林は大きな問題をかかえている。それは，経済の高度成長期の頃に植林され，**間伐❶**や**枝打ち❷**などの管理が必要な段階の森林が，人工林の約7割をしめているにもかかわらず，その管理が十分になされず，広大な手入れ不足の人工林が広がっていることである（図5）。

とくに，間伐がおこなわれていない人工林は，密度が高くなりすぎて，木は細くなって木材として価値が低下するだけでなく，生物相や土壌が貧弱になって保水力も低下する。風や雪による倒伏，土砂崩壊などの災害も起きやすくなる。

木材輸入の自由化によって，安価な木材の輸入が増加し，それにコスト面でたちうちできないため，放置されたままになっている人工林もある。その結果，木材自給率は大きく低下している❸。

今後の森林・林業

これまでわが国の林業は，おもに林産物を生産する経済行為として位置づけられてきた。しかし，現実には前述のように輸入木材におされ，国内生産は毎年減少している。こうした現実をふまえ，林業を経済行為としてだけ位置づける考え方を改め，森林のもつ多様な機能を発揮させつつ，森林資源を持続的に利用する産業として位置づけることが必要になった。

また，これまでは，経済価値が高いとされた針葉樹を中心にした植林が進められてきたが，森林の多様な機能に目を向けると広葉樹林のほうがすぐれている場合も少なくない。また，それらの機能は森林の管理状態によっても大きくちがってくる。

このため，現在ある森林について，樹種や管理状態，土壌，生物相などを調査し，木材の効率的な生産に適する森林なのか，公益的機能の発揮に適する森林なのか，などについて評価して，その森林にふさわしい利用と整備を進めていく必要がある（図6）。

そして，森林を管理・経営する人びとが十分な所得を得られない場合には，公益的機能を維持しているその営みに対して，経済的な支援を積極的におこない，持続可能な経営ができるようにしていく必要がある❹。国際的にも，森林の乱開発を防ぐために，持続可能な経営のおこなわれている森林から伐採された木材しか取引きしてはならない，という約束がされており，国内外で森林

---

❶適切な成長をうながすために，林の混みぐあいに応じて樹木を間引く作業。

❷節の少ない木材をつくり，生育を健全にするために，下枝をつけ根から切り落とす作業。

❸先進国の多くは木材を自給しているが，わが国は例外で，木材（用材）自給率は20％前後まで低下している。

❹人工林の多いわが国では，持続的な経営が成り立つ方策なくしては，環境保全などの森林のもつ多様な機能を十分に発揮させることはむずかしい。

の持続的管理が強く求められている。

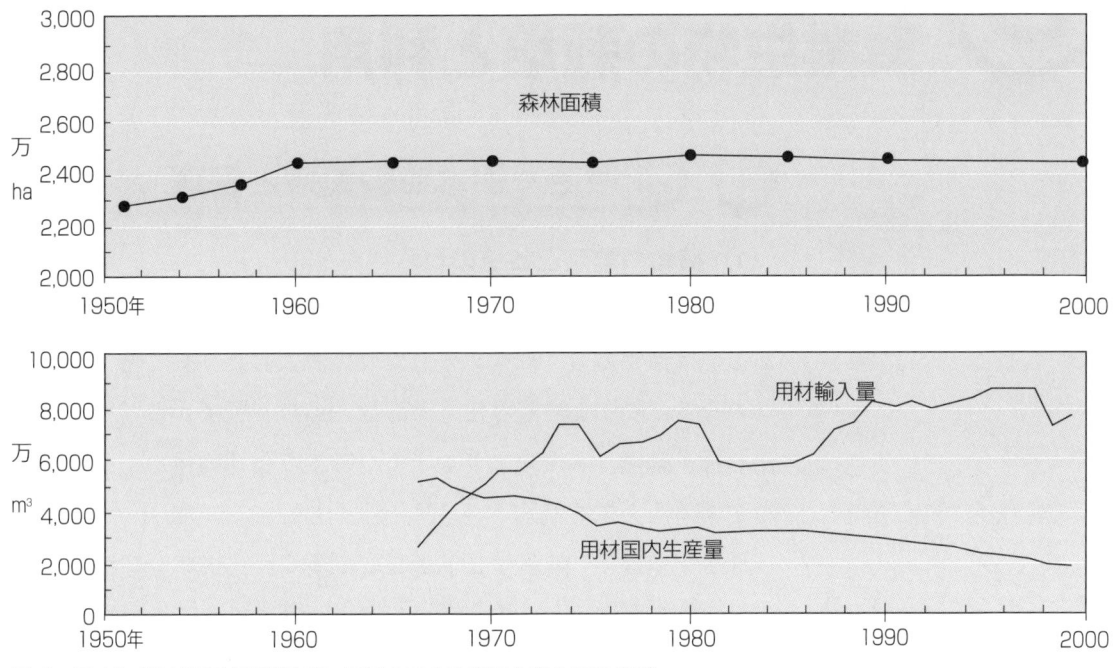

図4　日本における森林面積並びに用材の国内生産量と輸入量の推移
注　用材：しいたけ原木や薪炭材を除く，製材，パルプ・チップ，合板などのための木材。
（農林水産省統計情報部：ポケット農林水産統計から作図）

図5　間伐，枝打ちのされた人工林（左）と手入れ不足の人工林（右）

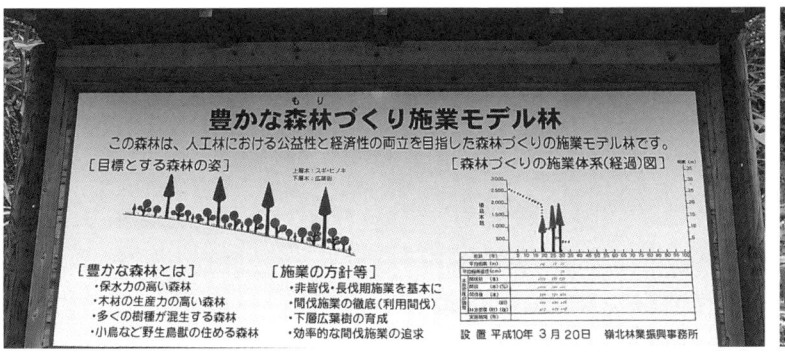

図6　持続可能な森林経営の例（右は間伐材の加工）

4　森林・林業と環境保全

5 農業生物の栽培と利用

1 花壇苗・樹木苗の繁殖と管理

(1) 植物の繁殖と栽培のねらい

　植物には，花が咲き，結実して種子をつくり増えていくもの，あるいは植物体の一部が分かれたり，肥大したりして増えていくものなど，多様な繁殖の仕方がある（図1）。種子から増やす繁殖法を**種子繁殖**，茎や葉，ランナー，球根など植物体の一部から増やす繁殖法を**栄養繁殖**という❶（図2）。

　種子繁殖は，1年草や2年草などで多く，宿根草や球根の一部でもおこなわれる。一方，栄養繁殖は，種子をつくらない植物を増やす場合や，確実に親株と同じ性質の株を増やす場合におこなわれる。栄養繁殖は，開花までの期間を短くするためにもおこなわれる。

　ここでは，花壇苗や樹木苗の繁殖や管理をとおして，農業生物の栽培についての基礎的な知識と技術を学ぶとともに，農業生物の生育と栽培環境の関係をみつめていこう。

❶花や種子は生殖器官，茎（枝）や葉，ランナー，球根などは栄養器官という。また，種子繁殖は有性繁殖，栄養繁殖は無性繁殖ともいう。

(2) 花壇苗（マリーゴールド苗）の生産

　花壇苗は，地域や都市緑地の緑化・美化，家庭でのガーデニングの広がりなどにともなって，生産・消費とも増加している。その種類は多く，利用場面も多岐にわたるが，おもに種子繁殖をおこない，その栽培方法はほぼ共通している。

　●**栽培計画**　地域の自然環境，生育の特徴，開花期・利用場面，需要などを考慮して種類や品種の選定をおこない（表1），栽培体系（作型）をつくっていく（図3）。

　ここでは，代表的な春まき（夏用）花壇苗であるマリーゴールドを取り上げるが，春まきの花壇苗の多くは，同じような方法で栽培できるので，これを参考に取り組んでみるのもよい。

　●**マリーゴールドの特徴**　マリーゴールドは，中南米原産のキ

花壇苗（シロタエギク）と花壇苗の管理（移植後の遮光）

図1 植物の増え方

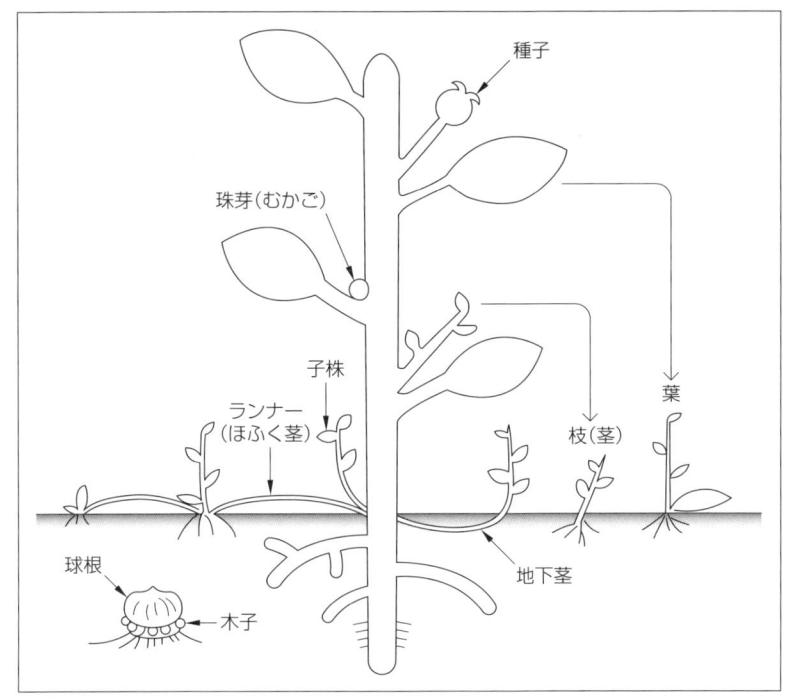

図2 種子繁殖と栄養繁殖（上：マリーゴールドの発芽，下：ペペロミアの葉挿し）

表1 花壇苗の種類と特性

	花きの名称	生育適温 (℃)	種子の特性		
			発芽適温 (℃)	10mℓ当たりの粒数	覆土
夏用	アゲラタム	15～25	20	20,000	
	インパチエンス	15～30	20	7,000	
	ケイトウ	15～30	25	9,000	○
	コスモス	10～15	20	450	○
	コリウス	15～30	25	20,000	
	サルビア	15～30	22	1,300	○
	ジニア	15～30	20	250	○
	センニチコウ	15～30	25	900	○
	ダリア	15～30	20	300	○
	トレニア	15～28	20	130,000	
	ナスタチウム	15～25	15～20	50	○
	ニチニチソウ	15～35	22	3,500	○
	ヒマワリ	15～35	25	80	○
	ペチュニア	10～30	20～30	55,000	
	ポーチュラカ	14～30	20～30	45,000	
	マリーゴールド	10～28	20	350	○
	メランポジウム	15～25	20	700	○
秋用	シロタエギク	10～20	15	14,000	
	ハボタン	5～20	25	2,000	○
	パンジー	5～20	18	4,500	○

マリーゴールド（上）とサルビア（下）

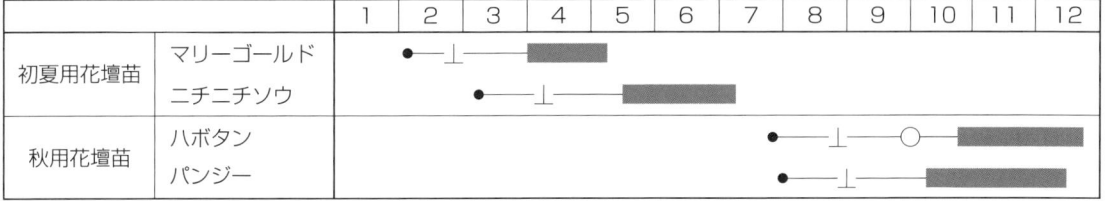

		1	2	3	4	5	6	7	8	9	10	11	12
初夏用花壇苗	マリーゴールド		●―⊥― ■■										
	ニチニチソウ			●―⊥― ■■									
秋用花壇苗	ハボタン							●―⊥―○― ■■					
	パンジー								●―⊥― ■■				

● たねまき　⊥ 鉢上げ　○ 定植　■ 収穫・出荷

図3 花壇苗の作型（例）

5 農業生物の栽培と利用

ク科の植物で，ふつう，春に種子をまくと，初夏から晩秋まで，次々と花を咲かせる1年草である。花壇や鉢植え，切り花などに広く利用される❶。強い光を好み耐暑性が高く，土もあまり選ばないため，都市緑地や道路端などへの植栽にも向く。

●**種類・品種の選択** マリーゴールドには，花の大きいアフリカンマリーゴールドと，わい性で花が小さいフレンチマリーゴールドがあり，それぞれに多くの品種がある。利用場面や開花期，花色などを考えて，種類・品種を選ぶ。

●**育苗の準備** 育苗用土は市販のものもあるが，入手しやすい用土をベースにして，腐葉土やピートモス，もみがらくん炭などを混合してつくることができる（表2）。

●**たねまきと発芽** 種子の発芽には，水分と酸素および温度が必要である。マリーゴールドの発芽適温は20～25℃である。発芽に光は必要としない（嫌光性種子）ので，バーミキュライトで覆土する。たねまきは育苗箱にすじまきとし，覆土・かん水ののち，新聞紙でおおって，水分を保つようにする（図4）。発芽はしやすく，適温であれば5～7日で発芽する。

●**発芽後の管理** 発芽したら新聞紙を取り除いて光をあてる。かん水は，土の表面が乾いてからおこない，過湿にならないように注意する❷。本葉が2～3枚になったら，根を傷めないようにして，3号（直径9cm）のビニルポットに移植する❸。

移植後，新しい根が出る（活着）までは，半日陰などにおいて強い光は避ける。活着後は，十分に光にあて，生育が進むにつれて，ポットの間隔を広げ，日あたりや通風をよくして管理する❹。ふつう，たねまきから60日ていどで定植（出荷）できる苗になる。

(3) 樹木苗の生産

樹木苗の生産では，栄養繁殖をおこなうものが多く❺，その方法には，**挿し木，取り木，接ぎ木**などがある（表3）。地域の緑を増やし環境をよくしていくために，樹木苗の生産にも取り組もう。

ここでは，身近で材料が容易に入手でき，やがて花も楽しめるアジサイの挿し木とツバキの取り木を取り上げる。

---

❶マリーゴールドを栽培すると土壌センチュウを減らす効果があるので，野菜畑でダイコンを収穫したあとなどに栽培されることもある。

📎 **やってみよう**
発芽までの気温と地温を測定し，発芽に要する日数と温度との関係を調べてみよう。

❷根は呼吸しているので，過湿になると酸素不足になって生育がわるくなる。

❸移植前には苗床に十分にかん水し，その後，土が少し乾いた状態のときに移植をおこなうとよい。

❹光不足，通風不良，高温，過湿などの環境下では，ひ弱な苗になるので，注意する。

❺種子で増やす場合には，採種後すぐにたねまきをする方法（取りまき）と，貯蔵しておいた種子を春にまく方法とがある。

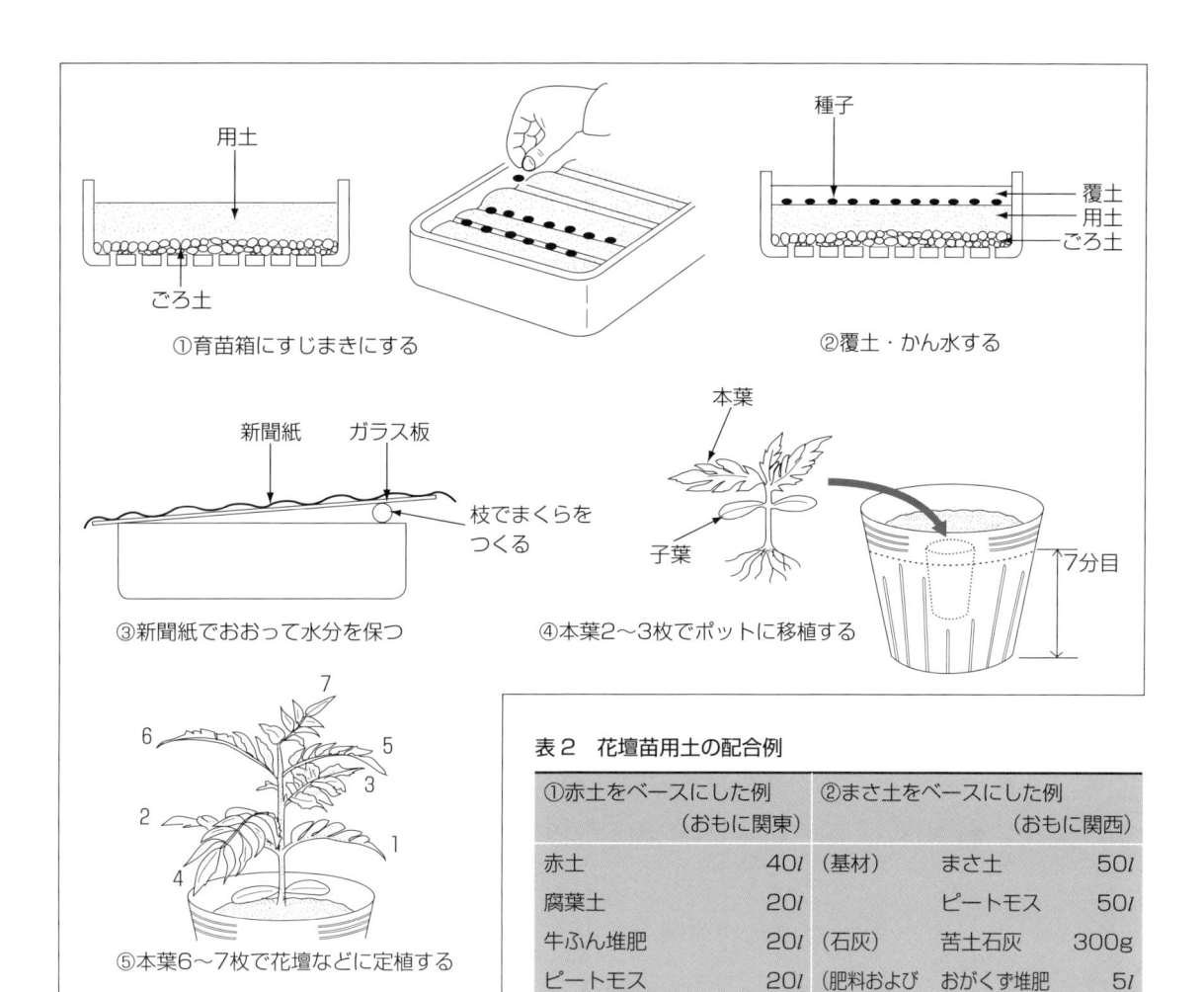

① 育苗箱にすじまきにする　　②覆土・かん水する

③新聞紙でおおって水分を保つ　　④本葉2～3枚でポットに移植する

⑤本葉6～7枚で花壇などに定植する

図4　マリーゴールドの育苗の手順

表2　花壇苗用土の配合例

①赤土をベースにした例（おもに関東）		②まさ土をベースにした例（おもに関西）	
赤土	40l	(基材) まさ土	50l
腐葉土	20l	ピートモス	50l
牛ふん堆肥	20l	(石灰) 苦土石灰	300g
ピートモス	20l	(肥料および微量要素) おがくず堆肥	5l
		BMようりん	200g

表3　樹木の増やし方

	種子繁殖	栄養繁殖			
		挿し木	接ぎ木	取り木	株分け
特徴	○大量に増やせる ○技術がかんたん ○品種改良に利用できる	○開花，結実がはやい ○かんたんな技術で大量に増やせる ○そろった苗が得やすい	○開花・結実がはやい ○大量に増やせる ○台木により，樹勢，病害虫抵抗性，環境への適応を変えられる ○台木を確保しなければならない ○技術が必要	○りっぱな枝ぶりの苗が，すぐに利用できる ○大量に増やすことができない	○苗が大きいので，すぐに利用できる ○技術がかんたん
利用できる種類	イチョウ，ケヤキ，コブシ，サクラ，シャリンバイ，マツ，ヤマモモ，モチノキ，モッコク，ウバメガシ，など	アジサイ，アベリア，ツゲ類，ウメ，エニシダ，キョウチクトウ，キンモクセイ，クチナシ，コデマリ，サツキ類，ツツジ類，サルスベリ，サザンカ，ツバキ，ナンテン，モッコク，モチノキ，ユキヤナギ，レンギョウ，コニファー類，など	バラ，カエデ，ツバキ，サザンカ，タイサンボク，モクレン，フジ，ライラック，など	盆栽類，ツツジ類，シャクナゲ，ゴヨウマツ，など	ユキヤナギ，アジサイ，ナンテン，ササ類，など

①アジサイの挿し木

アジサイは，日本原産のユキノシタ科の落葉低木で，梅雨のころに開花する❶。数多くの園芸種があるが，山野に自生する野生種もある。公園などへの露地植えのほか，鉢植えにもされる。

●**挿し木の準備**　アジサイの挿し木に適した時期は，6～7月頃である。挿し穂に用いる枝は，日あたりのよい場所で育った新梢で，節間の詰まったものを選ぶ。挿し床は，平鉢に赤玉土の中粒・小粒を入れたものでよい。

●**挿し木のポイント**　挿し木は，図5のような手順❷でおこなうが，挿した枝と用土を密着させることが大切である。挿したあとは，日陰においたり寒冷しゃをかけたりして，乾燥させないように管理する。30～40日で根が伸び始める。十分に発根したらビニルポットに鉢上げして管理する。

②ツバキの取り木

ツバキは，日本や中国などの東アジアに分布するツバキ科の常緑高木で，冬から春に開花する。アジサイと同様に，数多くの園芸種と野生種があり，露地植えや鉢植えに広く利用される。

●**取り木の準備**　ツバキの取り木に適した時期は4～8月頃である。取り木に用いる枝は，2～3年生の活力あるものを選ぶ。

●**取り木のポイント**　取り木の要領は，図6のようであるが，切り口は水にぬらしたミズゴケをまき，ビニルシートでくるんで，乾燥させないようにすることが大切である。そうすると発根が進み，10月頃には切り離せるようになる。切り離した苗は，ビニルポットに鉢上げして管理する。

アジサイやツバキのほかにも，挿し木では，ツゲやドウダンツツジ，サルスベリ，コニファーなど，取り木では観葉植物のゴムノキやベンジャミンゴム，ドラセナなども容易に増やすことができる。いろいろな樹木で挑戦してみよう（図7，8，9）。

---

❶わが国原産のアジサイには，ヨーロッパに渡って品種改良され，ふたたび日本に導入されたものもある。これはハイドランジアとよばれ，鉢花に広く利用されている。

❷殺菌は次亜塩素酸ナトリウム2,000倍液に90秒，4,000倍液に90秒，水に90秒浸す。発根剤には植物ホルモンの一種のオーキシンが用いられる。これらは使わず，十分に水あげしてから挿す方法もある。

やってみよう
①挿し穂にする枝の状態や位置，取り木をおこなう場所による発根のちがい，②発根剤の有無による発根のちがいを調べてみよう。

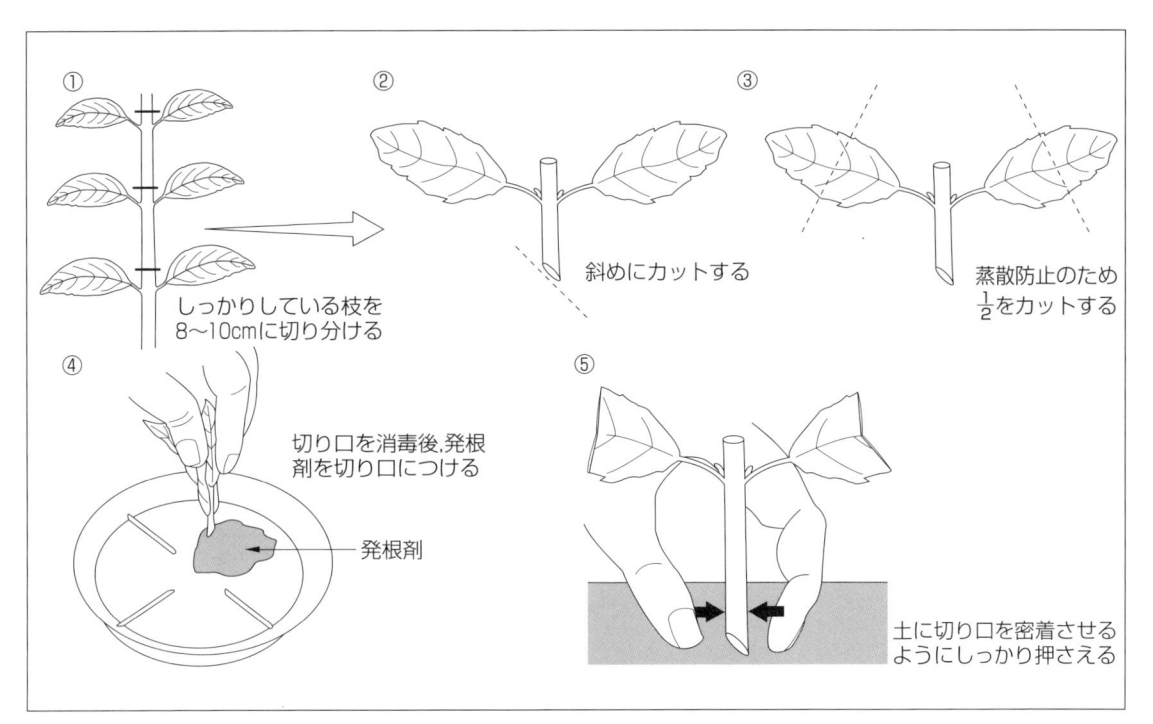

① しっかりしている枝を8〜10cmに切り分ける

② 斜めにカットする

③ 蒸散防止のため$\frac{1}{2}$をカットする

④ 切り口を消毒後,発根剤を切り口につける
発根剤

⑤ 土に切り口を密着させるようにしっかり押さえる

図5 挿し木の方法

図7 コニファーの挿し木の方法（左：挿し穂をとって調整した状態，右：挿した状態，ゴールドクレスト）

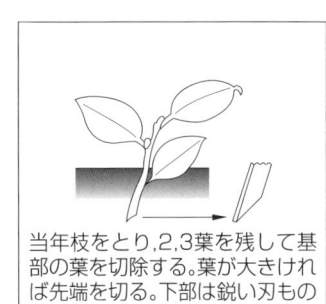

当年枝をとり,2,3葉を残して基部の葉を切除する。葉が大きければ先端を切る。下部は鋭い刃もので斜めに切り,先端を切り返す

図8 ツバキなどの緑枝挿しの方法

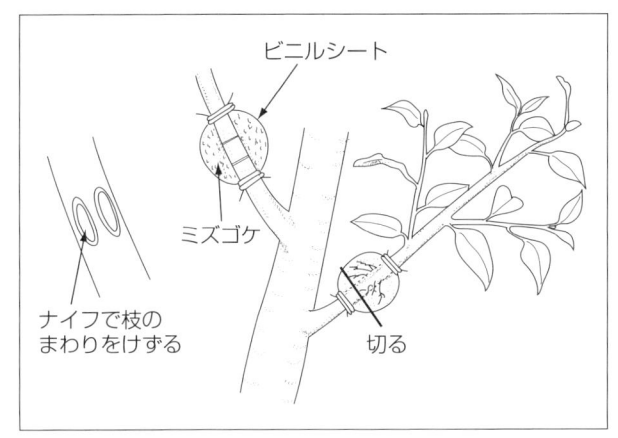

ビニルシート
ミズゴケ
ナイフで枝のまわりをけずる
切る

図6 ツバキの取り木の方法

図9 ゴムノキの取り木の方法

5 農業生物の栽培と利用

② イネの栽培と水田での調査

(1) イネ・水田の特徴と栽培のねらい

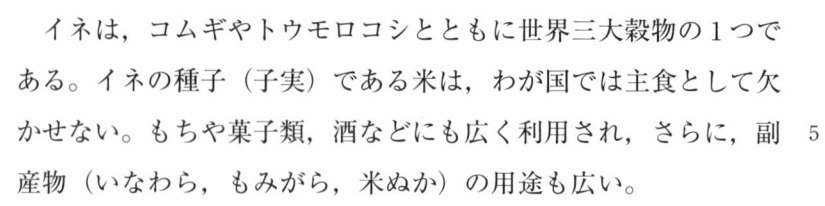

　イネは，コムギやトウモロコシとともに世界三大穀物の1つである。イネの種子（子実）である米は，わが国では主食として欠かせない。もちや菓子類，酒などにも広く利用され，さらに，副産物（いなわら，もみがら，米ぬか）の用途も広い。

　水田は，土地を平らにし，あぜをつくり，用水を引いて水をたたえられるようにした，すぐれた装置で，安定した作物生産はもとより，環境保全，景観形成などにも大きな役割を果たしている。

　ここでは，イネの栽培と水田での調査をとおして，イネの生育の特徴と管理の仕方を学び，水田のもつ環境保全機能やそこに生息する多様な生物にも目を向けていこう。

もみ（左），玄米（中），白米（右）

(2) イネの一生と栽培計画

　●イネの一生　育苗箱や苗しろ❶にまかれたたねもみは，条件がととのうと数日で芽を出し，1か月くらいで移植できる苗に成長する。本田に植え付けられた苗❷は，1本の苗から20本くらいの茎を出す。やがて茎の中から穂があらわれ，開花・結実する。1本の穂には60〜150粒ものもみがつき，開花後30〜50日くらいで子実が成熟する。

　●イネの生育と環境　アジアのモンスーン地帯をおもな栽培地帯とするイネは，高温で湿潤な環境を好む。たねもみの発芽には水分と酸素，温度（最適温度は30〜34℃）が必要である。

　植付け後の生育は，自然環境の影響を大きく受け，気温の上昇とともに茎数を増やしていき，ふつう日長が短くなる夏至の頃に**幼穂分化**❸を始める。出穂・開花期以降は，気温が低下していくが，子実の成熟には一定の温度と十分な光が必要である。

　●品種とその選択　おもに米飯に利用されるうるち種が多いが，粘りが強く，もちや菓子類などに利用されるもち種，清酒の醸造に利用される酒米などもある❹。それぞれに，早晩性や耐冷性，食味などの異なる多くの品種があるので，地域の奨励品種を参考にして，適切な品種を選択する。

❶移植用の苗を育てるための箱が育苗箱で，苗を育てるための田や畑が苗しろである。

❷一般に田植えという。植付けから収穫までのあいだ，イネを栽培するところを本田という。

❸ある一定の時期まで茎の成長点は葉のもとをつくっているが，それが終わると，穂のもとをつくる。これを幼穂分化という。日長よりも温度の影響を受けて幼穂分化する品種もある。

❹このほかにも，もみや玄米が赤色や紫色などをおびている赤米や黒紫米，独特の香りを有する香り米などもあり，最近見なおされている。これらは在来稲の一種で，「古代米」とよばれることもある。

多様な機能をもつ水田

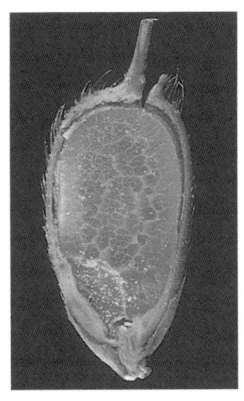

収穫期のイネ

たねもみの構造

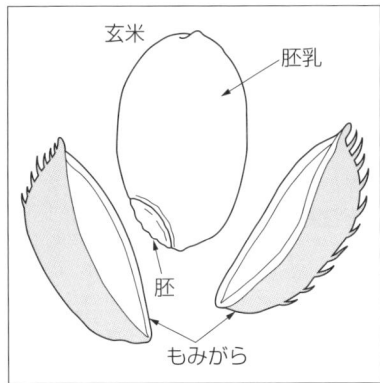

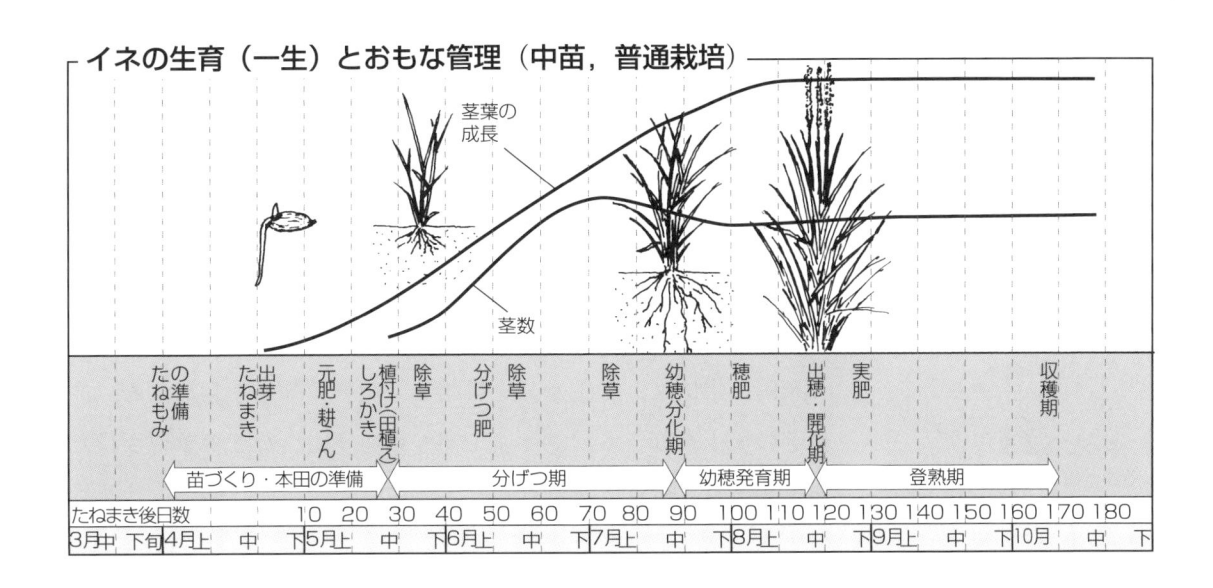

玄米
胚乳
胚
もみがら

イネの生育（一生）とおもな管理（中苗，普通栽培）

茎葉の成長

茎数

| たねもみの準備 | 出芽・たねまき | 元肥・耕うん | 植げ（田植え）・しろかき | 除草 | 分げつ肥 | 除草 | 幼穂分化期 | 穂肥 | 出穂・開花期 | 実肥 | 収穫期 |

苗づくり・本田の準備／分げつ期／幼穂発育期／登熟期

たねまき後日数　10 20 30 40 50 60 70 80 90 100 110 120 130 140 150 160 170 180
3月中 下旬 4月上 中 下 5月上 中 下 6月上 中 下 7月上 中 下 8月上 中 下 9月上 中 下 10月中 下

5　農業生物の栽培と利用

(3) 苗の種類と診断

●**苗の種類**　イネの苗は，ふつう，葉の枚数（葉齢）によって，稚苗，中苗，成苗に分けられる（図1，表1）。これらの苗は，機械植え用の苗として育苗箱でつくることが多い。中苗や成苗は手植え用としても利用されている。これらの苗のよしあしは，その後の生育や収量に大きな影響を及ぼす。

●**苗の診断法**　苗のよしあしは，以下のような方法で判断する。

調査用苗の採取　およそ60本の苗を取り，根をよく洗う。とくに長いものや短いものを除いて50本選び，調査用苗とする。

草丈・茎数・葉齢の調査　50本の苗の草丈（図2），茎数，葉齢を調査し，平均値を出す。

生体重・風乾重の調査　もみがらを除き，根を切り取って，苗50本の重さ（生体重）をはかる。その苗50本を乾燥器に入れ，葉を曲げると折れるくらいに乾かして，重さ（風乾重）をはかる。

調査結果をもとに，乾物率❶，苗の充実度❷を求める。調査した結果は，診断表を作成して記録するとよい（表2）。

●**よい苗の条件**　よい苗は，次のような条件をそろえている。
①移植法に見合った草丈と葉齢に達している。
②苗のそろいがよく，病害虫におかされていない。
③風乾重が大きく，乾物率や充実度が高い。

これらのうち，とくに苗の乾物率や充実度の値が大きいことが，よい苗であるための重要な決め手となる。このような苗は，茎に多くの養分（炭水化物）を含んでおり，さかんに分げつする。

(4) 本田での管理と調査

本田での管理方法は，地域や水田の条件，栽培する品種などによって異なるが，以下に一般的な方法を紹介する。

●**水田の特徴**　水田の土層は，上から**作土**（表土），**すき床**（耕盤）❸，**心土**に分かれている（図3）。作土は耕される部分である。

水田の水には，①養水分を供給し，肥料の効果を調節する，②雑草の発生を抑える，③イネを寒さから守る，などの重要なはたらきがあり（図4），水管理はイネの生育や水田の状態に大きく影響する。

---

❶乾物率（%）
　＝風乾重÷生体重×100

❷苗の充実度（g/cm）
　＝風乾重÷草丈

❸作業機などによって踏み固められてできた部分で，水もちのよしあしに関係する。

🔍 **やってみよう**
水田の土層と減水深（図3, 5）を調べ，両者の関係について考えてみよう。

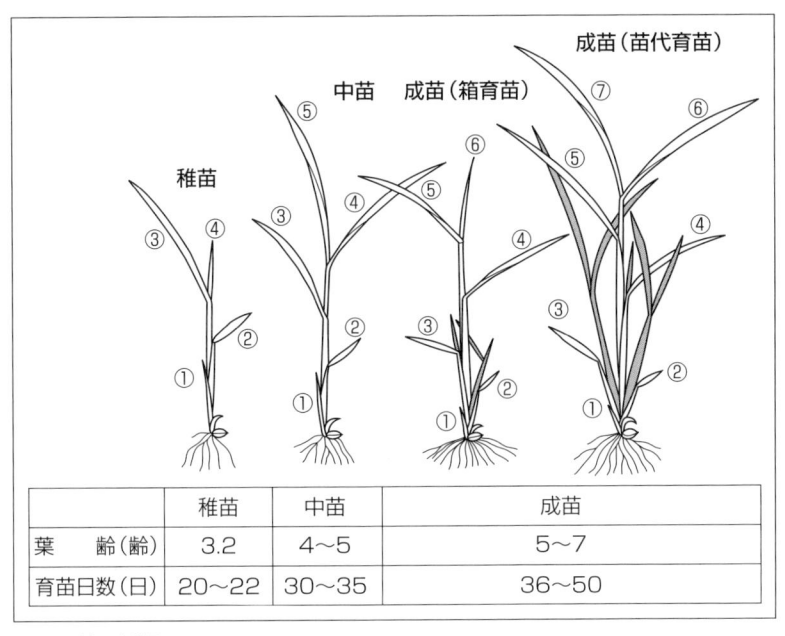

表1 稚苗・中苗・成苗のめやす

	たねまき量（箱当たり，芽出しもみ）	10a当たり必要苗箱数
稚苗	140～200g	15～20
中苗	100～150	20～25
成苗	30～100	25～35

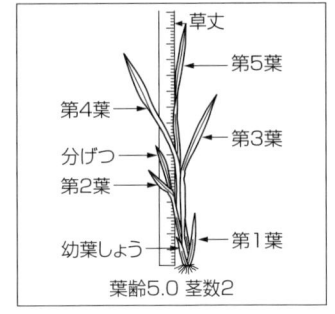

図2 草丈のはかり方
注 根の生えぎわをものさしの端に合わせてから、葉をものさしに寄せて、その先端までの長さをはかる。

	稚苗	中苗	成苗
葉　齢（齢）	3.2	4～5	5～7
育苗日数（日）	20～22	30～35	36～50

図1 苗の種類
注 図中の数字は第何葉であるか，黒っぽい葉は分げつを示す。育苗日数は，たねまきから植付けまでの日数である。

表2 苗の診断表

班＼項目	草丈(cm)	茎数(本)	葉齢(齢)	生体重(g)	風乾重(g)	乾物率(%)	苗充実度(g/cm)

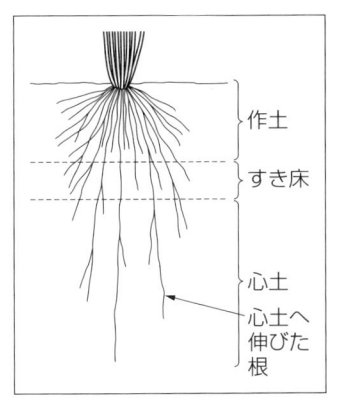

図3 水田の土層の断面

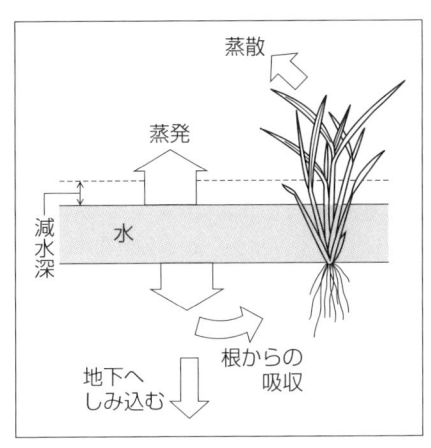

図4 水のゆくえと減水深

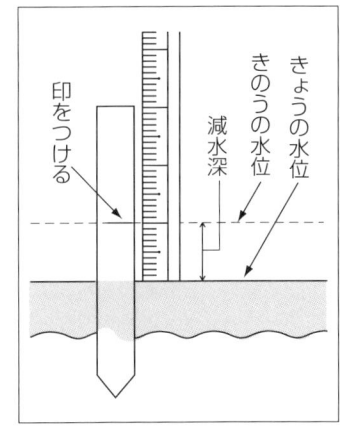

図5 減水深のはかり方

5 農業生物の栽培と利用　117

❶植え付けやすいように土をやわらかくする、土の表面を平らにして水の深さを一様にする、雑草の発生を抑える、水もちをよくする、などの目的でおこなう。

❷植付け密度は、中苗の場合、1㎡当たり15〜22株、1株当たり3〜4本（成苗では2〜3本）が標準である。

📖 **やってみよう**
最高分げつ期前後に水田にはいり、足もとから発生するメタンを検出してみよう（→ p.72）

❸土中に酸素を供給して根を健全にする、無効分げつの発生を抑える、土中に発生した有害物質を除く、などの効果がある。しかし、土にき裂ができ根が切れる、水もれしやすくなる、などの害もある。

❹えい花分化期（図9）や花粉などの生殖細胞がつくられる時期（減数分裂期）に、低温のおそれがあれば、深水にして幼穂を保温する。

❺農薬を使用する場合は、病害虫の種類やイネの生育時期により、いろいろな農薬があるので、地域の指導機関などで指導を受けるのが望ましい。

❻除草剤を使用する時期は、①田植えの前後、②活着後から分げつがさかんに出る時期まで、③有効分げつ期の終わり頃から幼穂分化期まで、などで、時期によって薬剤がちがってくる。
除草剤は水質の汚濁など環境を汚染することがないよう、十分に留意して用いる必要がある。

●**耕うん，しろかき** 田植えの前には，元肥を施してから耕起や砕土（耕うん）をし，水を入れて**しろかき**❶をおこなう。しろかき後は，数日間おいて田植えに適する土のかたさになるようにする。

●**田植え（移植）** 田植えには，手植えと機械植えとがある（図6，7）。植付け様式には，正方形植え（条間＝株間），長方形植え（並木植え，条間＞株間）がある。植付け様式や植付け密度は，苗の種類や水田の肥よく度，作業性などを考慮して決める❷。機械植えでは長方形植えが多い。

植付けの深さは2〜3cmくらいの浅植えがよい。深植えになると，分げつ数が少なくなり，収量がおとることが多い。

●**水管理** 水田の条件によって異なるが，基本的な方法は図8のようである。水管理は，田植え後，活着するまでは深水にして苗を保護し，活着後は浅水にして分げつをうながす。最高分げつ期頃には1週間前後落水し（**中干し**❸という），その後はたん水と落水を数日ごとに繰り返す間断かんがいとする。出穂・開花期には，開花・受精を順調に進めるためにたん水して浅水で管理する❹。最終的な落水は，出穂後35日頃からおこなう。

●**追肥** 適期に適量の追肥を施すと，次のような効果がある。田植えの2〜3週間後に施す（**分げつ肥**）と，茎数が増える。また，出穂の25〜15日前頃に1〜2回施す（**穂肥**）と，もみ数が多くなる。出穂後に施す（**実肥**）と，実りがよくなる。

追肥時期の判定は，幼穂の観察（図10）やヨウ素デンプン反応（図11）などによっておこなう。

●**病害虫の防除** ①耐病性のある品種を栽培する，②早期発見・適期防除❺に努める，③適切な施肥で丈夫なイネを育てる，④畦畔の除草を徹底する，⑤害虫の天敵を増やす，などの点に留意して，総合的な防除を心がけることが大切である。

●**雑草の防除** ①たん水などによって雑草が育ちにくい環境をつくる（生態的防除），②除草機などを用い表土をかくはんする（機械的防除），③除草剤を利用する（化学的防除）❻，④アイガモやコイなどを利用して雑草の繁殖を抑える（生物的防除），などの方法がある。これらを組み合わせると防除効果が高い。

図6 苗のさし方

図7 田植機（乗用）による田植え作業

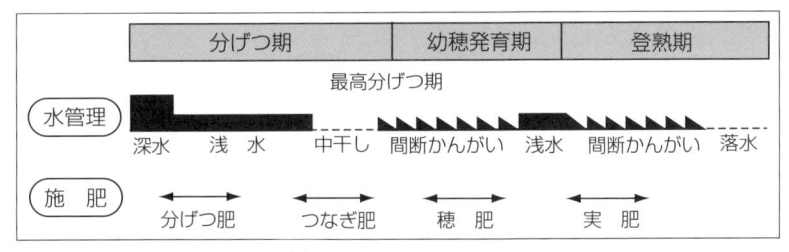

図8 水管理と施肥の仕方の例

	分げつ期	幼穂発育期	登熟期
水管理	深水　浅水　中干し	最高分げつ期 間断かんがい　浅水	間断かんがい　落水
施肥	分げつ肥　つなぎ肥	穂肥	実肥

図9 えい花分化期の形態

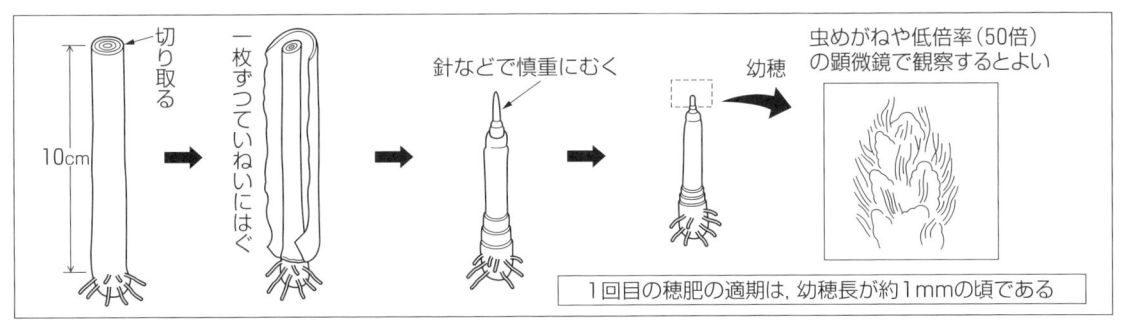

図10 幼穂の観察

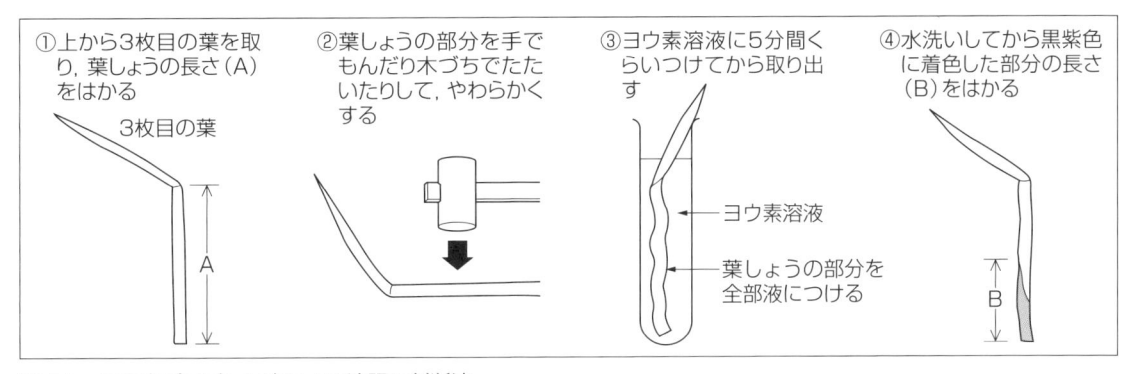

切り取る　10cm　一枚ずつていねいにはぐ　針などで慎重にむく　幼穂　虫めがねや低倍率（50倍）の顕微鏡で観察するとよい

1回目の穂肥の適期は，幼穂長が約1mmの頃である

図11 ヨウ素デンプン反応による追肥の判断法

①上から3枚目の葉を取り，葉しょうの長さ（A）をはかる
　3枚目の葉

②葉しょうの部分を手でもんだり木づちでたたいたりして，やわらかくする

③ヨウ素溶液に5分間くらいつけてから取り出す
　ヨウ素溶液
　葉しょうの部分を全部液につける

④水洗いしてから黒紫色に着色した部分の長さ（B）をはかる

注　黒紫色に着色した部分の割合（B/A × 100，%）を求め，その値が30％以上だと追肥が必要。

5　農業生物の栽培と利用

やってみよう
水田のなかでは，イトミミズ，ラン藻，動物性プランクトン，ドジョウ，タニシなどが密接に関係しあいながら生きている。水田での食物連鎖について調査して図にまとめてみよう（→ p.16，101）。

●**水田の生物調査**　水田でみられる生物には，イトミミズやドジョウなどのように水や土の中で生活しているものと，トンボやクモ，野鳥などのようにイネの地上部で生活したり空中を飛来してくるものとがいる（図12）。前者は，水田の取水口と排水口付近に，深さ30cm，広さ1m²ていどの水たまりをつくっておいて調査するとよい。後者は，水田の状態などによって，発生や飛来の仕方が異なるので，その生態や行動を調べておく（→ p.30）。

(5) 開花・結実と収穫・調製

●**開花・結実**　イネの開花は，出穂後，次々と始まる（図13）。イネの花（小穂）は，1本のめしべと6本のおしべをそなえている（図25）。開花すると，おしべのやくから飛び散った花粉を受粉（自家受粉）して受精がおこなわれる。

やってみよう
開花の始まる時間帯を調べ，図13を参考にして，開花の写真を撮影してみよう。

　受精した米粒（種子）は，はじめに長さを，ついで幅を，最後に厚さを増し，開花後25日頃には外形がほぼ完成する（図15）。その後は，内容の充実につれて水分が少なくなり，半透明になってきて，穂が黄金色に輝く頃になると，収穫時期をむかえる。

●**収　穫**　刈取り・乾燥・脱穀の方法には，①かまやバインダ（刈取り機）で刈り，天日で乾燥させたのち，**脱穀**❶する方法と，②コンバイン❷収穫し，乾燥機で乾燥させる方法がある。食味の点からは前者が，作業能率の点からは後者がすぐれる。

●**調　製**　調製作業は，**もみすりと選別**❸の2つに分かれる。乾燥したもみは，自動もみすり機で，もみすりとあるていどの選別をしてから，米選機でさらにていねいに選別して仕上げる。

●**食味試験**　米（白米）の食味の要素としては，外観，香り，味，粘りなどがある。自分たちのつくった白米を，同じ条件で炊いた他の白米と食べ比べ，食味試験評価用紙（表3）を使って食味を判定してみよう。

❶もみを穂から分離する作業。動力脱穀機は，脱穀と同時に実のついていないもみ（しいな）やくずもみを，おおまかに取り除くことができる。

❷刈取り機と脱穀機を結合した機械で，刈取りと脱穀を同時におこなう。

❸もみすりは，もみがらを除いて玄米にする作業。選別は，玄米をよい玄米とくず米に分ける作業。

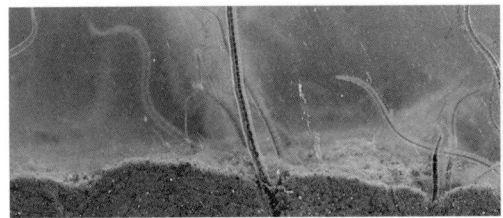

図12 水田の生物（左：イトミミズ，右・中：各種のトンボ）

図13 イネの開花の進み方
注 左端は開花開始5分後，右端は開花開始40分後。

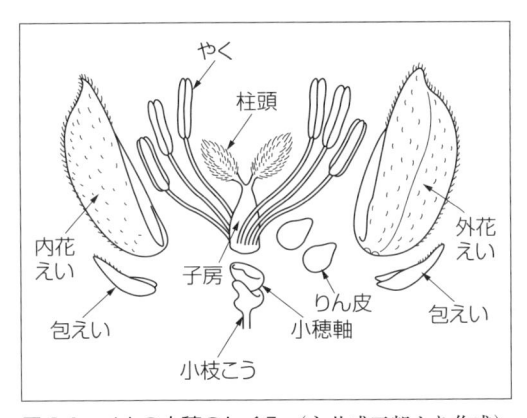

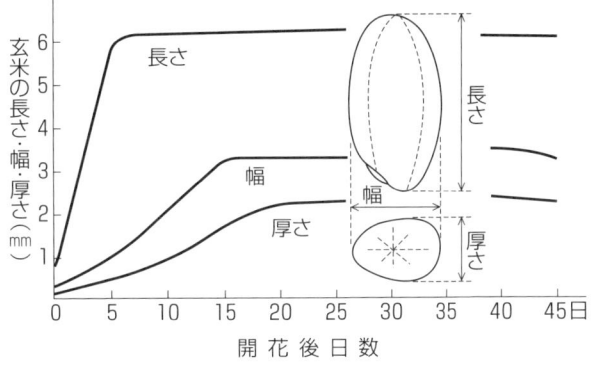

図14 イネの小穂のしくみ（永井威三郎より作成）　図15 玄米の外形の発達（星川清親による）

表3 米飯の食味試験評価用紙

注
● 外観：米粒がくずれず白くつやのあるものがよい。
● 香り：新米特有のかすかな香りが好まれる。
● 味：粘りやかたさ，米の成分含量によっても左右されるが，あきずに長期間食べられることが米飯のもち味である。
● 粘り：あるていどまでは強いほうが好まれる。
● かたさ：好みによるちがいが大きい。
● 総合評価：以上を総合して評価する。

No.	色										
	基準より不良				基準と同じ	基準よりよい					
	きょくたんに不良	たいへん不良	かなり不良	少し不良	わずかに不良		わずかによい	少しよい	かなりよい	なかなかよい	きょくたんによい
評点	-5	-4	-3	-2	-1	0	1	2	3	4	5
外観											
香り											
味											
粘り				粘りが弱い			粘りが強い				
かたさ				やわらかい			かたい				
総合評価											
（記入上の注意）該当箇所に○印をつける。											

5 農業生物の栽培と利用

3 もみがらくん炭づくり，焼き土づくり

(1) もみがらくん炭づくり

●**特　徴**　もみがらくん炭は，イネの副産物であるもみがらを炭化させたもので，育苗や鉢花の用土，畑の土壌改良材などに用いられている。

このもみがらくん炭には，①材料の入手が容易で安価である，②非常に軽く，持ち運びが容易である，③製造が容易で短期間でつくれる，④通気性や保水性が高い，⑤病原菌が存在せず，有害物質の吸着効果も期待できる，などのすぐれた特徴がある。また，副産物や生物資源の有効活用の面からも非常に有意義である。

●**製造法**　以下のような手順でおこなうが，防火には十分に配慮し，風の強い日などは避ける。

①一斗缶に小さな穴をあけ，図1のように煙突をとりつけ，簡易くん炭製造器をつくる。

②簡易くん炭製造器をコンクリートの上などにおき，新聞紙と木の枝を入れて火をつけ，火が木に燃え移ったら，燃焼装置のまわりにもみがら（ポリ袋3個分）を均一にかぶせる。

③全体が黒く焼けたら，コンクリートの上などに広げ，水をかけて火を完全に消す。焼けすぎると灰になってしまうので注意する。

●**利　用**　育苗や鉢花の用土には，5～10%（容積比）ていど混合することが多い。混合割合を変えて，生育を調査してみよう。

(2) 焼き土づくり

●**特　徴**　焼き土は，用土や田畑の土などを高温処理したもので，処理が容易で殺菌効果が高い，土の中の成分が作物に吸収されやすくなる，一度使用した用土の再利用が可能になる，などの効果がある。処理がかんたんで，化学農薬による土壌消毒のような環境汚染の心配もない。

また，熱処理の燃料に，緑化樹や果樹のせん定枝などを用いると，資源の有効活用になる。

●**製造法**　以下のような手順でおこなうが，防火には十分に注意する。

①ブロックでかまどをつくり，鉄板をのせ，その上に土（田畑の土や使用済の用土など20l）をのせて，8～10cmの厚さに広げる。

②かまどに火を入れて加熱し，土から湯気があがりだしたら，水蒸気によって土全体にまんべんなく熱をとおすために，じょうろで水をまきながら，ショベルで上下をよくかき回す。

③十分に熱が通ったら，土をトタン板でおおい，およそ70℃で10～30分ていど蒸らし，十分に冷やしてから使用する。焼きすぎると，土の中の有機物が減少して，土がこまかくなりすぎるので注意する。

●**利　用**　花壇苗の用土に利用し，熱処理しなかったものと生育を比較してみよう。

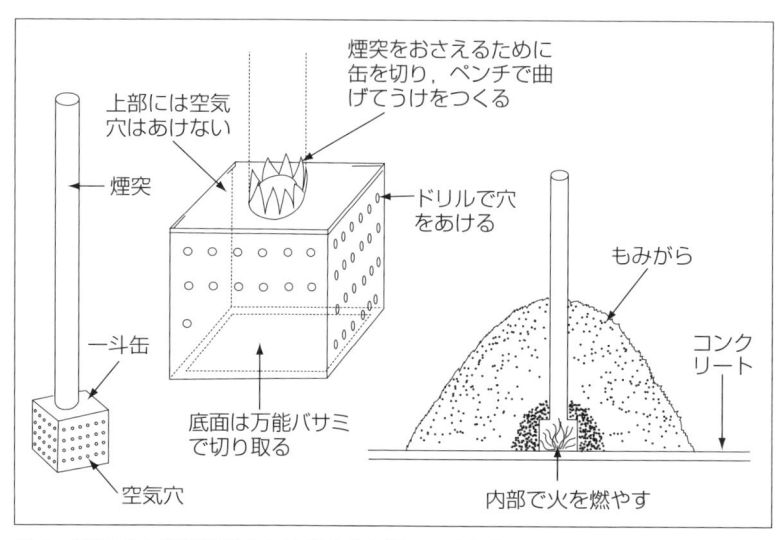

図1　簡易くん炭製造器ともみがらくん炭のつくり方

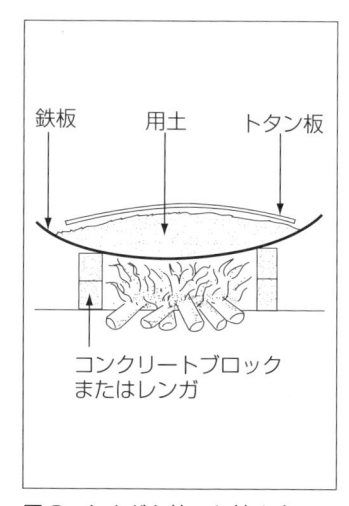

図2　かまどを使った焼き土のつくり方

第4章 環境の保全と創造

1 多様な生物による緑地・農地の創造

1　堆肥づくりと有機栽培

　環境にやさしく持続可能な農業生産には，健全な土をつくることが不可欠で，ふつう，良質な堆肥などを施し有機物を補給していく必要がある。近年，有機栽培といわれるものは，これらの効果に着目したもので，地域内の物質循環にねざし，生態系の機能や生物の能力を活用した，環境に配慮した栽培技術である。このような栽培の利点を生かす技術には，有機物の施用，輪作の活用，土壌動物や微生物の活用，などがある。

堆肥づくり

　堆肥づくりの基本的な原理は，材料とする有機物を堆積して，微生物のはたらきによって分解・腐熟させることである。そして，微生物の食べやすい炭素を二酸化炭素として空中に逃がし，窒素の含量の割合を高くして，土壌に施したときに植物の養分となる窒素が放出されるようにすることである。これを堆肥化とよんでいる。

　堆肥づくりに欠かせない材料を有機物の分解のしやすさという点からみると，表1のようで，分解しにくいものは一般に繊維分が多く，C/N比❶が高い。ほかに，食品製造かす，都市ごみ，家庭なまごみ，下水汚泥，製紙スラッジ，し尿処理汚泥，がある。

　これらは，土の中の**腐植物質**❷を増やす力の大きい素材ではあるが，そのまま土の中に施すとさまざまな問題❸を生じる。そのため，堆肥にして施す❹ことが安全で，地力を増すのに多くの場合に有効である。そこで，じっさいに堆肥をつくり（図1），今後の学習に備えておこう。

不耕起栽培

　土壌のはたらきを利用し，持続可能な農業生産をめざそうという点に着目すると，不耕起栽培❺がある。これは，土壌有機物の1％前後にも達しない土壌中の微生物や中小の動物のそれぞれ異なった機能を活用するものである。播種や植付け時に，あるていどの耕うんをおこなうこ

---

❶炭素/窒素で，炭素含有率を窒素含有率で割った値で炭素率ともいう。堆肥としては，C/N比を20ていどに下げてから施す。

❷土壌中で植物体のリグニンと微生物遺体のタンパク質などが結合して生成された，黄色〜黒色をした複雑な高分子有機化合物の総称。

❸たとえば，なまわらやよく腐熟していない堆肥などを施した場合，作物は窒素欠乏によって生育不良となり，いわゆる窒素飢餓の状態が起こりやすい。そのほか，雑草や害虫の発生，有害なガスや有機酸発生のおそれがある。

❹堆肥の施肥方法には，①全面施用，②局所施用，③マルチ施用などがある。マルチ施用は植付け後におこなう。多用すると土壌養分の過剰蓄積やアンバランスをまねきやすいので，土壌分析を取り入れ，使用する有機質資材に応じた施肥設計をしっかりとおこなう。

❺一連のほ場作業のなかから耕うんや整地の作業工程を省略する栽培法で，労働力の省力化および省エネルギー効果があり，アメリカ，ブラジル，メキシコ，オーストラリア，およびヨーロッパ諸国で急速な普及をみている。急速に普及している背景には，肥よくな表土層が失われつつあるという現実がある。

表1 各種材料の炭素率（C/N比）の例

	資　材	C/N比	全炭素(C)	全窒素(N)
木質資材	トドマツ樹皮	116	50.2	0.45
	ベイマツ	292	58.4	0.20
	おがくず	340	44.3	0.13
	カラマツ樹皮	993	59.6	0.06
分解性繊維質資材	広葉樹落葉	50～120		
	針葉樹落葉	20～60		
	野草乾燥	43	45.6	1.07
	イネわら	67	45.0	0.63
	もみがら	72	39.8	0.55
	オオムギ稈	88	49.0	0.53
	コムギ稈	107	41.8	0.39
窒素質	下水道汚泥	13.7	24.4	1.78
	ダイズ葉	19.0	44.4	2.34
	堆　　肥	20.0	10.5	0.52

畑の中のいろいろな土壌生物

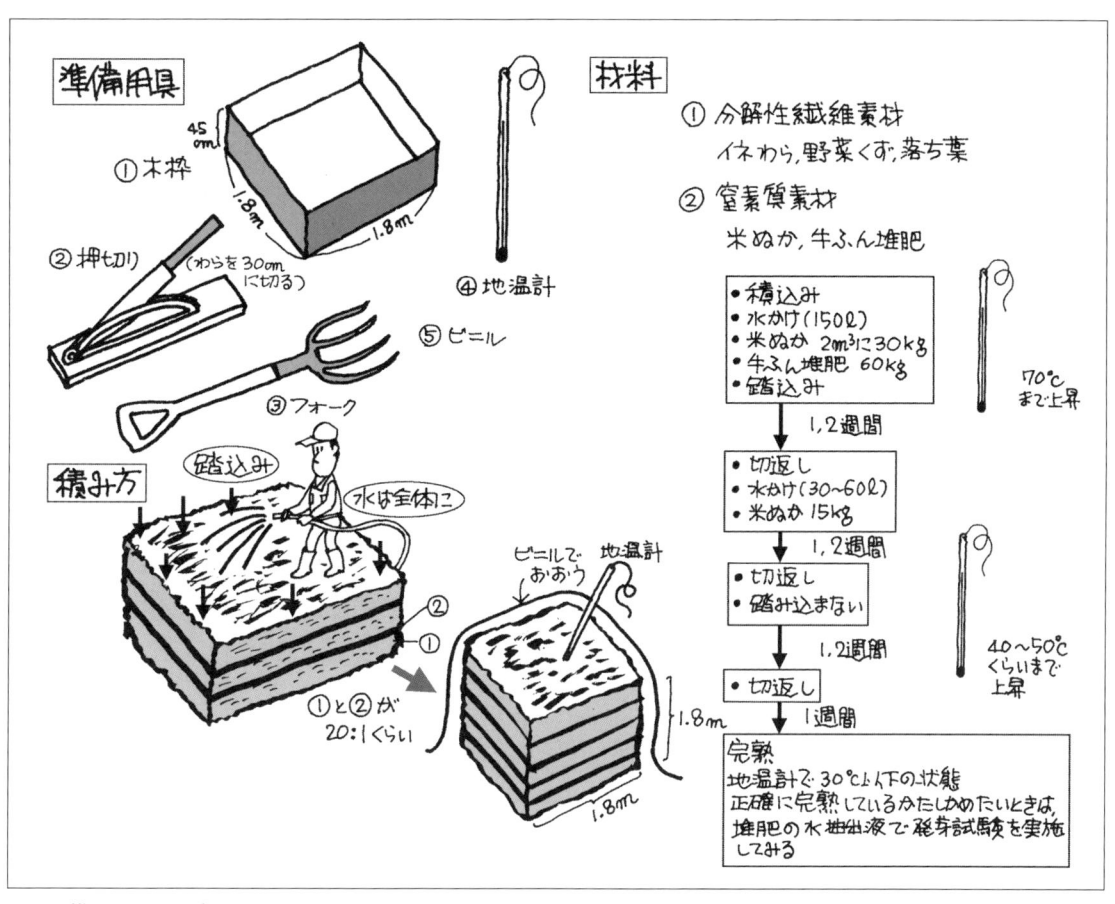

図1 堆肥のつくり方

1　多様な生物による緑地・農地の創造

とが多いが，慣行栽培に比べれば非常に簡略化されている。

この栽培は，土壌侵食の防止，エネルギーの節減，播種と収穫時期の改善（最適な時期を選択できる），土壌水分の保持，燃料の節減，生産力（肥よく度）の増大，有用生物の増大，などの利点があり，連作を避け，**輪作**❶をおこなうことが効果的である。

図1の要領で製造した堆肥を活用し，不耕起による有機栽培をおこない，キュウリやハクサイなどを作付け，化学農薬を使用しないための工夫として**間作や混作**❷を取り入れた多品目の作物栽培に挑戦してみよう（図2）。

土壌生物の調査

有機栽培をおこなっている作物の，株元の表層の土とその上の堆肥などを一緒に採取し，土壌生物を調査❸をすることで，土が生きているといわれるわけを考えてみよう。

ミミズ，ダニ類，トビムシ類，ワムシ類，ワラジムシ・ダンゴムシ・ヤスデ・ムカデなどの節足動物，昆虫の幼虫など，どのくらい発見できるだろうか。土壌中といえばミミズが想像されるが，ミミズは骨がないため，排せつ物にはカルシウムなどが多く含まれるので，酸性土壌の改良に役立つことが明らかになっている。ミミズ，ダニ類，トビムシ類，ワムシ類などは，植物遺体をこまかく分解し，有機物の混じった肥えた土にしてくれる分解者なのである。

② 化学農薬を減らした作物栽培

作物を健全に育成するためには，積極的に病害虫から保護する対策が必要である。その方法としては，病害虫の発生予察，耕種的防除法，生物的防除法，物理的防除法，化学的防除法などがあり，予防と防除の方法をうまく組みあわせたりしておこなう必要がある。とくに，化学農薬による**弊害**❹を回避するために，発生予察を的確におこない，化学農薬以外の防除法を積極的に利用する総合的有害生物管理という考え方も生まれた。

じっさいの栽培計画のなかでは，作物を中心に，①土壌的要素，②気象的要素，③生物的要素を相互関連させながら立案していく。

---

❶作付体系（作物の栽培順序）には，同じ種類の作物を毎年栽培する連作と，作物の種類を一定の順序で変えて何年かごとにそのサイクルを繰り返す輪作とがある。連作によって，生育をわるくしたり収量を低下させたりする（連作障害）ことがあり，その回避に輪作をおこなう。

❷間作は，ある作物の特定の栽培期間中に，そのうね間や株周に他の作物を栽培すること。混作は，2種類以上の作物を同じ時期に作付けする栽培様式。

❸土壌生物試料を採取し調整するにあたっては，大型土壌動物試料，中型土壌動物試料，土壌微生物調査用の試料とそれぞれ異なる。ここでは，ツルグレン装置によって確認できる土壌動物を調査する（図3）。

❹①農薬は天敵やきっ抗作用をもつ微生物を殺してしまい，思わぬ病害虫の発生が増えたり，野生生物にも影響を与えている。②たび重なる農薬散布は，耐性菌や抵抗性害虫だけでなく，抵抗性の雑草まで生み出した。③分解の遅い農薬では，食品への残留をとおして人の健康への影響が心配される。

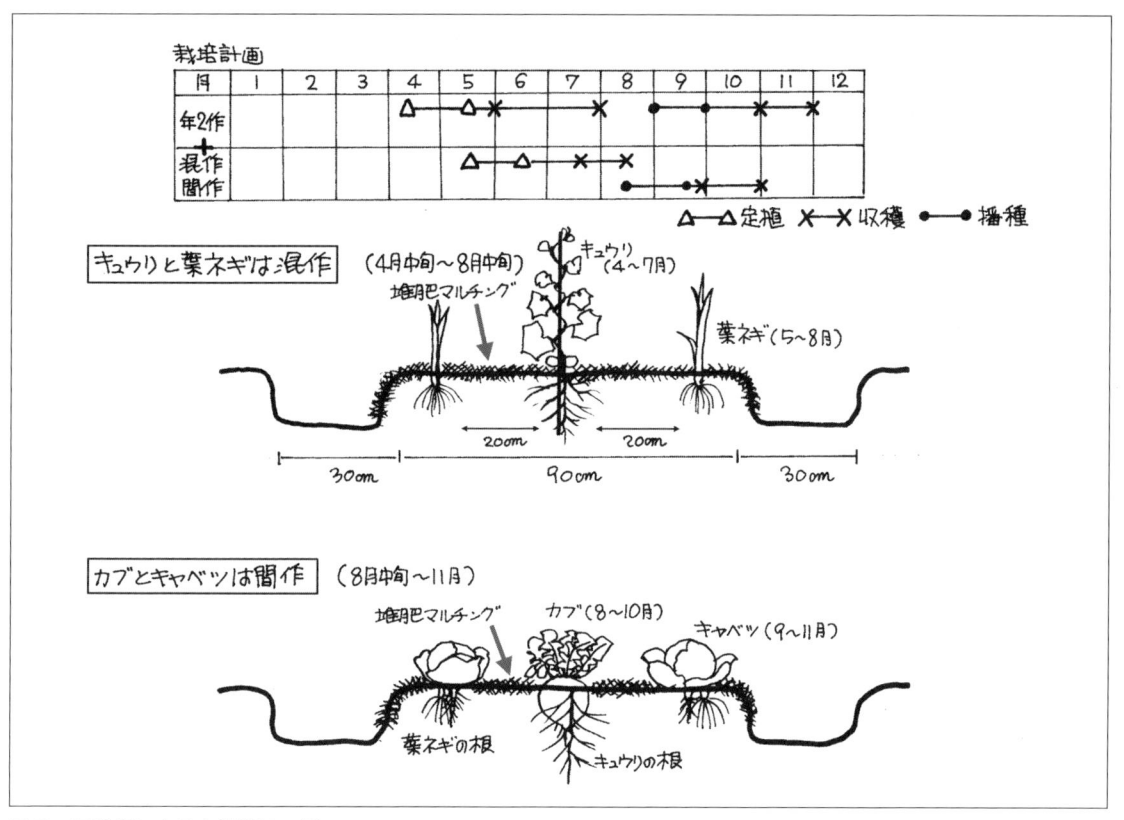

図2 不耕起による有機栽培の例

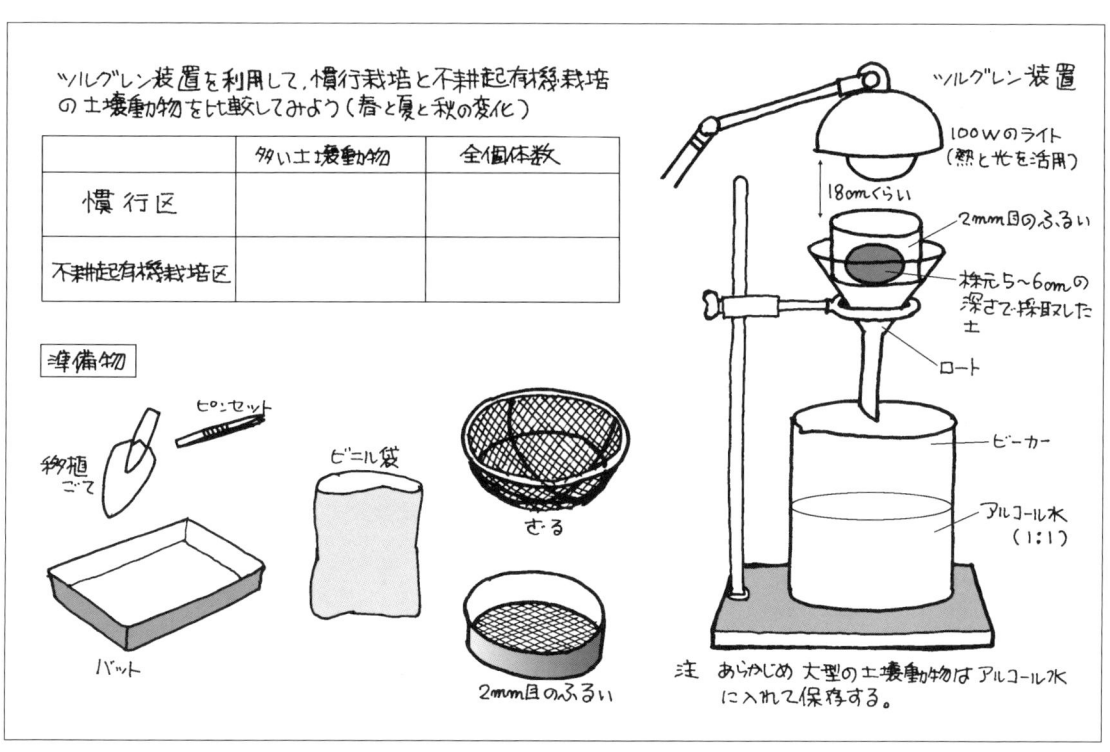

図3 ツルグレン装置を使った土壌動物の調査の方法

1　多様な生物による緑地・農地の創造

たとえば，土壌伝染性病原菌の集積防止や地力維持，土壌侵食防止と耕地にすむ生物どうしの相互関係に配慮しながら，有害な生物を見きわめることによって作物を保護していくものである。ここでは，生物的防除に挑戦してみよう。

化学農薬以外の防除剤

化学農薬以外の防除剤には，木酢液や植物抽出液などがある（表2）。木酢液は，蒸焼きにした木材の煙を冷却すると得られ，炭焼き時の副産物でもあるため，その採取・利用は森林資源の有効活用にもつながる（竹材から採取した竹酢液も利用されている）。しかし，樹種や製法により成分が異なるので，注意が必要である。

実際の防除にあたっては，病気の発生しやすい時期（梅雨期の降雨前後など）には発生予察と木酢液や植物抽出液などによる予防・早期防除につとめ，化学農薬はピンポイントとして活用するといった工夫もされている。

生物的防除法

天敵の利用，性フェロモンによるトラップや交信かく乱法[1]，不妊虫放飼法[2]も注目されている。

天敵の利用は，害虫が寄生した農作物へ天敵となる昆虫を生きたまま大量にばらまいて駆除する方法で，化学農薬とちがって土壌中に残留して環境を汚染することはない。ミカンの産地では，ヤノネカイガラムシを天敵のヤノネコガネバチで駆除している。

また，性フェロモンの利用は，害虫を誘引，捕獲して害虫を駆除するため，広範囲に農薬散布することは必要とせず，薬剤散布量を少量に抑えるとともに，労働時間を短縮できる。しかし，その効果は作物の種類や栽培条件などによって異なったり，効果があらわれないこともある。

このような場合は単一での防除ではなく，木酢や植物抽出液などと組み合わせることによる減農薬栽培[3]もすでに研究されている。害虫をすべて防除するのではなく許容水準以下に減らす，という環境に配慮した農業が確実に成果をあげてきている。

フェロモントラップによる発生予察

手製のフェロモントラップ（図4）を考案して，サトイモやヤマイモ，ダイズやナス，イチゴや葉菜類に被害を与えるハスモンヨ

[1] 人工的に合成した性フェロモン剤を高い濃度で空中に放出して雄と雌との交信を乱し，交尾できなくする方法。

[2] 沖縄県に侵入して定着し大害虫となったウリミバエを根絶した方法。ウリミバエを増殖し，それに放射線をあてて，精子に優性致死突然変異という異常をもった雄（不妊雄）をつくり出し，野外に放出する。この雄と交尾した雌の体内の卵子に異常な精子がはいり，産卵後すぐに死にいたる。このような操作を続けてウリミバエを絶滅させた。

[3] 世界的な食料問題を考えると，殺虫剤や殺菌剤などの農薬を完全に追放することはできない。しかし，化学農薬による弊害をしっかり受けとめ，発生状況を予察し，それにもとづいて必要な時期，場所にだけ適切に農薬を使用するという栽培法。

トウを捕獲し，トラップの効果を確認してみよう。

　トラップでハスモンヨトウの一部を捕獲するだけでは直接的な畑の防除には結びつかないことがあるが，発生調査として有効で，害虫の生活サイクルから今後の発生状況を予測できる。そのため
5　早期の対応と，目的とする減農薬栽培が可能になる。

表2　木酢液や植物抽出液の効果

材料	使用部位	使用法	効果
広葉樹 針葉樹	木材	蒸焼き抽出液（木酢液）	消臭，病害虫防除（うどんこ病，灰色カビ病，葉ダニ類，カイガラムシ，土壌中のセンチュウ）
アセビ	枝，葉，花	抽出液	抗菌，害虫駆除
トウガラシ	果実	抽出液	抗菌
ニンニク	根，茎	抽出液	抗菌
ヨモギ	全草	抽出液	抗菌

注　自分たちで抽出する場合や使用する場合は，化学農薬同様に十分注意する必要がある。

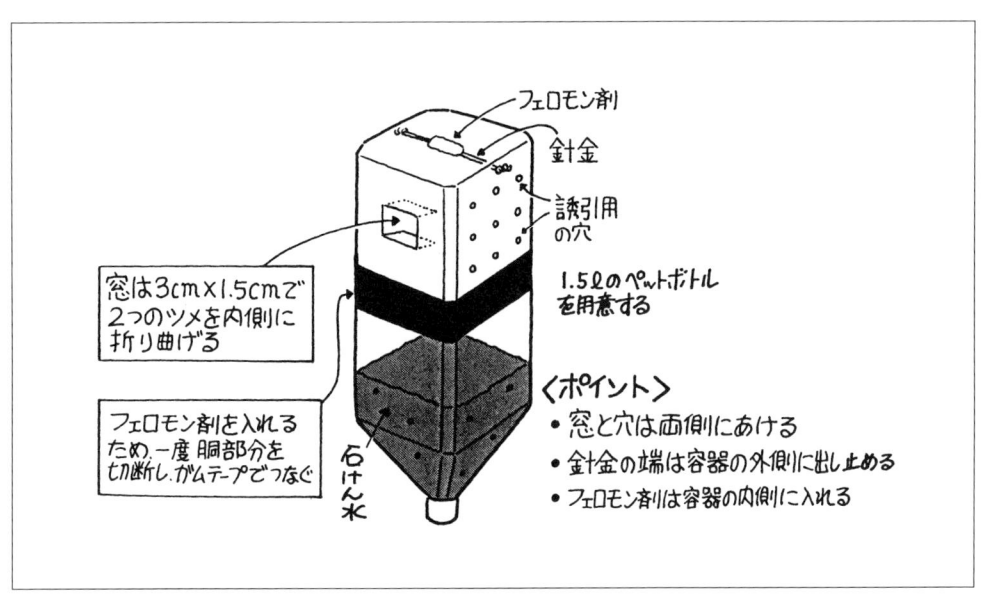

図4　手づくりのフェロモントラップの例（ハスモンヨトウ用）

3　除草剤を使わない作物栽培

　雑草防除の基本的な考え方は，①雑草の発生を防止すること，②雑草が発生してきたら直接的に取り除くことである。その方法としては，雑草の繁殖特性に対応した耕起や田畑輪換，たん水，しろかきなどによる**生態的防除**[❶]，アイガモやコイ，フナなどを活用した**生物的防除**[❷]，中耕除草機や各種マルチなどによる**機械的・物理的防除**，除草剤による**化学的防除**がある（図5）。近年では，アレロパシー[❸]を活用した防除法の開発・利用も進んでいる。

田畑輪換

　田畑輪換（水田輪作）は除草剤を使用しない作物栽培には効果的であり，水田から畑へ（多湿から過乾へ），あるいは畑から水田へと雑草の生育環境を変えることによって，その発生を抑制するものである。この方法は，面積的にはわずかであるが，イタリア，アメリカ，ロシア，エジプト，インド，フィリピン，中国，台湾，日本などで，広くおこなわれている（表3）。

アイガモなどの利用

　各地で，水田1年生雑草の防除に，アイガモとよばれる水鳥や，コイやフナ，ドジョウなどの淡水魚が利用されている。アイガモは水田の雑草や害虫を直接えさにする，コイやフナ，ドジョウは水中でえさを探して泳ぎ回ることで土をかくはんして小さな雑草を浮き上げてしまう[❹]，そのことによる除草効果を利用する。

　田畑輪換を加えたこの雑草防除は，持続可能な農業に有効で，有機栽培ではなくてはならないものとなっている。アイガモや淡水魚は，最後には食用として利用することもできる。

マルチングの活用

　集約的な野菜栽培などに欠かせないマルチング資材として，プラスチックフィルムにかわり，田畑で分解する再生紙などの紙を利用したものも開発・利用されるようになった。

　また，アレロパシー作用をもつ植物によるマルチングもおこなわれるようになった。たとえば，ヘアリーベッチという植物による株もとのマルチングがそれである。これは，雑草と作物とで競合する光や養水分，アレロパシーの作用を総合的に活用して雑草

[❶] 耕種的防除ともいう。たとえば，種子繁殖の特性から，①土壌中の種子量を減らす，②いっせいに発生させて効果的に防除する，③発生消長を予測して適期防除する，など雑草と作物との生理・生態的特性にもとづいておこなわれる防除法で耕起，水管理がある。

[❷] 昆虫，魚貝類，小動物，病原菌，微生物などを利用して，雑草の生育や繁殖を抑制する方法。日本では，アイガモやカブトエビなどの利用例がある。

[❸] 植物の生体や遺体から放出される物質が，周辺の植物の発芽や成長に影響を及ぼす現象。アレロパシーの物質として，フェノール酸やセイタカアワダチソウなどのキク科に多いポリセチン化合物などが知られている。

[❹] 水が濁って遮光されるため，雑草の発芽や生育が抑えられるなどの効果もある。

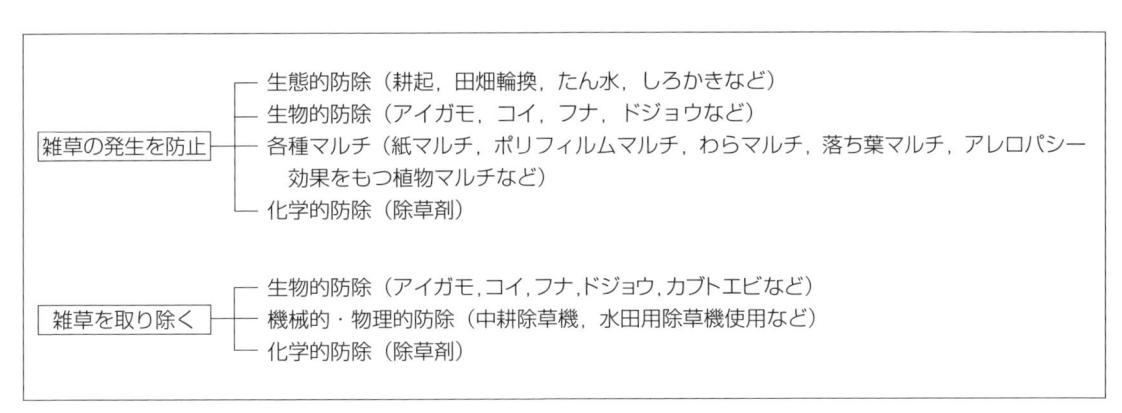

```
                  ┌─ 生態的防除（耕起，田畑輪換，たん水，しろかきなど）
                  ├─ 生物的防除（アイガモ，コイ，フナ，ドジョウなど）
  雑草の発生を防止 ─┼─ 各種マルチ（紙マルチ，ポリフィルムマルチ，わらマルチ，落ち葉マルチ，アレロパシー
                  │     効果をもつ植物マルチなど）
                  └─ 化学的防除（除草剤）

                  ┌─ 生物的防除（アイガモ，コイ，フナ，ドジョウ，カブトエビなど）
  雑草を取り除く ──┼─ 機械的・物理的防除（中耕除草機，水田用除草機使用など）
                  └─ 化学的防除（除草剤）
```

図5　雑草防除の考え方とその方法

表3　各国の輪作様式の例

国名	輪作様式
イタリア ロシア	水稲－水稲－水稲－コムギまたはエンバクと多年生牧草の混まき－牧草－牧草（6年輪作）
インド	トウモロコシ－サトウキビ－サンペンプオウマ・エンドウ－水稲－ウリ科・水稲（5年輪作）
中国	水稲－ソラマメ－ワタ－コムギ
台湾	水稲－水稲－サトウキビ（2年輪作） 緑肥－水稲－サトウキビ－サトウキビ（3年輪作）
日本	ムギ類－スイカ（サトイモ，キュウリ，その他）－ムギ類－水稲（水稲は2～3年連続）

アイガモによる除草（左）と動力除草機による除草（右）

を抑制するもので，トマトの栽培では，プラスチック資材と同様の効果が確認されている。また，ヘアリーベッチの導入による土壌の肥よく化の効果も確認されている。

また，水田雑草の防除には田植え後の米ぬかが有効[1]で，くわえて土壌の環境によい効果があることも確認されている。

雑草の調査

これまでみてきたことから，作物と雑草の関係は相互に直接的，間接的に影響を及ぼしあっていることが理解できる。そのため雑草防除は，雑草の生活史や環境変化への対応の仕方を知ることで，的確に対応することが可能になる。その手はじめに，校庭に出て生育型によって植物を分類し，かんたんな分布図を作成してみよう（図6）。

また，名前のわからない植物は，友人に聞いたり，ディジタルカメラで撮影したりすることによって，図鑑の検索システムで和名と学名を知り，生活環からの分類（1年生雑草，多年生雑草，➡p.99 表3），繁殖型からの分類（散布器官型，地下器官型など）をおこない，調査量を増やしていく。さらに，生育地や葉の形態，根の深さによる分類へと進展させていこう。

くわえて，除草剤使用後の雑草発生調査ができるようであれば，環境や作業の安全に十分配慮したうえで実施したい。

4 転作田・耕作放棄地などの多面的活用

近年，増えている休耕田や耕作放棄地（田，畑，樹園地）などの不作付け地は，適切な管理がなされないと，雑草や雑木の侵入と生育によって4～5年で原野の状態になる。雑草を抑制し，将来，ふたたび耕地として復元できる省力管理技術が求められている。このような省力管理技術は，水田，畑，果樹園，桑園などにもあてはまる有効な技術であって，環境保全には欠かせない考え方でもある。そこで注目されるのが，グラウンドカバープランツ[2]の利用である。

グラウンドカバープランツの利用

グラウンドカバープランツには，①雑草抑制，②地力増進，③土壌侵食の防止，④生態系全体の制御，⑤景観形成，などの機能

---

[1] 田植え後1週間から10日に，10a当たり100～150kgの米ぬかを全面に散布するか，水口から流し込むことによって，ほぼ完全に除草が可能である。米ぬかの除草効果は，微生物などの繁殖による表層での酸欠と還元状態，および遮光効果と推定されている。また，米ぬかの分解の過程で生成される低分子有機酸類（酢酸，酪酸，プロピオン酸，吉草酸など），硫化水素，アンモニアによるアレロパシーの作用も考えられる。

[2] 地被植物（ground cover plants）あるいは地被（ground cover）ともよばれ，地表面を低く密におおう植物のことで，「草本・木本の別，野生種，園芸植物，その他植物学上の種別は問わず草丈の低いもの，刈り込みによって草丈を低く維持することが可能な植物」とされる。

▲ヘアリーベッチ（左：開花期，右上：生育期，右下：開花後）

米ぬかによる雑草防除▶
（左下：ぬかの中を元気に泳ぐ水生動物）

直立型 シロザ ブタクサ	ほふく型 シロツメクサ カタバミ
分枝型 コニシキソウ ミチヤナギ	ロゼット型 タンポポ オオバコ
そう生型 スズメノテッポウ スズメノカタビラ	一部ロゼット型 ヒメジョオン ハルジオン
つる型 コヒルガオ カナムグラ	にせロゼット型 オニタビラコ

図6　生育型（草型）による雑草のタイプ

1　多様な生物による緑地・農地の創造

が期待される。なかでも，雑草抑制は省力的で低コストな管理を実現するうえで重要になる。

雑草抑制のしくみは，光の遮へいと養水分の競合，アレロパシーなどによるもので，雑草を抑制するはたらきのある作物に，オオムギ，ライムギ，エンバク，ヘアリーベッチ，ヒマワリなどが知られている。また，これらを適期にすき込むことによって，有機物の補給と地力の増進効果も期待できる。

このように，あぜへのグラウンドカバープランツの導入は，農地やあぜなどの維持管理労働の軽減につながり，さらに，景観形成の機能もそなえた植物を植栽することで多面的活用も実現できる（図7）。導入にあたっては適切な維持管理，導入種の選定，在来植物への影響や生態系に対する配慮が重要になる。

ケナフの活用

ケナフは，地球規模の環境問題への関心の高まりのなかで，その多面的な利用が注目されている[1]。しかし，ケナフは繁殖力がおうせいな外来植物であるため，わが国の生態系に悪影響をおよぼす危険性もはらんでいる。その導入にあたっては，周囲の生態系への影響を十分に確認しながら進める必要がある。

ケナフの特徴は，木材繊維にかわる新しい非木材紙資源となるので，製紙目的の森林伐採を抑制して，森林の二酸化炭素の吸収・蓄積能力をそこなわないという点にある。さらに，飼料作物としての活用[2]なども考えられている。田畑輪換での水稲と交替栽培の可能性も検討されている。栽培が容易で，連作を避け，風害や虫害に注意するていどでよいことも利点である。また，増加する耕作放棄地へのケナフの導入は，その生態からグラウンドカバープランツとしても有効である。ただし，茎が太く，機械化による収穫作業の能率向上が課題となっている。

休耕田の多面的活用

環境に対する意識の高まりとともに，市民の力で休耕田を多面的に活用しようという提案も出されるようになった。たとえば，ホテイアオイ（ミズアオイ科）やハス（スイレン科）などを導入し，水生植物園として景観を楽しもうというものや，絶滅危惧種であるヒメイバラモ（イバラモ科），フサタヌキモ（タヌキモ科）

---

[1] アオイ科ハイビスカス属の1年草で，別名ホワイトハイビスカスともいう。アフリカが起源とされて，熱帯や東南アジアの亜熱帯，インドなどでは野生植物として自生している。現在は，東南アジア，インド，中国，アフリカ，カリブ海沿岸，アメリカの11州と，世界的な森林保護の要望から木材にかわる資源として栽培国は増えている。

[2] 青刈りケナフは，可消化粗タンパク質（DCP）が高く，消化性にすぐれており，搾乳牛向けの粗飼料として有望である。

水田へのヒマワリの導入例

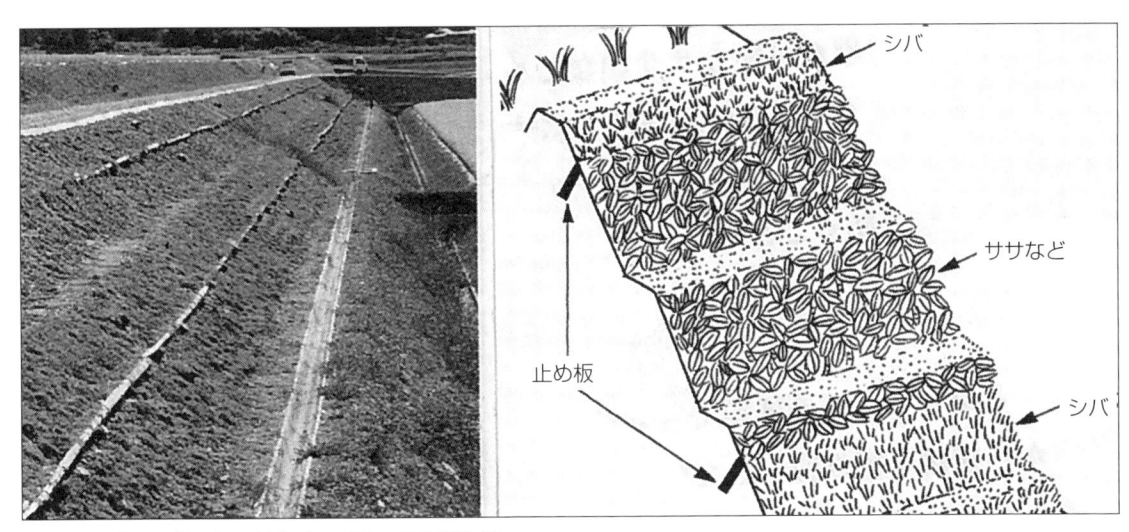

図7　あぜへのグラウンドカバープランツの導入例

ケナフの生育状態（左）とその花（右）

1　多様な生物による緑地・農地の創造

などを含む，多様な植物を維持するための自然保護園にしようというものもある。

また，コイ，フナ，ナマズ，ドジョウなどの食用や水田除草用の淡水魚を増殖するための養魚場や，水生昆虫やメダカなどの増殖の場をかねたビオトープ（→ p.140）としての活用などもある。導入にあたってはグラウンドカバープランツと同様に，適切な維持管理，生態系に対する配慮が重要である。

⑤ 多様な農業生物，希少植物の維持・増殖

農業生産では，いろいろな特徴をもった作物や家畜の在来品種が古くは使われていた。しかし最近では，経済性の高い少数の品種だけが全国的に使われ，在来品種が失われている。在来品種のなかには，収量が低かったり，品質が低かったりはするものの，酸性土壌や低温などの劣悪環境でも生育できる作物品種や，野草を食べておうせいに成長できるウシの品種などがある。これらの在来品種がなくなり，特定の品種だけになると，異常気象や病害虫の多発年には，収穫が激減するなど，農業生産が不安定になる。

一方，野生植物のなかにも，絶滅の危機にひんしているものが少なくない（表4）。これを放置することは，名前も知らない植物が自然から消え去るという単純なものではなく，次世代にかけて活用すべき多様な資源としての生物がなくなるということでもある。たとえば，農業の生産性向上を支えてきた品種改良の原種や，私たちの暮らしに利用される油，ゴム，繊維，染料，また植物からつくる化合物を原料とする医薬品，などの原料が失われることを意味するのである。

また，自然の生態系に生息するさまざまな生物の共同作用によって，土壌の生産力の再生産や水や大気の浄化がおこなわれている。生物種の減少は，こうした生態系のはたらきをゆがめて人間の環境をも悪化させるおそれがある。

| 野生植物の現状 | 野生植物の絶滅の危険性について世界規模で調査し分析したところ，8種に1種が絶滅の危機にあるという。日本の場合，6種に1種がすでに絶滅して

休耕田に導入したハナショウブ（左）とスイレン（右）

表4　危機にさらされている植物種（1997年）

状　況	総数 (種)	割合 (%)
調査対象となった種の総数	242,013	
危機にさらされている種の総数	33,419	14
絶滅の危険性が増大している種	7,951	3
絶滅の危機に瀕している種	6,893	3
本来希少である種	14,505	6
特定できない種	4,070	2
すでに絶滅した種の総数	380	<1

（Kerry S. Walter and Harriet J. Gillett, eds., *1997 IUCN Red List of Threatened Plants* 〈Gland, Switzland: World Conservation Union-IUCN, 1997〉）

在来品種の例（上：草を主体にした飼育〈放牧〉に向く褐毛和種，右上：耐暑性・耐病性の強いカワズウリ）

1　多様な生物による緑地・農地の創造　**137**

しまったか，このまま放置すれば確実に絶滅に向かってしまうと危惧されている。その原因は，①湿地の乾燥化と森林の伐開による環境破壊，②園芸を目的とし，とくに商取引きが関わる採取，③地球温暖化などによる急激な環境の劣化，などで，われわれ人間が深く反省しなければならないものばかりである。

たとえば，はなやかなピンクの色をつけて咲くサクラソウ（サクラソウ科），愛好者の多いエビネ（ラン科）やアツモリソウ（ラン科），1科1属1種のシラネアオイ（シラネアオイ科），春の花として重宝されるフクジュソウ（キンポウゲ科），ヒメサユリ（ユリ科），用水路や沼に群生するミクリ（ミクリ科），などの自生地の確認❶と保存は，地域に住む私たちの責任でもある。

希少植物の保護増殖

絶滅の危機にひんしている種のリストを調査してまとめたものが，**レッドリスト**❷である。レッドリストに沿って地域の植物の動態を確認し，分布マップを作成することは意義深いことである。

絶滅の危機にある種(しゅ)を保存するためには，その生息する環境の復元が優先されるべきであるが，もはや手遅れで，自生地から姿を消してしまう種もある。このような場合，自生地では絶滅したが各地で栽培されることで種が保存され，資源として有効に活用されているイチョウのように，できるだけ増殖し，多くの人に株を増やしてもらうのも1つの方法である。

また，希少植物であっても，作物栽培上，雑草に類するもので増殖しても好んで栽培しようとしないものについては，植物園のような施設で種の保存に努めることも必要な方法である。

希少植物となったエビネやアツモリソウ❸などのラン科植物やユリなどを，増殖を目的に採取し，施設内で同じ地域集団のものと交配させ，無菌播種によって増殖した株を現地に植え戻す方法もあるが，植え戻したあとの調査はもっと重要である❹。

---

❶広い範囲を単独で調査することはかなりの時間を要する。そこで，関係機関（たとえば，博物館や郷土資料館，大学の理学部）へコンピュータでアクセスして資料を入手したり，直接目的を伝えて協力を依頼したりする。

❷1989年11月に，『我が国における保護上重要な植物種の現状』が日本自然保護協会・世界野生生物保護基金日本委員会から発行された。絶滅の危機にひんする895種のリストが危機の主因を含めて収録されている。

❸希少植物であるアツモリソウの人工培養に成功。困難といわれてきた培養による増殖方法を確立し，地域に苗を供給している高校もある。

❹植え戻す場所は，採取した場所に限定することはいうまでもないが，A地のものをB地にも移植することは，絶対に避けなければならない。それは，野生生物は，種内変異を維持することで，生存が確保されるものだからである。

わが国の希少植物（左上：アツモリソウ，右上：シラネアオイ，左下：ヒメサユリ，右下：ミクリ）

参考 「レッドリスト」って何？

　日本において絶滅のおそれのある野生生物の種のリストのことを「レッドリスト」（レッドデータブック）とよんでいる。そのなかでは，環境省のレッドリストが代表的なもので，植物版と動物版（両生類・は虫類，哺乳類，鳥類，汽水・淡水魚類）とがある。地域ごとに作成された同様のリストもある。環境省のレッドリストは，絶滅危険度によって，以下のように分類されている。

　絶滅（わが国ではすでに絶滅したと考えられる種，53の植物）

　野生絶滅（飼育・栽培下でのみ存続している種，15の植物）

　絶滅危惧〔1〕類（絶滅の危機に瀕している種，1,098の植物）

　絶滅危惧〔2〕類（絶滅の危機が増大している種，628の植物）

　準絶滅危惧（現時点では絶滅危険度は小さいが，「絶滅危惧」に移行する可能性のある種，153の植物）

　情報不足（評価するだけの情報が不足している種，436の植物）

2 生きものに配慮した環境創造の方法

1 環境創造の基本的な考え方と手順

地域の環境とその変化　わが国の地域をかたちづくってきた基本的な環境には，水田（かんがい水路やため池を含む）や畑，放牧地・採草地などの草地，屋敷林や社寺林，里山の二次林，奥山の自然林，などがある。それぞれの環境には，その環境特有の生物の集まり（生物群集）がみられ（→ p.15），他の環境と区別できる環境条件をもっている。このような，生きものの生活圏あるいは生活環境（ビオトープ❶）が大きく変化している。とくに，水田や二次林，草地などは変化が激しく，その復元・創造が求められている。

環境創造の手順と考え方　**生きものに配慮した環境創造の手順**　①生きものはどのような環境を必要とするかを知る。

②生きものが必要とする環境は，地域（農村）のどのような場所で，どのような管理のもとで守られてきたかを知る。

③生きものの生息場所をじっさいにつくって観察・維持する。

地域の環境と生物相の調べ方　①昔の地域の環境を，古い時代の地図（地形図）や写真❷などから読み取る（図1）。

②古い時代の地図や写真などから明らかになった昔の環境が，現在はどのように変化しているかを，現在の地図と比べながら明らかにする。

③昔はどのような環境だったか，どんな生きものがすんでいたか，をお年寄りに聞いたり本で調べたりする。

④これらの作業から，どんな環境を復元したらよいかを考える。

⑤1万分の1から5,000分の1縮尺の地形図をもとに，生きものの生息地（池，川，水田，畑，林，草地など）を探し，生きものを調査する（図2）。

⑥調査結果を⑤で使った地形図に書き入れ，地域の生きもの地

❶特定の生物群集が生存できるような，特定の環境条件をそなえた均質なある限られた地域のこと。

❷明治時代に測量された2万分の1縮尺図（迅速測図），大正時代に測量された5万分の1縮尺図，この地図を昭和20年代に応急修正した2万5,000分の1縮尺図や，1940年代にアメリカ軍によって撮影された航空写真などがある。

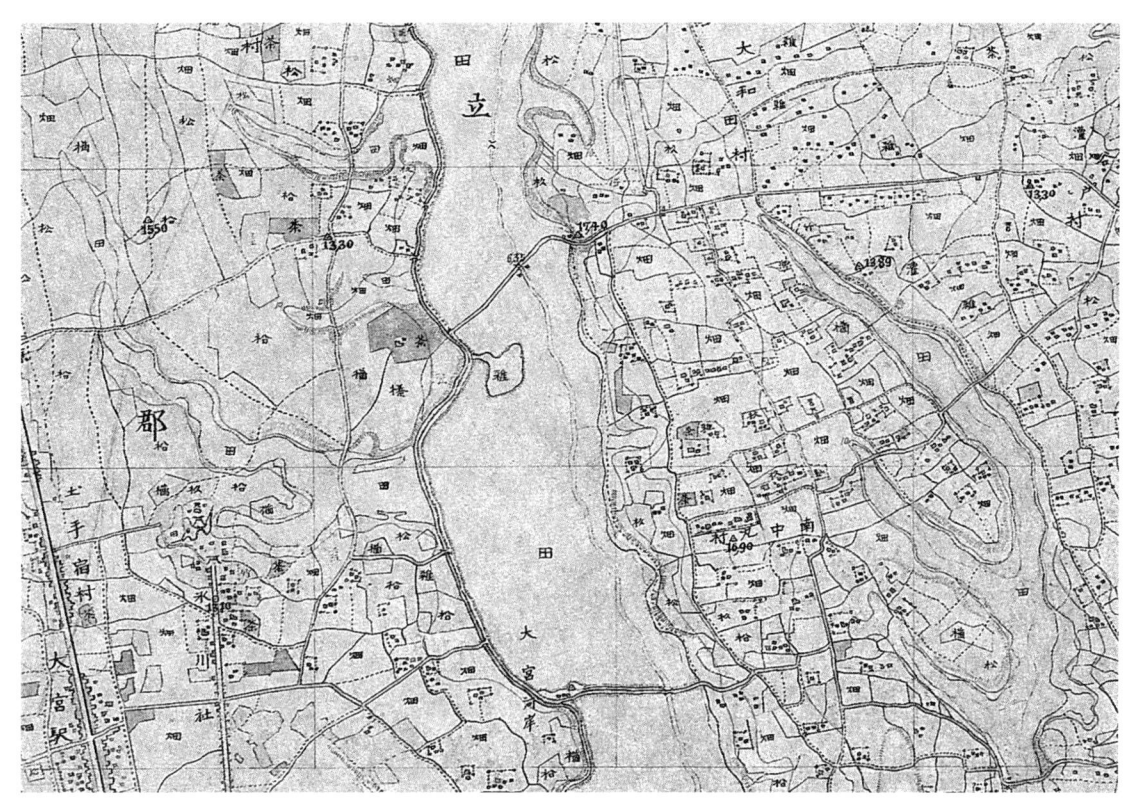

図1 古い時代の地図（明治前期の迅速測図）

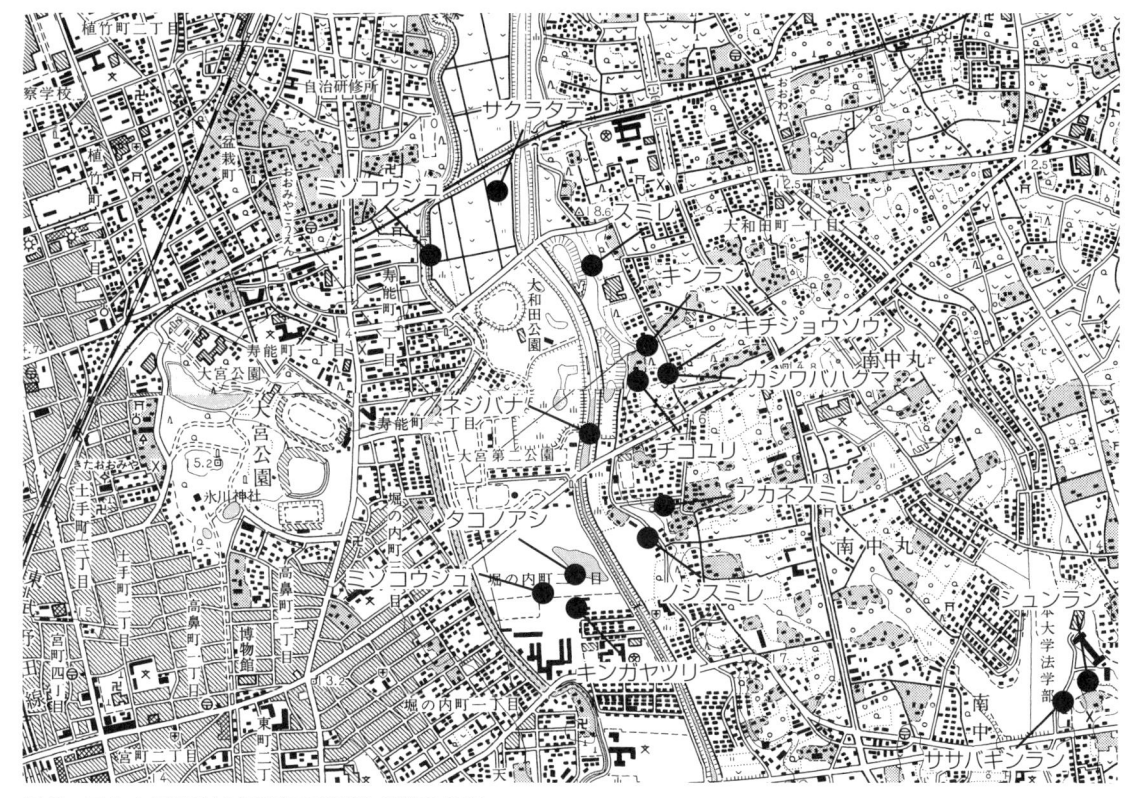

図2 図1と同じ地域の現在の状態と植物の分布

2 生きものに配慮した環境創造プロジェクト

図をつくる。

⑦この調査結果をもとに，復元した環境に戻ってくることが期待できる生物（地域の同じような環境にいまも生存している生物），当面は戻ることが期待できない生物（昔はいたが，いまは地域から姿を消した生物）を考える。

2　水田，かんがい水路，ため池の整備

水田の生物たち　水田は水系（かんがい水路）をとおして移動する生物（魚，軟体動物）が多く生息する場でもある。水田に一年中通水すると，メダカ，ドジョウ，イモリなど多くの生きものが水田で生活できる。また，春先（暖地では2月）からの通水によっても，ニホンアカガエル，ヤマアカガエル，トウキョウサンショウウオ，カスミサンショウウオなどの産卵やトンボの羽化も可能になる❶。

水生昆虫には，ため池と水田を利用する種類がある。ため池で越冬したゲンゴロウ，ミズカマキリなどは田植え後の水田に移動して産卵し，ふ化した幼虫は水田の豊富な生物を食べて成長し，成虫になってから水田の水が落とされる前にふたたびため池に戻って越冬する。したがって，これらの水生昆虫を保持するためには，水田とため池をセットで整備する必要がある。

水田の整備　ゲンゴロウ，ミズカマキリなどの水生昆虫を保持するためには，えさとなるオタマジャクシ，ドジョウ，メダカなどの両生類や魚類の豊富な水田にしなければならない。魚を豊富にするためには，かんがい水路から魚がそ上できるようにする，一年中魚がすめる水田にする，隣接する水田から魚が移動できる構造になっている，のいずれかを保障しなければならない。

両生類の豊富な水田を維持するためには，かんがい水路の護岸を土または植生とし，かんがい水路から水田へ成虫が移動できるようにしておく必要がある。また，ゲンゴロウ類はあぜの土の中にまゆをつくってさなぎになるので，あぜをビニルシートでおおったりコンクリートのあぜにしたりしてはならない。

❶これらの両生類の幼生は5月中に変態を終え陸に上がるので，耕起や田植えを6月におこなえば影響を与えない。トンボには5月中に羽化する種も少なくないので，このような水田なら多くのトンボが羽化できる。

やってみよう
生物が多く生息する水田は湿田で，周囲に林がある谷津田である。学校のほ場に斜面樹林に接した水田がある場合には，斜面樹林を含めた谷津田を造成し，冬も水を流して湿田にしてみよう。そしてどのような生物が出現するか観察しよう。

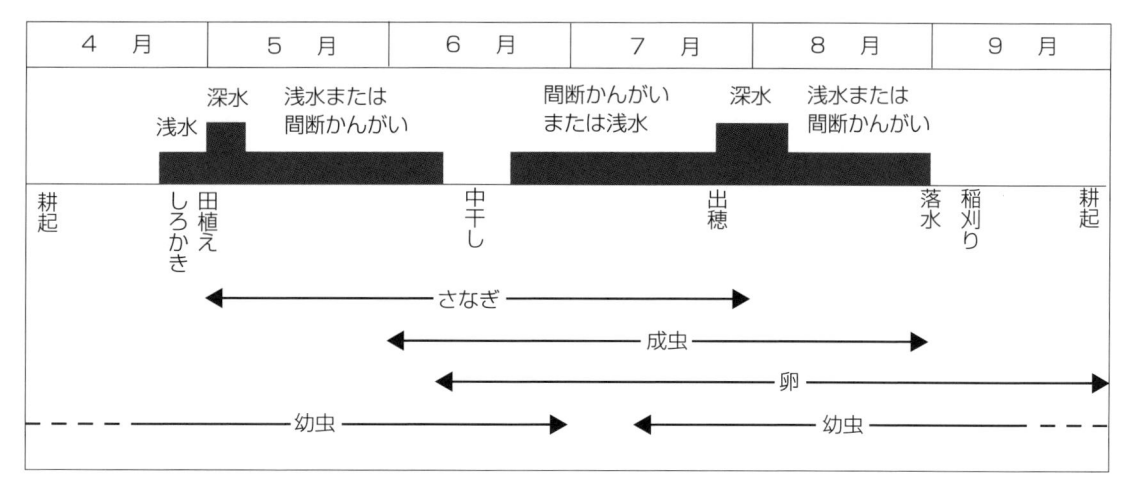

図3 水田の水管理とヘイケボタルの一生

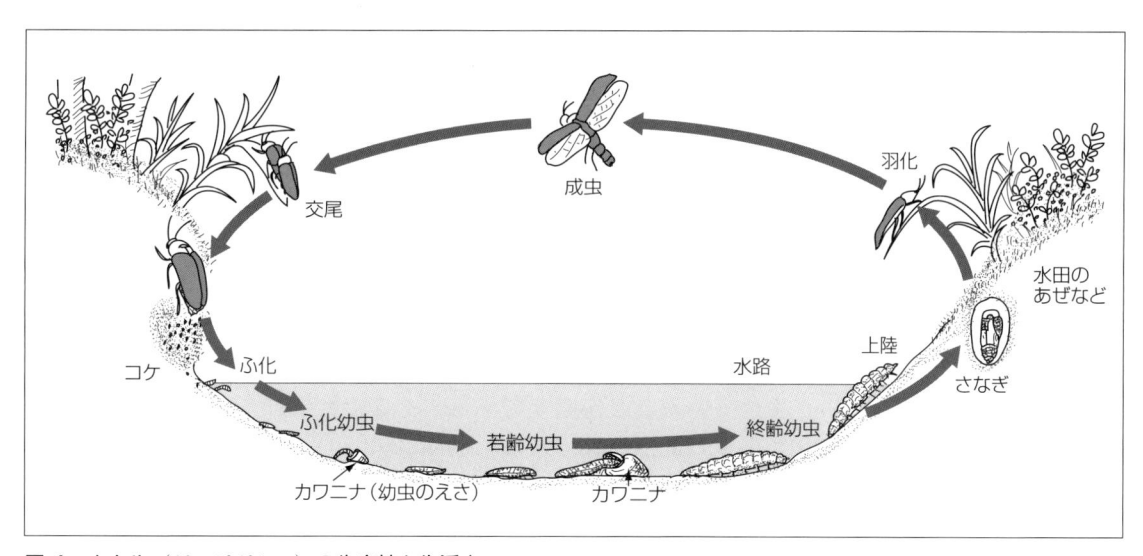

図4 ホタル（ゲンジボタル）の生息地と生活史

> [!NOTE]
> コラム
>
> ### ヘイケボタルの生態と水田 （図3,4）
>
> 　ヘイケボタルは産卵，まゆづくりとも，あぜの土の中でおこなうので，土のあぜを残す必要がある。幼虫やそのえさとなるモノアラガイ，ミヤイリガイ，タニシ，サカマキガイなどが生息するためには，湿田，もしくは秋から春の期間，少なくとも土が湿った状態で維持されることが必要である。
>
> 　ヘイケボタルも他の多くの水生昆虫も，水田が耕作放棄されると数年のうちに消滅する。したがって，これらの昆虫を保全するためには耕作を続ける必要がある。
>
> 　なお，ヘイケボタルはスクミリンゴガイ（ジャンボタニシ）を食べることがわかっている。スクミリンゴガイが増殖している地域では，冬期間水田の土を湿った状態で保つと，ヘイケボタルが増えて，スクミリンゴガイを減らすことが可能になる。

2　生きものに配慮した環境創造プロジェクト

用水路の整備

用水路は，河川やため池から水を引き水田に供給する水路である。水が流れているので，そこにすむ水生昆虫は流水性の種類になるし，魚は河川の中流域に設けられた頭首工（取水せき）からはいってくる種類が多いので，中流域の魚が中心になる。この環境で生きものの生息を保障するためには，生きものが流されないように，もぐったりつかまったりできる場所をつくる必要がある。そこで次の点に注意しよう。

河床の手入れ　水路の底面（河床）が砂で維持されていると，シマドジョウやスナヤツメなどが生息できる。河床がコンクリートの水路では，石をところどころに固定しておくと，その前面に砂がたまり（図5），これらの生物の生息場所ができる❶。

ゲンジボタルの幼虫は，浮き石の下にもぐって生活するので，浮き石が必要である。そこで，固定した石の前面にも石をおいて，浮き石とする（図6左）。浮き石は魚の生息場所にもなる。

沈水植物の植栽　ハグロトンボやカワトンボのヤゴは，よく茂ったエビモ，ササバモ，セキショウモ，バイカモなどの沈水植物のあいだで植物の茎にしがみついて生活するので，沈水植物が生えていることが必要である。そこで，これらの植物を石の前面のたまった砂に植え付ける（図6右）。

流れがはやい水路では，護岸を空石積みとしたり（図7左），コンクリート護岸の水路では壁面にふとんかごをおいたりして（図7右），石のあいだにミクリ，ミゾソバ，アキノウナギツカミなどの植物を植える。これらの植物は，水流によって沈水植物に似た生え方になる。

壁面，護岸の手入れ　ゲンジボタル（写真）やガムシは水路壁面の土の中にもぐってさなぎになるので，壁面が幼虫が水中からはい上がれる構造になっていたり，幼虫がもぐれるような湿ったやわらかい土であったりすることなどが必要である。このような場所は，ゲンジボタルの産卵場所としても必要である。流れのゆるやかな小水路では，セキショウなどを護岸に植栽するとよい。

排水路の整備

排水路や水田にはいってくる生物は，河川の下流域にすみ，止水環境を産卵場所にす

❶この工法を使って底に水がたまるような工事をすると，冬に水が流れない水路でも水生生物が生きられるようになる。

ゲンジボタル

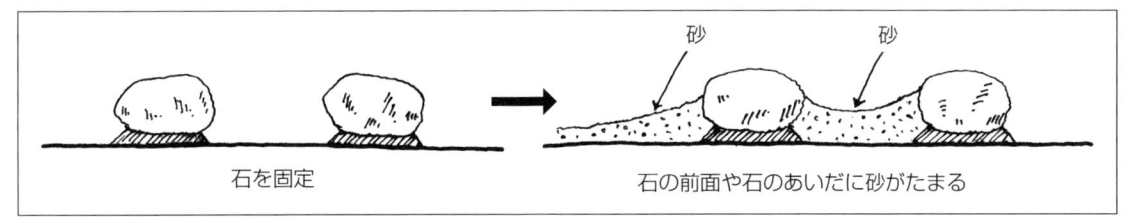

図5 コンクリート河床の手入れ方法

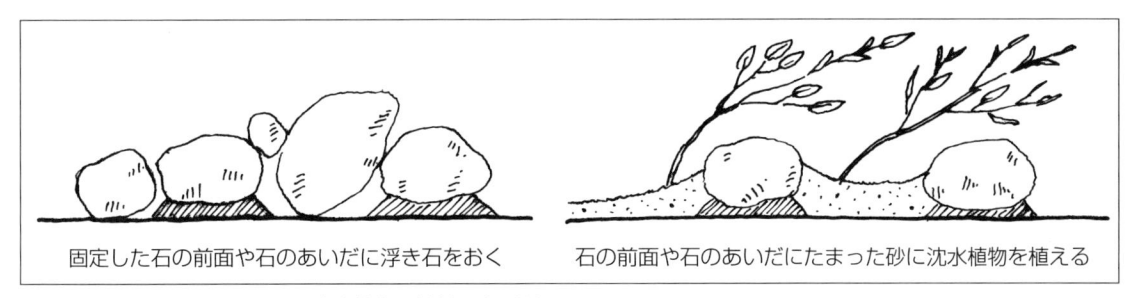

図6 浮き石のおき方（左）と沈水植物の植付け方（右）

図7 空石積みの仕方（左）とふとんかごのおき方（右）

いま，復元・創造が求められる環境

水田 かんがい水路の三面コンクリート護岸化などにより，ビオトープとしての役割が低下している。また，水田に水を引くため池は，埋め立てによってなくなったり，周囲をコンクリートで護岸されたりして，ビオトープとしての役割をなくしてしまったものが増えている。

二次林 雑木林は，毎年下草刈りと落ち葉かきがなされていたほか，15〜30年に1度の割合で伐採され，切り株から出たほう芽が育てられてまた林になる，というかたちで管理された「明るい林」だったが，現在は管理放棄されたところが増えている。そのような林では林床がササでおおわれたり，暖地では常緑広葉樹の若木が芽生えたりして，「暗い林」に変化しており，明るい林特有の生物が姿を消している。また，都市化などによって林そのものがなくなっている場合も少なくない。

草地 ウシやウマが役畜（荷物を運んだり田畑を耕したりするなど，労働力としての役割をもつ家畜）として飼われていた時代には，各地に放牧地，採草地などの草地が存在した。現在これらの草地は林に遷移しており，草地特有の生物が姿を消している。

2 生きものに配慮した環境創造プロジェクト **145**

る生物（コイ，フナ，ナマズなど）や，ゆるやかな細流や止水にすむ生物（ドジョウ，メダカなど）である❶。

　これらの生物は排水路をそ上してくるので，排水路の中や河川への落ち口にある落差工や急流工をなくす工事を進める必要がある。落差工がある場合には，その下にふとんかごをおき落差を解消する（図8①）。急流工がある場合には，そのコンクリート底に石を固定して浮き石が流されないようにして，浮き石で河床をおおうようにする（図8②）。

　U字溝の手入れ　水田からの排水が落ちる水路がU字溝になったり，三面コンクリート張りになったりしている場所では，水生生物はすむことができない。こうした水路のうちで，すぐに改修工事ができない場所では，当面，以下のような処置をして生きものが生息できる環境をつくり出すとよい。

　（1）水位をコンクリート壁面の上まで上げ，上部の土の法面（のりめん）に生えている植物に沈水植物の役割をもたせる（図8③）。法面に植える植物は，水につかったときでも水を落としたときでも生存できる抽水植物（セキショウ，ショウブ，ミソハギなど❷）がよい。

　（2）水位を上げるのに板せきを使う。板せきを短い間隔でおいて，板せきの前後での水位差を小さくする。板せきによって小さな落差が生じても，土の法面に生えている植物が水につかっていれば，魚はそこを魚道として使い，移動することができる。

　魚道をつくる　水田の排水は欠け口から排水路へ落ちるが，欠け口と排水路の間の落差が大きくて魚がのぼれない構造のものが多い。そこで欠け口から排水路のあいだに抽水植物を植え，魚道をつくってみよう（図8④）。そして魚がのぼれる角度，長さ，植物の種類を調べてみよう。ナマズ，ドジョウなどは石や草などを足がかりにして，小さな流れでもさかのぼることができる。

　■水路の土手の整備　かんがい水路の脇（おもに山側）に土地の余裕があるときは，柳枝工による護岸や，畦畔木（けいはんぼく）の植栽が可能である。柳枝工はヤナギの生枝を束ねて固定したり（図8⑤），「しがらみ」のようにしたりして（図8⑥）護岸する方法で，生枝から出た芽は数年のうちにヤナギの並木になる。そこは，コムラサキの繁殖場所，クワガタムシやカブトムシ

❶用水路にすむ生物は流水性の種類なので，止水環境である水田にははいらない。また，水量の多い排水路や用排兼用水路では，ウナギ，モクズガニ，カワヤツメ，ウキゴリなど，遡行性（海から河川をさかのぼる性質）の水生生物もはいってくるが，これらの生物は流水性なので水田まではいらない。

❷これらの植物は，土手の崩壊を防ぐ目的で植えられていたセキショウをはじめとして，昔から土水路の法面に植えられていた植物である。

①落差工の手入れ　石を固定し，浮き石をおく

ふとんかごをおく

②急流工の手入れ

石を固定し，浮き石をおく

③U字溝の手入れ

水位

U字溝

④魚道をつくる

抽水植物を植え，石をおいて洗掘を防ぐ

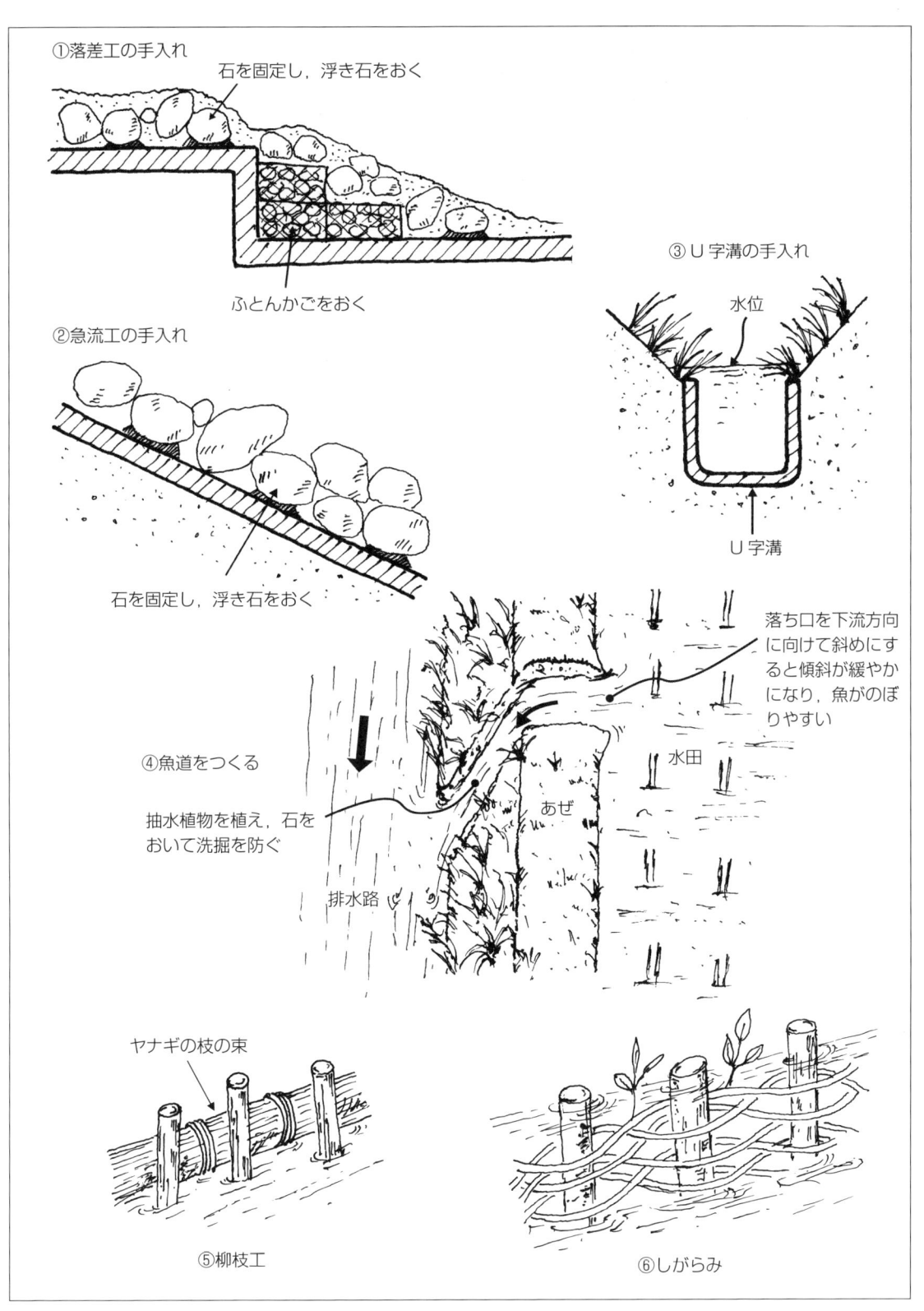

排水路

あぜ

水田

落ち口を下流方向に向けて斜めにすると傾斜が緩やかになり，魚がのぼりやすい

ヤナギの枝の束

⑤柳枝工

⑥しがらみ

図8　排水路の整備の仕方

❶畦畔木としてハンノキを植えるとミドリシジミの繁殖場所になる。山形県で畦畔木に使われているトネリコは、チョウセンアカシジミの繁殖場所となっている。

などの蜜源にもなる❶。

ため池の造成・管理

ため池は、水田や用排水路と同じように多様な生きもののすみかとなる。ため池の造成・整備は以下のような手順でおこなう。

ため池の造成（図9）　①池にする場所を掘り起こす。あとで土をかけるので、掘る深さは池より20〜30cm深くする。池の深さは50cmより浅いほうがよい。池の斜面はかけた土が滑り落ちるのを避けるため、傾斜をゆるやかにする。掘り取った土の一部は、あとで不透水性資材の上にかけるので、池の周囲に残しておく。

②水をためるため、池底にゴムシート、ビニルシート、コンクリート、粘土などの不透水性資材を張る。

③その上に土をかける。土の厚さは20〜30cmていどでよい。池のふちの部分は、湿地性植物を植えられるように、不透水性の材料がむき出しにならないようにする。

④池に水を張り、池のふちに水生植物を植える。さらに、池の周囲には樹木を植栽する。これらの植物の植栽にあたっては、その地域のため池にある植物や、昔からため池にあった植物を選ぶようにすることが大切である。

造成後の維持管理　ため池の植物は、深いほうから沈水植物、浮葉植物、抽水植物の順に並んで生えているが、池が小さいと、この順に並べて植えても、すぐに全体が抽水植物でおおわれ、開水面はなくなってしまう。それとともに、トンボなどは種類が変化し、最終的にはいなくなってしまう（表1、図10）。

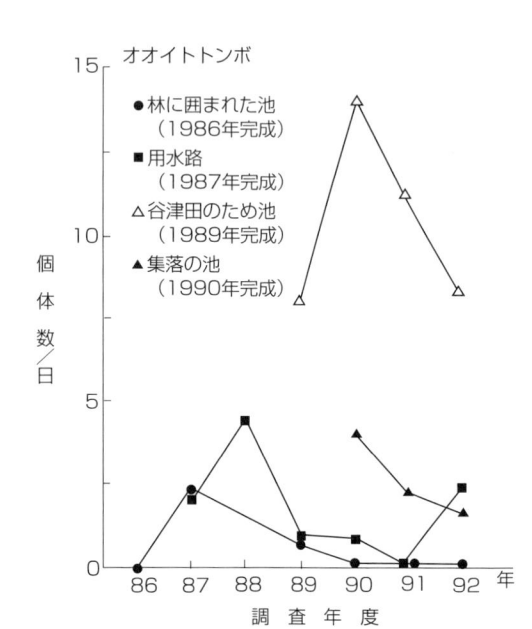

図10　水造成年度の異なる各池でのトンボの個体変化

表1　造成した池の植物の茂り方とトンボ相の変化

造成後	0〜2年	2〜5年	5〜7年
池のようす	広い水面がある 植物はまばら	浮葉植物や小型抽水植物が豊富	大型抽水植物が水面をおおう
トンボ	オオイトトンボ ギンヤンマ オオヤマトンボ コシアキトンボ	クロイトトンボ クロスジギンヤンマ ショウジョウトンボ チョウトンボ	キイトトンボ アオヤンマ マルタンヤンマ

注　これ以上の年数がたつと、ヨシなどの大型抽水植物で水面が見えなくなり、トンボは繁殖しなくなる。

① 池にする場所を掘る

② 不透水性のビニルシートなどを張る

③ 張った不透水性資材の上に土をかける

④ 池に水を張り，水生植物を植える

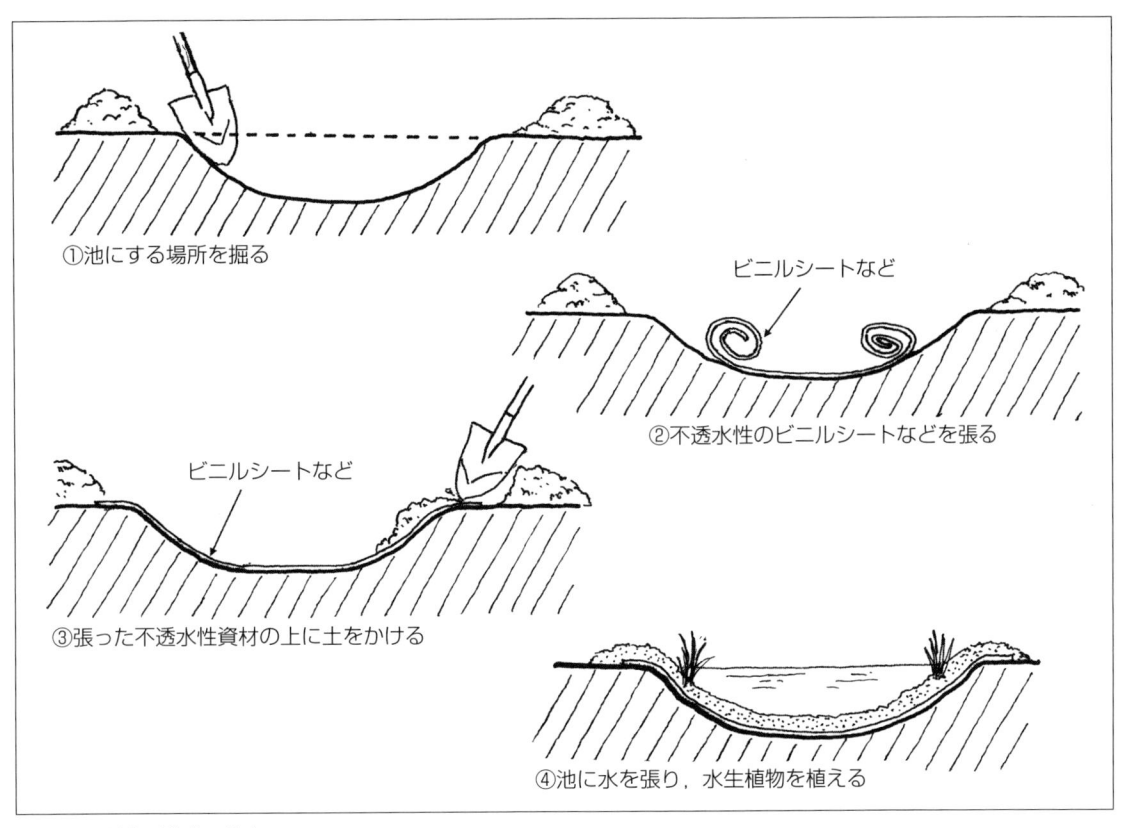

図9　ため池の造成の仕方

池に生きものを入れるときの注意

参考

　ため池は，林や耕地のなかにつくられていたので，近くの水系から分断されていることが多い。そのため，こうした水辺に出現する生きものは空を飛んで移動できる，移動力の大きなもの（昆虫と鳥）が中心になる。そこで，新たにつくった池をより本来の姿に近づけるためには，以下のような注意が必要である。

　①生息環境が連続していないと移動してこれない生物（たとえば魚などの水生生物）を導入する場合は，動物ではブルーギル，ブラックバス，アメリカザリガニなどの外来種を持ち込まない。植物でも外来の水草を持ち込まない。これらの動物がはいると，トンボのヤゴ，小魚は全滅する。アメリカザリガニは水生植物も食害する。また，外来の水草は在来種を駆逐してしまうことがある。

　②日本にすんでいる種類（在来種）であっても，地域外からは持ち込まない。その地域に本来すんでいない種を持ち込むと，外来種を入れたときと同様に，生物相を貧化させることがある。またその地域にすんでいる種類であっても，他の地域に生息する個体を持ち込むと，地域特有の遺伝的な性質をなくさせてしまう。

　③その地域の生物でも，池のサイズにあわせて入れる種類を考える。たとえば，小型の池にコイを入れると，トンボのヤゴ，水草を食べてしまう。トンボで生き残るのは，オオヤマトンボ，コシアキトンボなど，ヤゴが泥の中や石の下にもぐって生活する種だけになる。そこで，小さな池の場合はメダカやモツゴのサイズの魚まで，少し大きな池（100m²以上）でもフナのサイズまでとする。

2　生きものに配慮した環境創造プロジェクト

そこで，池が植物でおおわれたら，植物を取り除いたり，新たに池を造成したりして，植物の茂りぐあいの異なる各段階の池（池の遷移の各段階）をつくり出すようにするのが望ましい。

③ 森林・草原の整備

現在，中山間地域では，水田や畑，雑木林や松林，草地などの管理が放棄されるケースが増えている。管理放棄はそこにすむ野生生物の絶滅の危機を生み出しているが，他方では管理放棄にともない自然が復元している場合もある。

これらの管理放棄地を，すべて昔のように管理することはむずかしい場合が多い。そこで，その整備にあたっては，まず管理するのか自然植生に誘導するのかを明らかにする必要がある。

そのためには，管理放棄地の植生調査が必要である。その調査結果から，それらの場所がどのようなタイプの植生に遷移する可能性があるかを判断する。遷移する植生のタイプがわかったら，遷移が進んだときに衰退ないしは絶滅する生物があるかどうかを検討する。そして，絶滅する生物がある場合は管理を継続し，そうでない場合は自然植生に誘導するのが基本である。

二次林の整備 雑木林，アカマツ林などの二次林には，ふつう，管理していないと滅びてしまう生物が多く生育・生息する。このような生物を守るためには次のような管理が必要である。

カタクリ，フクジュソウなどの春植物は春先に林床にあたる光で1年分の栄養を光合成する植物である。これらの植物を生育させるには，毎年下草刈りをおこない，春先に林床に光がさし込むようにする。また，ツツジ類は光があたらないと開花しないので，コナラを15〜20年に1度の間隔で伐採し，ほう芽更新させる，という管理をローテーションを組んでおこない，コナラを背の低い状態で管理する。また低木層の刈取りも必要である。

草地の整備 草地も管理を必要とする環境である。たとえば，ヒョウモンチョウ類の食草（スミレ類）を守るためには，二次林や草地の下草刈りを毎年おこなう。

> **やってみよう**
> 林地や草地の管理をおこない，それまで日陰でかろうじて生きていた多くの山野草が元気を取り戻し，花を咲かせ種子をつけるようになったら，その一部を持ち帰り，ポット栽培を試みよう。栽培法がわかり，苗がたくさん増えたら，それを林地や草地に植えてみよう。こうした方法で，山野草が咲く昔のような林地や草地を復元することができる。

コラム

雑木林の春植物——カタクリとアリと人間の関係

　人がつくった林である雑木林には，氷河時代の名残りの生物である春植物（春にだけ姿をあらわす植物）が生きている。

　カタクリなどの春植物は，早春に雑木林の地面（林床）にさし込む光が強くなると，地上部の生育を開始し，まもなく開花する。しかし，クヌギやコナラなどの落葉広葉樹が葉を広げ，林床が暗くなると，やがて地上部の生育を停止する（図11）。そして，翌春まで土の中で休眠する。

　つまり，春植物は林床に光がさし込んでいる期間にだけ，葉を広げて光合成をおこない，このあいだに1年分の養分を蓄えている。

　カタクリは，氷河時代には落葉広葉樹林とともに南のほうにも生えていた。氷河時代が終わり気候が暖かくなると，シイやカシなどの常緑広葉樹が，それまで落葉広葉樹が生えていた地域にも生えるようになった。こうした常緑樹の森では，早春の光を必要とするカタクリは生きていくことができない。しかし，シイの木やカシの木が生える温暖な地方（常緑広葉樹林域）にも，カタクリはみられる。なぜだろうか。

　カタクリに実がつくと，種子はアリに運ばれるが，その距離は5mほどである。そのうえ，種子は芽生えてから花が咲くまでに8～10年を要する。したがって，カタクリは8～10年のあいだに5mほどしか移動できない。氷河時代が終わったのは1万年前だから，カタクリが落葉広葉樹林と一緒に北上しようとしても，現在までのあいだに5～6kmほどしか移動できていないことになる。

　しかし，落葉広葉樹林が関東地方から関西地方にかけての平野をまだおおっていた頃（約5000年前）から農業が始まり，人は焼き畑をつくり始めた。焼き畑は林を焼いて畑にし，2～3年後にはふたたび林に戻す。そのときにできる林は雑木林と同じ落葉広葉樹林である。

　そして，田や畑をつくる時代になると，人は落ち葉をかいて肥料にし，木を伐ってまきにするために，雑木林をつくった。そのため，人の手がはいらなくなると常緑広葉樹でおおわれてしまうような温暖な地域でも，落葉広葉樹林がずっと残ることになった。

　したがって，氷河時代に南のほうに生えていたカタクリは，温暖な地方でも雑木林の中で生き続けることができたのである。こうした温暖な地方に生き残った春植物は，夏の暑さを避けるため北向きの斜面に生えている。

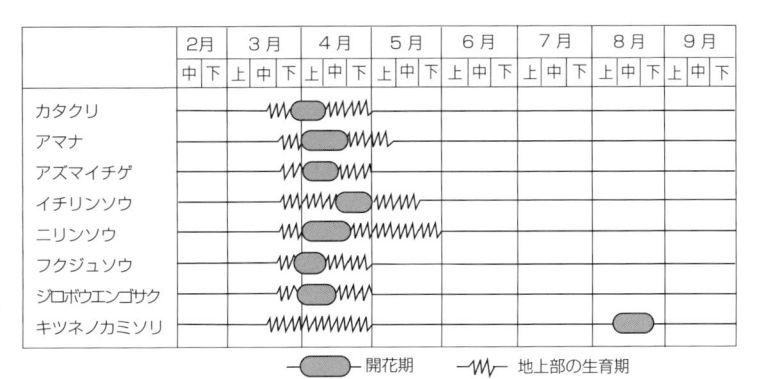

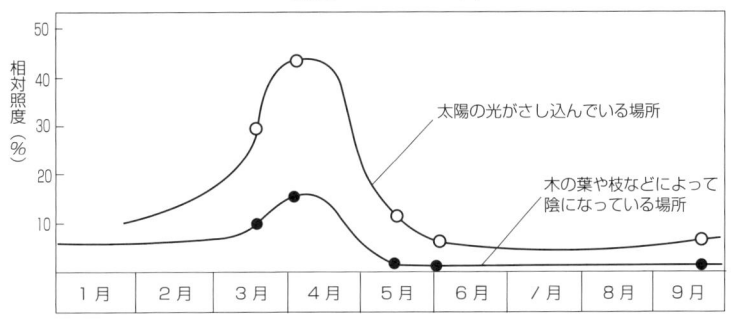

図11　おもな春植物の季節相（上）と林床の照度（下）の例　（岩瀬徹，鈴木由告）

キキョウ，オミナエシなど秋に咲く植物を保護するためには，夏に草刈りをする。レンゲツツジなどのツツジ科植物を守るためには，数年に1回の下草刈りをおこなう。

| 針葉樹・人工林の整備 | スギ，ヒノキなどの針葉樹・人工林は，間伐をおこなわないと樹木が密生して幹が太らず，樹高だけが高くなるので，台風の被害を受けやすく防災上も問題がある。また，枝打ちをおこなわないと，木材の価値がいちじるしく低下する❶。

間伐❷や枝打ちを適期におこない，林床に光がはいり植物が生育できる状態を保っていくと，針葉樹・人工林の価値を高め，生物相がゆたかな状態に保つことができる。こうした管理をしていくことが，針葉樹・人工林の整備の基本である。

しかし，すでに長いあいだ放置されてきた林は，高さの割に木が細いので，間伐すると残した木が倒れてしまうことが多いし，間伐できたとしても経済価値を生み出す林にはなりにくい。そこで，地域の山林のなかに，そうした林があれば，その一部を，かつて地域に存在した里山や奥山（→ p.42）の状態に戻してみよう。

そのためには，まず，どのような林に改変するかを昔の地図や地域のお年寄りの話などを参考に考える。そして，目標とする林のタイプが決まったら，種の多様性を保つため，その林を構成するできるだけ多くの樹種の苗木をつくる❸。

苗木のつくり方　地域内から集めた種子をポットにまく❹。コナラ，ミズナラは秋のうちに発芽するので，取りまきとする。シイ，カシなどは翌春発芽するので，種子を凍らせたり乾燥させたりしないようにして貯蔵しておき，春になってからまく。

苗木の植え方，育て方　まず，整備予定の林の一部を間伐してみる。間伐すると残した木が倒れてしまう林の場合は，すべて伐採して，広葉樹の苗木を植える。この場合，ヌルデ，クサギなどの先駆植物❺を混植すると，はやく林をつくることができる（図12）。

もし，間伐しても残した木が倒れないようであれば，残した木のあいだに苗木を植えていく。そして，苗木が大きくなるにつれて，残した木も徐々に伐採して，広葉樹の林に切り替えていく。

❶枯れ枝が残ったままだと，幹が枯れ枝を包み込んで成長してしまう。こうした材は強度が弱く，板にすると節穴が開いてしまう。

❷間伐には，列状に植林された木を1列おきに切り，間伐が終わり枝が広がってきたら，今度はそれと直角の列を一列おきに伐採する，列状間伐という方法もある。

❸苗木生産のための種子は，その土地に生えている親木からとるようにする。また，遺伝子の多様性を保つため，できるだけ多くの親木から種子をとるようにする。

❹ポット苗は，運搬がかんたん，運搬中に根が乾かない，移植時に根を切らないので活着がよい，などの利点がある。

❺裸地や草地など日あたりのよい場所に，最初に出現する成長のはやい植物。

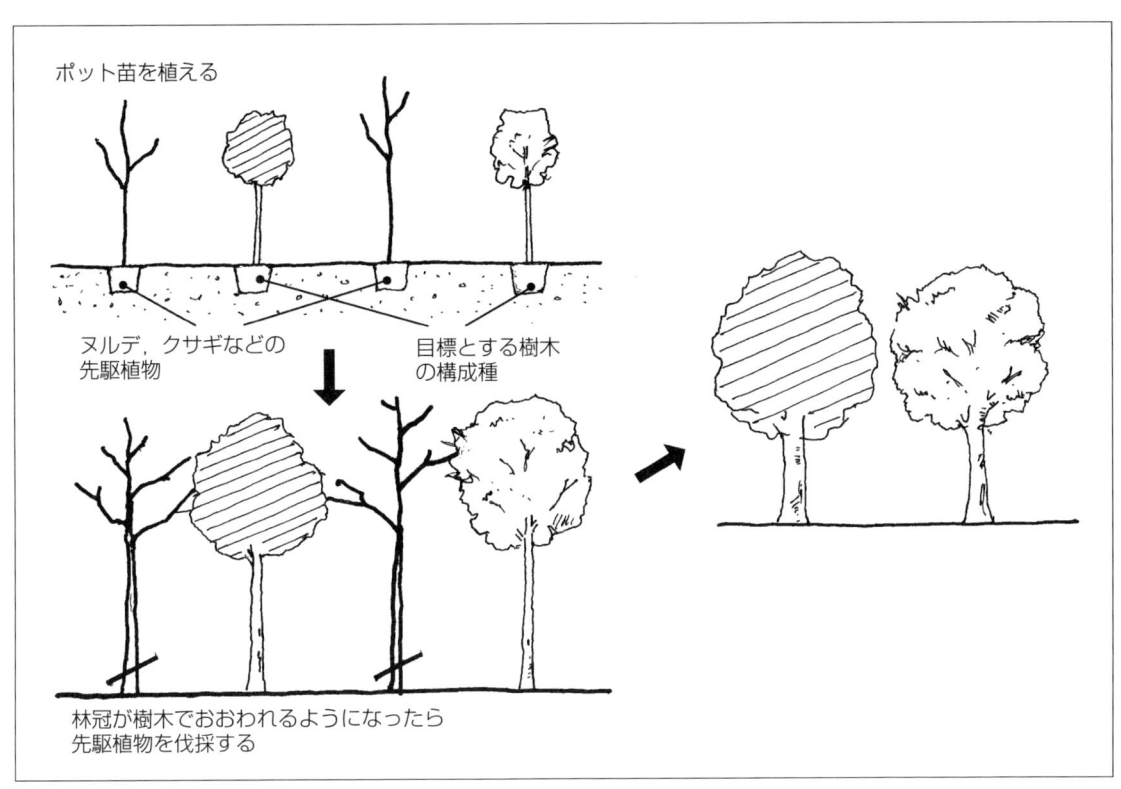

図12 針葉樹の人工林を混植によって広葉樹林に改変する方法

山採りによる広葉樹林への改変

参考

　人工林から広葉樹林への改変を短期間でおこなうには，目的に合った樹木を山どりして養生し，それを植栽する方法がある。この方法では，大面積を改変することはできない，植栽する樹木が大きいと輸送の面から道路の近くにしか植栽することができないなどの難点があるが，種子供給源となる樹木を短期間で確保できるなどの利点もある。山どりによる方法のポイントは，以下のようである。

　①山どりをする樹木は，枝がこまかく出ていて，節間の詰まったものを選ぶ。幹や枝が長くよく伸びた樹木は細根が少ない場合が多く，活着がむずかしい。

　②掘り上げたら，根の張りぐあいにあわせて枝を切り詰める。細根がない場合や植え替えを嫌う植物の場合，枝をすべて切り払って幹だけにし，あとで芽を吹かせる（胴吹きという）。

　③細根が出やすいように，根の切り戻しをおこなう。根が傷ついたり，折れたりしたところから先は，はさみやナイフで切り捨て，切り口がきれいになるようにする。

　④根を鉢巻きする。山どりの樹木は細根が少ないので，土が鉢落ちしてしまう場合が多い。そのときは，根が輸送中に乾かないように注意する。

　⑤幹巻きをする。山どり直後は，細根がなく水上げがわるいので，幹が乾燥してひび割れしないようにするためである。

　⑥根回しをする。植付け後，新しい枝が勢いよく伸び出したら直根が出た証拠なので，翌春には根回しをする。その後も3年に1回ていど根回しをして，細根が多く出るようにする。

　なお，移植がむずかしい樹木は，コブシ，ホオノキなどのモクレン科，カキ，クヌギ，ウバメガシなどである。

3 地域の環境創造プロジェクト

1 地域の環境改善の考え方

　ここでは，これまで学んだことがらを総合化して，地域の環境改善へと発展させる方法を学んでいこう。

　私たちの身のまわりの多くの生きものは，人間がつくった環境のなかで生きており，人の手による環境の管理を必要とする。とくに農業や農村との関わりが強く，それらが滅ぶと多くの生きものも滅ぶ。したがって，地域の環境創造は，人と生きものが末永く共存できる方向に発展させる必要がある。

　また，多くの生きものは，複数の環境（ビオトープ）を使って生きている。たとえば，フクロウは屋敷林や社寺林で巣をつくり，二次林や畑などでネズミ，モグラ，鳥などを捕ってひなに与える。人間も二次林から集めた落葉を田畑の肥料にしたり，川や池から魚をとって食料にしたりする。したがって，人間も含め多くの生きものは，それぞれの環境が結びついていなければ生きていけない[1]（図1）。

　つまり，地域の環境創造にあたっては，水田や畑などの個々の環境の改善とあわせて，それらを結びつけていくことが重要である。そして，そうした結びつきやネットワークが強くなるほど，その地域の環境は保全され，持続的なものとなる。

　また，技術開発にあたっては，生きもののもつ能力を借りることも大切である。

[1] 複数の環境（ビオトープ）の結びつきは，生きものの側からは食物連鎖という生物の体をとおしての物質循環の単位であり，人間社会の側からは食料や肥料をとおしての物質循環の単位であって，これらは対応関係にある。食料や肥料が自給中心の時代には，この結びつきは，ふつう集落（旧村）を単位としておこなわれていた。

2 地域の環境創造への発展のさせ方

　地域の環境創造へと発展させていくには，まず，地域がかかえている問題を明らかにして整理し，どのような方法でその問題を解決するかを考える。

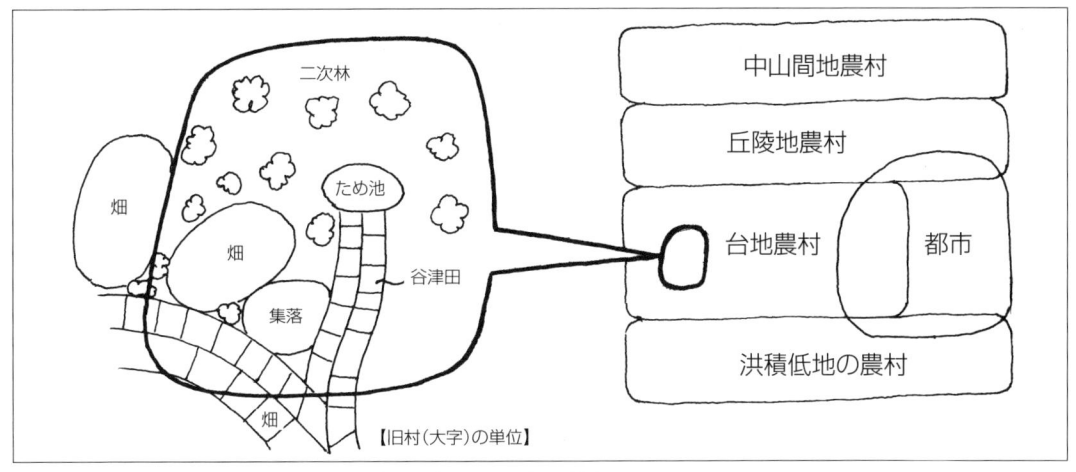

図1　農村の基本的な構造（左）と農村・都市のつながり（右）

参考 移動を可能にすれば，生物（動物）は回復する

　農村や都市は人の手によって管理された（かく乱される）環境である。かく乱されると死ぬ生物が出るが，その環境から移動すれば，その生物は回復する。そのため，生物相が安定して存在するには，それぞれの環境が，生物が移動できる間隔で配置されることが必要である。

　生物のなかには，河川からかんがい水路を通って移動する魚や，平地林を飛び石のように使って山から平地に下りてくる冬の小鳥などがいる。また，ため池での繁殖を繰り返しながら，農村から都市へ長距離移動するトンボのような生物もいる。

　生物がすめる環境をつくることは，こうした移動がとどこおりなくできるように，環境をネットワークによって結びつけて移動経路を整備することでもある。

コラム

都市へのトンボの移動

　農村につくったため池には，流水にすむ種，木陰の多い池にすむ種，植生ゆたかな池にすむ種のトンボが多く出現したが，都市につくった同じようなため池には，これらのタイプのトンボはわずかしかあらわれなかった。あらわれたのは，広い水面を利用する種と小さな池でも繁殖できる種で，これらは種が共通していた。その理由は，都市にあるため池は，公園の池になっているからなのである。

　ため池が公園の池になると，水田へのかんがいがおこなわれなくなるので，ため池から田んぼに水を引く流水の部分がなくなる。また，人が水辺に近寄れるようにと，木陰でおおわれた部分や，抽水植物がよく茂った浅い湿地の部分などがなくされ，広い水面の部分だけは残される。こうした池で繁殖できるトンボは，広い水面を利用する種や小さな池でも生活できる種だけになる。

　また，農村のトンボが公園の池に産卵し，そこから羽化した次の代が別の池に移って繁殖を繰り返しながら都市に移動するうちに，よい環境を必要とする種はふるい落とされてしまうことになる。このように，一生のあいだに1kmていどしか移動しないトンボの場合でも，広域的な環境の結びつきが必要である。

《問題の発見・整理の例》

　地域のかかえる問題は，都市，平地，中山間地（中間地と山間地）などの立地条件や，そこでの主要な作目，社会条件などによって異なる。その一例として，台地の都市近郊農村のかかえる問題を整理してみると以下のようである。

　台地で河川をもたないため，たくさんのため池がつくられてきた。しかし，現在では林の減少や地下水のくみ上げなどが原因となってわき水の量が減り，水が枯渇した池が多くなっている。台地ではナシ園が多くなっているが，ここではムクドリの被害が増加している。そこで，ナシ園をネットで囲んだところ，セミが大発生してナシの木に被害を与えるようになった。都市化の進行にともない，公園や庭園が増えてせん定枝が増加し，それらの処理が新たなごみ問題になっている。

　さらに，以下のような点にも留意して進める。

　①**生物を守る管理や技術のあり方を探る**　ビオトープをつくってみると，管理が必要なこと，その保全には伝統的な管理法がよいということがわかる。その理由を探り，よりよい管理法を知るために，昔の農村と，そこでの人の営み（土地利用や生産・生活の仕方）を知ることが必要になる。

　②**新技術を生み出す実験・研究を重ねる**　昔の農村のすがたや昔の技術をそのまま現在にもち込むことはできない。そこで，昔のすがたを再現しながら，現在の生産や暮らしにあわせての持続可能な土地利用や，生産・生活の仕方を探る実験の場をつくり，研究を重ねていくことが必要になる❶。

　③**地域の人に公開・発表していく**　私たちが学んだことや考えたことを，地域の環境創造や地域おこしに直結することはかなりむずかしいが，それを広く公開していけば，地域の人たちが考えていく大きなきっかけをつくることになるし，私たち自身が地域の一員として認められることにもなる。

　④**他の地域と交流していく**　環境創造の計画や考えがまとまったら，積極的に他の地域と交流していこう。土地のせまい都市化の進んだ地域では，農村部に行くことで，自分たちが考えた環境創造計画をじっさいに試してみることができる。

　⑤**地域全体の環境創造へ発展させる**　1つの環境創造が地域のなかに根づいてくれば，それを核として地域全体の環境を改善することに道が開ける。そうなれば，グリーン・ツーリズム（エコツーリズム）などの取組みも可能になる。

❶そこでおこなう実験は，環境にやさしい技術，生きものと共存する技術，生きものにより農耕地の病害虫の発生を抑える技術，などをつくり出すためのものである。

新技術の実験（左：発生予察用のフェロモントラップ，右：地域希少植物の自生地の環境調査）

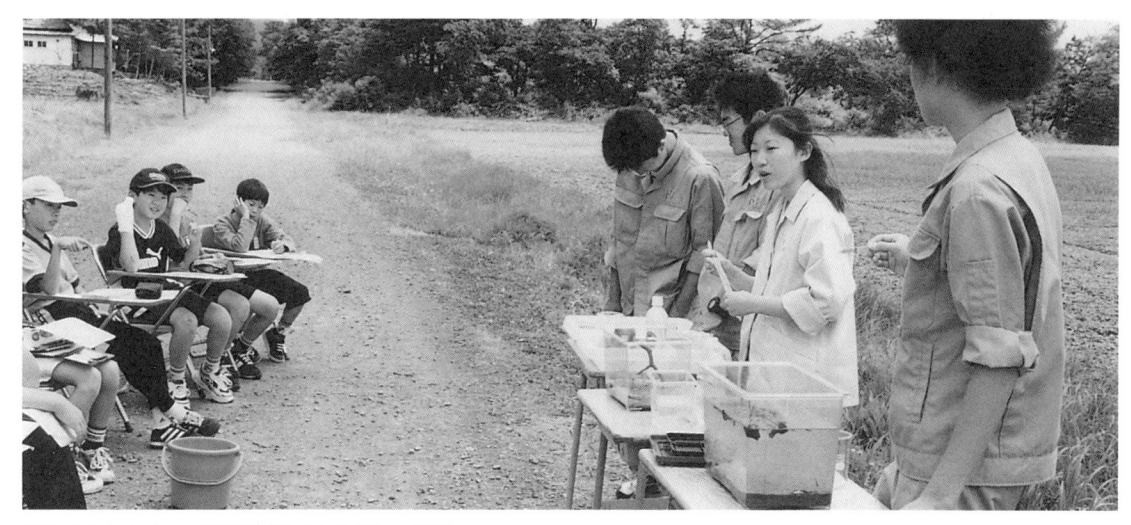

生きものをとおして他の学校（小学校）と交流

コラム

古くて新しい技術——天敵活用

　　天敵の活用は，環境保全型農業の新技術の1つであるが，各地の先人たちは，すでにさまざまな天敵活用法を工夫している。

　　千葉県では，竹をコの字形に曲げて60cmの高さにしたものを畑のわきに立てて，フクロウの止まり木にして畑のノネズミをとらせていた。同様に，田んぼのわきに竹をさし縄を張って，ツバメの止まり木を用意して，田んぼの虫をとらせていた。

　　また，江戸時代には，水田にカエルを放して害虫をとらせようという試みまでおこなわれていた。この考えは明治以降も引きつがれ，たとえば明治時代の農学者，奈良専二は，カエルは夜，イネの茎に産卵するガ類を食べる有益動物であるから，これを害してはならない，と述べている。

3 環境創造プロジェクトの実際

(1) せん定枝・落ち葉・なまごみの堆肥化による環境整備

果樹園や校庭，街路，公園などのせん定枝や落ち葉は，放置しておくと農作業や日常生活の妨げになったり美観をそこねたりするし，むやみに焼却すると煙害を引き起こしたりする。また，家庭から出るなまごみの処理は，大きな環境問題の1つになっている（→ p.179）。

しかし，これらを堆肥の材料として有効に活用すると，貴重な資源となる。さらに，できた堆肥はふたたび果樹や緑化樹などの栽培管理に利用することもできる❶。

そこで，学校や地域の果樹や緑化樹などのせん定枝や落ち葉に，なまごみを混ぜて堆肥化してみよう。そして，できた堆肥の品質を調べ，地域での有効な活用法を研究してみよう。

堆肥化の方法は，125ページの「堆肥のつくり方」に準じて，せん定枝を粉砕❷したのち，落ち葉，なまごみ，窒素質素材を積み込み，堆肥化の進み方をみながら切返しを数回おこなう。その場合，せん定枝のような木質資材は，炭素率（C/N比）が大きく分解しにくいので，炭素率の低いなまごみの混入割合を高くしたり，米ぬかや牛ふん堆肥などの窒素質素材を多めに混ぜたりする。

堆肥化が進んだら，堆肥に水を加えて抽出液を作成❸し，ハツカダイコンの種子を用いた発芽試験（図2）によって，堆肥の品質を調べる。

(2) ため池（ビオトープ）による水質浄化

近年，多くの生活排水（集落排水）や家畜ふん尿などによって，水質汚染が進んだり，富栄養化したりしている地域が少なくない。

❶地域の環境を汚染することなくせん定枝や落ち葉なまごみを処理することは地域の環境創造にとって非常に有意義である。

❷専用の粉砕機を利用すると容易に粉砕できる。粉砕機がない場合は，太い枝を取り除いてから細断する。

❸堆肥に10〜20倍の水を加えて，60℃に保って3時間おいてから，ろ過する。

図2 発芽試験の方法

そこで，ヨシなどの水生植物がよく茂った池（ビオトープ）を造成し，学校で飼育している家畜のふん尿を処理した排水（二次処理水）をそこに流して水質浄化（三次処理）をおこなう実験をしてみよう。ため池の造成は148ページの方法でおこなう。

水生植物がよく茂ったビオトープ

参考　カブトムシの発生に適した環境の調査とその活用

　広葉樹のせん定枝を材料にして堆肥化をおこなうと，カブトムシの発生がみられることがある。カブトムシの幼虫は，これらの樹木をえさとして成長しているのである。カブトムシの幼虫が見つかったら，次のような実験をしてみよう。

　①粉砕したせん定枝，落ち葉，なまごみ，米ぬかなどの比率を変えて混ぜた数種類の堆肥材料を用意し，それをバケツなどの容器に同じ量だけ入れる。

　②そこにカブトムシの幼虫を同じ数だけ入れて，幼虫の体重を一定期間ごとにはかり，区による体重増加のちがいを調べる。

　この実験により，体重の増加の大きい区ほど，カブトムシの幼虫の成長に適した環境条件にあると考えられ，この実験結果は，カブトムシを大量に増殖していく場合の，最適な培地条件を知るめやすとすることができる。

　カブトムシが大量に増殖できるようになったら，その活用にも取り組んでみよう。さらに，カブトムシの成虫が生活するのに必要なクヌギやマテバシイ，シラカシなどの植栽計画を立て，それらの苗づくりや植栽，林の維持・管理にも取り組んでみよう。これらの樹木の落ち葉は，非常に良質な堆肥の材料にもなる。

〈対照区〉

カブトムシの幼虫の数は同じで，せん定枝，落ち葉，なまごみの比率を変える

3　地域の環境創造プロジェクト

水質の調査 ため池が完成したら二次処理水を一定量流入させ，硝酸性窒素（→ p.72）を毎日測定してみよう。また，水をろ紙でこして植物プランクトンなどを除去してから COD（→ p.64）を測定してみよう。硝酸性窒素や COD は日がたつにつれて急速に減少していくのがわかるだろう[1]。

ため池の生物調査 水質の調査とあわせて生物調査もしてみよう。ため池に二次処理水を注入して維持していくと，ユスリカが大発生することが多い。しかし，その後トンボが大量に発生するようになるとユスリカの大発生はおさまる。植物プランクトンが吸収した物質は，ユスリカ幼虫を食べるトンボのヤゴに引きつがれ，ヤゴがトンボになって水の外へ持ち出されるのである。また，ユスリカの幼虫を小魚が食べ，その小魚を鳥が食べて，水中の窒素などを水の外に持ち出される食物連鎖が加わる。

このようにして生物が豊富なため池ビオトープでは，二次処理水を浄化することが可能になるのである。

(3) 渡り鳥がすむ水田環境をつくる

水田の環境改善では，伝統的な水田管理法の復元，保全だけでなく，次のような新たな実験の部分も加えてみよう。こうした水田はグリーン・ツーリズムに活用したり，収穫した米を，たとえば「渡り鳥米」として販売したりすることもできる。

秋に開水面をつくる シギ・チドリ類の秋の渡りは，水田にまだイネが茂っている 8 月頃に始まる。この時期に北の繁殖地から渡ってきたシギ・チドリ類は水田以外の場所でえさをとる[2]。

ムナグロは 5cm より浅い開水面でなければえさをとることができないので，それらを保護するためには調整水田や青刈り稲の導入が有効である。

秋耕しない水田をつくる ガンはえさ場として水田を利用し，落ち穂と二番穂（刈り取った稲株から出たひこばえに実った稲穂）に強く依存している。そのため，秋のうちに水田を耕すと落ち穂が地中に埋まってしまうため，ガンはえさ不足になる。

ガンのえさ場とする水田は，秋耕しないでおく。青刈り稲も二番穂がガンのえさになるので，ガン保護に有効である。

---

[1] これは，水に溶けていた硝酸性窒素や有機物が抽水植物やプランクトンに吸収され，さらに植物プランクトンはミジンコやユスリカ幼虫などに食べられて，生物体に移動したからである。

[2] じっさいに水田に多く飛来するムナグロ（チドリの仲間）は，夜間，芝生の運動場で採食していたことや，胃の内容物が乾いた場所にすむコガネムシ類の幼虫であったことなどが報告されている。

水田をガンのねぐらにつくり変える　沖積低地での放棄田は湿田で大型機械がはいらない場所のものが多い。これらの放棄田を集めて池にし，そのまわりに深水管理した調整水田を配置することにより，これらの水辺を生物相保全の場（とくにガンのねぐら）とすることが可能である❶。

（4）鳥や獣に手伝ってもらう林づくり

　近年，間伐がおこなわれず，密生したスギ林やヒノキ林が多くなっている。こうした林の木は倒れやすいので，台風が常襲する日本では防災上問題である。

　地域のなかに防災上危険な林があったら，152ページの方法で，かつて地域に存在した広葉樹林につくり変えていこう。雑木林などの広葉樹林は，地域の里山に適した林である。しかし，広葉樹林へのつくり変えは，人手と長い時間を要する。そこで，鳥や獣に手伝ってもらう林づくりを工夫してみよう。鳥や獣が好む実をつける木を植え，それが実（種子）をつけるようになると，鳥や獣がやってきて種子を運び，林づくりを手伝ってくれる。たとえば，ブナ，ミズナラ，コナラ，シイ，カシなどを植えると，その果実（ドングリ）をカケス，リス，アカネズミなどが運んでくれる❷。

　ただ，林づくりを動物だけにまかせると，風散布型植物が減

❶ガンは自動車が走る道路から100m以内の水田は利用しないとされるので，ねぐらや採食地の水田は，道路から離れた場所に設ける必要がある。

❷カケスやリスはドングリを700mていどまで運ぶが，アカネズミは100m以内しか運ばない。また，リスやアカネズミは林が連続していないと運ばない。

渡り鳥が立ち寄るようになった水田

り，秋冬に果実をつける植物❶が増えるなどの林相のゆがみが生じるので，鳥や獣が運ばない種類の植物は人が植え，人と動物との共同作業で林をつくっていく。

(5) 山野草が咲く草地や林の育成，自然公園づくり

　草地や二次林の野草を守るためには草刈りが必要であるが，その作業は多くの労力を要する。そこでウシやウマを放牧し，彼らとの共同作業で山野草が花開く草地や林をつくり出そう。

　放牧したウシやウマは，レンゲツツジ，ヒオウギアヤメ，コバイケイソウ，スズラン，オキナグサなどを食べ残す。そこで，ササや低木がはいり込んだ草原に放牧すると，これらの草花が花開く草地になる❷。

　二次林でも，ウシの放牧を春植物が姿を消す5月以降におこなうことにより，林床のササや低木を抑え，春植物が多く咲く林にすることができる。

　林間放牧をおこない，放牧する家畜の密度と植生の関係を調べ，野生の花を守るためには，1ha当たり何頭の放牧がよいか調べてみよう。また，スギの間伐材を使って，牧柵をつくってみよう❸。

　山野草が咲く草地，林地を復元することができれば，そこはグリーン・ツーリズムの格好の場になる。また，放牧がおこなわれている景観も，地域の新たな資源にもなる。

❶夏に結実する広葉樹にはヤマザクラ，ウワミズザクラ，ヤマモモなどが，秋冬に結実するものにはガマズミ，ヌルデ，ミズキ，ヤマボウシなどがある。

❷北海道の原生花園のなかには放牧によってできたものが多く，観光地になっている。

❸放牧地に水源や谷川などがある場合は，そこにウシがはいらないように牧柵を設けて，水質汚染を防止する。

ウシの林間放牧

第5章

環境問題と人間生活

1 地球規模の環境問題

1 地球温暖化（気候変動）

　産業革命以降，産業の発展や生活水準の向上にともなって，二酸化炭素やメタン，フロンなどの温室効果ガスの排出量がいちじるしく増加した。とくに，世界全体のエネルギー消費と産業活動による二酸化炭素の排出量は大きく増加し，現在では360ppmをこえるようになった（図1）。

　こうした温室効果ガス濃度の上昇にともなって，地球表面の温度が上昇し始めたといわれている。さらに，以前は存在しなかった物質（ハイドロフルオロカーボン類など）を生み出し，その排出源も広がった（表1，2）。そして，20世紀の間に，ガスの温室効果によって，地球の平均気温は0.6±2℃上昇し，海面の上昇も10～20cmに達している。

　いったん放出された温室効果ガスは，大気中に長期間安定して存在する。たとえば，二酸化炭素は海洋や生物に吸収されるまでに50～200年かかるとされており，その原因である排出を減らしても，その影響は長年にわたって続き，結果があらわれるのは何十年も先ということになる[1]。

温暖化の影響

国際的な機関[2]では，2100年には地球表面の平均温度が1990年に対して1.4～5.8℃，海面が約9～88cm上昇すると予測し，それにともなって世界の降雨分布も変化し，以下のような深刻な影響が生じると警告している。

①海面の上昇により，海抜の低いデルタ地帯や小さな島国では，何百万もの人たちが移住しなければならなくなる。

②気温の上昇にともなって，とくに高緯度地帯や標高の高い地帯にある世界の3分の1の森林が影響を受け，消滅する森林もあらわれる。

③生態系の激変が，動植物に対する病気や害虫の増加をまねき，人間や野生生物に深刻な影響を与える。

---

[1] 現在，人間活動による二酸化炭素放出量（吸収された分を差し引いた量）は，地球全体で年間約70億tで，このレベルで排出が続くと，2100年には500ppmv（容積比で100万分の1の濃度）に達することになる。仮に現状の水準を維持しようと思えば，排出量をただちに50～70％削減し，その後さらに削減し続けなければならない。

[2] 気候変動に関する科学的知見を整理して助言する機関として，1988年にIPCC（気候変動に関する政府間パネル）が設けられている。

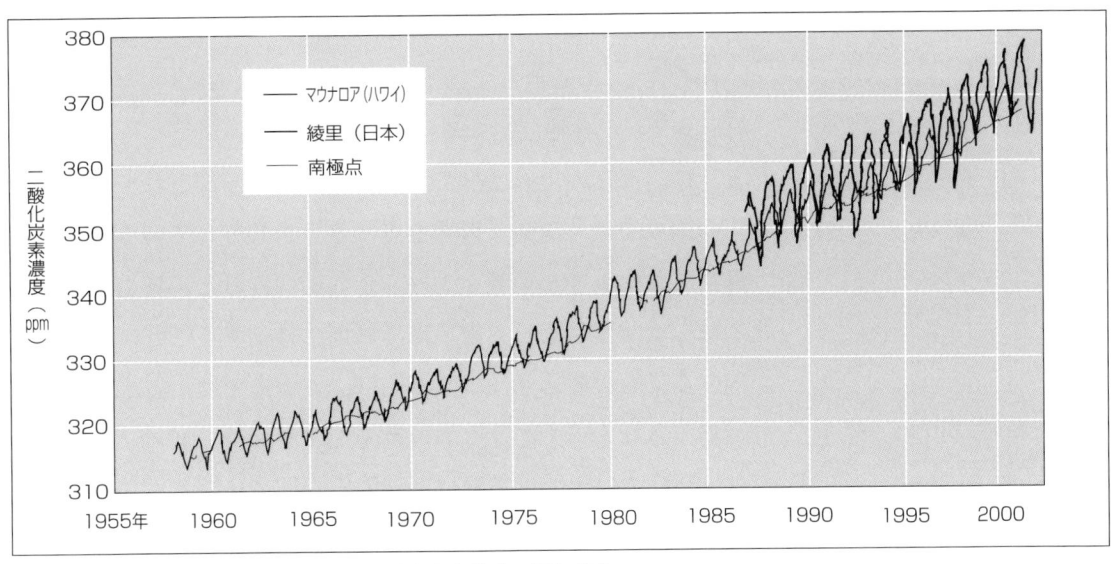

図1 世界の代表的な観測点における二酸化炭素濃度の経年変化
注 マウナロアと南極点のデータはアメリカ・スクリプス海洋研究所およびアメリカ気候監視診断研究所から入手。
(気象庁「地球温暖化監視レポート2001」2002)

表1 人間活動に起因する温室効果ガス濃度の変化

	二酸化炭素 CO_2 (ppm)	メタン CH_4 (ppb)	亜酸化窒素 N_2O (ppb)	フロン11 CFC-11 (ppt)	代替フロンの1種 HCFC-23 (ppt)	パーフルオロメタン CF_4 (ppt)
産業革命以前の濃度	約280	約700	約270	0	3	40
1998年の濃度	365	1,745	314	268	14	80
1990~1999年の年間増加量	1.5	7.0	0.8	-1.4	0.55	4
大気での寿命(年)	5~200	12	114	45	260	>50,000

(IPCC Third Assessment Report - Climate Change 2001<2001>)

表2 温室効果ガスの排出源別排出量 (1999年度) (単位:炭素換算100万t)

二酸化炭素 (CO_2)		メタン (CH_4)		亜酸化窒素 (N_2O)	
燃料の燃焼	1,148	燃料の燃焼	1.2	燃料の燃焼	7.8
エネルギー産業部門	371	燃料の漏出	2.8	工業プロセス	1.5
製造業・建設業部門	358	工業プロセス	1.0	有機溶媒等の使用	0.4
運輸部門	254	家畜の消化管内発酵	6.8	家畜のふん尿処理	3.7
民生・農林水産業部門	166	家畜のふん尿処理	0.7	農耕地土壌	1.0
工業プロセス	53	稲作	6.8	農業廃棄物の焼却	0.2
廃棄物の焼却	24	農業廃棄物の焼却	0.1	下水処理	2.0
		廃棄物の焼却・下水処理	7.7		
合計(全体に対する%)	1,225 (93.7)	合計	27.0 (2.1)	合計	16.5 (1.3)

注 数値は地球温暖化係数を用いて二酸化炭素等価量に換算。
(「気候変動に関する国際連合枠組条約に基づく第3回日本国報告書」2002より)

④降水量の変化が河川や湖沼の機能をこえ，ある地域では洪水が頻発し，ある地帯では干ばつに悩まされるといった現象（異常気象❶）が各地で起こる。

とくに，温度の上昇は熱帯地域で大きいと予測されており，これらの国々では，深刻な影響を受けると予想されている。

農業もまた大きな影響を受け，世界的にみると穀物生産地帯が北半球では北に移動し，南半球では南に移動することになる。わが国の農業も影響を受け，たとえば，北海道では，耐寒性が弱くて栽培できなかったコシヒカリが栽培できるようになる❷，暖地では，現状の品種では高温による障害が問題になる，などが予測される❸。

対策と動向　温室効果ガスの排出を現在のまま続けていると，人類と地球の未来に深刻な影響が生じるため，地球温暖化に国際的に協力して対処することを取り決めた「気候変動枠組条約」がつくられた（1992年作成，1994年発効）。これにもとづいて，1997年12月に京都で開催された会議において，各国の温室効果ガス排出の削減目標が定められた。

これを受けてわが国では，「地球温暖化対策の推進に関する法律」がつくられ（1998年），翌年にはこの法律にもとづいて対策を実行するさいの「地球温暖化対策に関する基本方針」がつくられた。そのなかで，農業ではメタンの排出抑制，林業では森林の保全と整備に重点的に取り組むことが指摘されている。

② オゾン層の破壊

生物誕生の頃の地球には，酸素（O_2）はほとんどなかったが，その後，約25億年前になると，海の中に光合成をおこなう微生物が出現して，酸素ガスを海中や大気中に排出するようになった。この酸素ガスは，上空に上がり，地上15〜50km付近の成層圏にオゾン（O_3）層がつくられた。このオゾン層が太陽から発する有害な紫外線を吸収することによって，生物が陸上にすめるようになったのである。

近年になって，自然には存在せず人間の合成によってつくられ

❶南米ペルー沖の海面水温が平年より高くなるエルニーニョ現象が発生すると，干ばつや豪雨などの異常気象があちこちで起きている。

❷また，関東以西の牧草地では，現在主力のオーチャードグラスのような寒地型牧草は，夏枯れのため生育できなくなる。

❸二酸化炭素濃度の上昇は，作物の光合成を促進するので，新しい気象条件に適応した播種期，品種選択などがおこなわれれば，生産は低下することはないとの見方もある。しかし，多くの生物に支えられてきた耕地生態系は，一朝一夕にできるものではないので，気温上昇が有利な条件になるとはかぎらない。

たフロンなどが、ガス状物質となって成層圏に上昇するようになった。フロンの一種であるクロロフルオロカーボン（CFC，炭素・フッ素・塩素からなるフロン）は，上空で強い紫外線によって分解し，塩素原子を放出する。塩素原子がオゾン分子と反応してオゾンを酸素ガスに変えるために，オゾンは減少する❶。

❶これと同じような作用で，臭化メチルから生じた臭素原子や亜酸化窒素などの窒素酸化物もオゾンを減少させる。

オゾン層破壊の影響

オゾン層が破壊されると，紫外線の地表面への到達量が増える。オゾン層のオゾン濃度が1%減少すると，紫外線のなかの280〜320mmの波長域のUV-Bとよばれる**紫外線**が約2%増加する。

UV-Bは，生物の生命活動の基本となっている核酸やタンパク質などに吸収されて化学的変化を起こす。人間に対しては，皮膚の日焼け，やけど，皮膚がん，目の炎症，免疫機能の低下などを起こす。このUV-Bの増加は，作物の生育にも影響を及ぼすが，そのことよりも，作物の病害虫に対する抵抗性を弱めて減収をもたらすことのほうが懸念されている。

対策と動向

オゾン層破壊物質の大部分は，先進国が製造・利用していたものであった。そこで，「オゾン層の保護のためのウィーン条約」が結ばれ（1985年），1987年の「オゾン層を破壊する物質に関するモントリオール議定書」によって具体的な取決めがなされた。それによって，代替物質が開発され，クロロフルオロカーボンの世界全体での消費量は，

参考　温室効果ガス排出の削減目標

1997年に京都で開催された会議では，温室効果ガス（二酸化炭素，メタン，亜酸化窒素などを対象，表2）を二酸化炭素で換算した総排出量を，2008年から2012年のあいだに，1990年の排出量よりも少なくとも5%減らすことになった。削減割当は国によって異なり，日本は−6%，アメリカは−7%，EUは−8%となった。

このとき，①森林など二酸化炭素の吸収源を増やした場合には，その吸収量分を削減達成分にカウントする，②他の国における排出削減や吸収能力向上の実現に資金提供した場合は，それによって削減された分を自国の排出量削減割当にカウントする，③削減割当を超過達成した国が出た場合には，その超過達成分を別の国が買い取って，自国の達成分に追加する，などの規則が決められた。

この国際的取決めがなされたさいには，「温室効果ガスを多量に排出して温暖化を起こしたのは先進国であり，開発途上国にも同様な排出削減を課すのは不公平ではないか」という意見があり，途上国には削減目標が割りあてられていないという問題がある。

❶議定書がなかったとしたら，2050年にはオゾン層破壊物質のレベルが現在の5倍に増加し，北半球中緯度地帯の地表面のUV-B照射レベルは2倍に増加することになった，と試算されている。

1986年の110万tから1996年には16万tとおおはばに減少した。議定書が今後とも守られれば，成層圏におけるオゾン層破壊物質の総量は減少し始め，オゾン層を2050年までに1980年以前のレベルに戻せる展望が出てきている❶。

③ 大気汚染と酸性雨

　大気中の二酸化硫黄は，おもに石炭や石油の燃焼で放出される。また，自動車の排気ガスや工場の化石燃料の燃焼で発生する窒素酸化物，家畜のふん尿や肥料からも発生するアンモニアなどが大気中に放出されている。

　これらの物質は，発生源の周辺はもちろん，上空に舞い上がって遠隔地にも酸性雨となって降下し，陸上や水系の生態系に大きな影響を与えている（図2）。

　つまり，大気中の二酸化硫黄や窒素酸化物，アンモニアなどの**酸性化物質**❷は，そのままあるいは雨に溶けて地上に落下し，中和能力の低い土壌や水系を酸性化し，生態系にわるい影響を与えている。

❷たとえば，アンモニアの場合，それ自体はアルカリ性だが，水や土壌にふれることによって，硝化菌の作用などで酸性の硝酸イオンに変化する。このため，アンモニアを含むこれらの物質は酸性化物質ともよばれる。

■酸性雨の影響　酸性雨が樹木に降り注いだ場合，大きく広がった枝や葉に降った雨水が幹をつたって

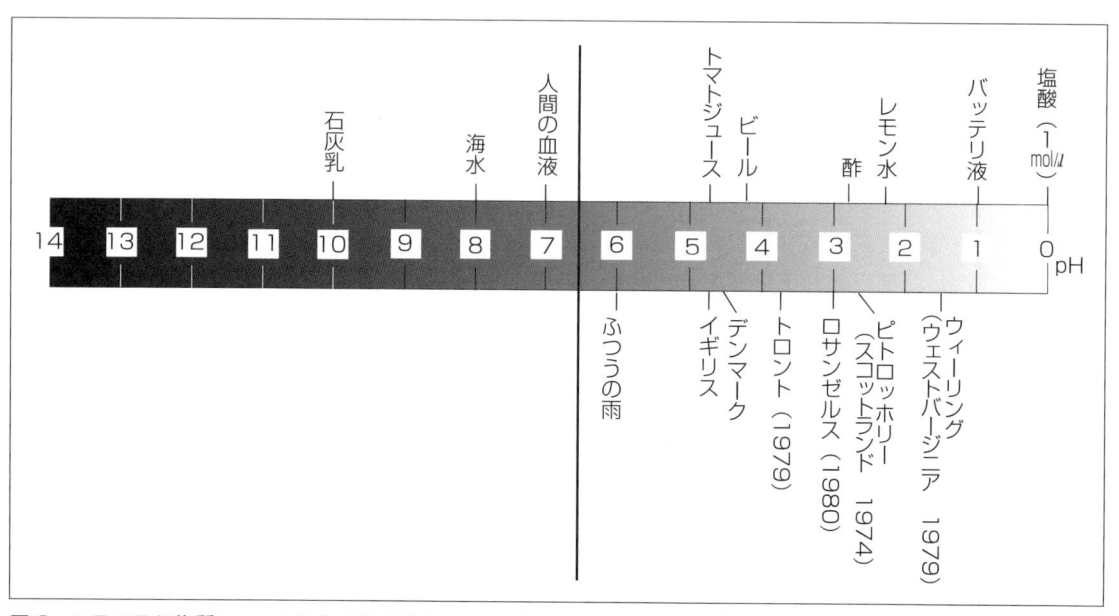

図2　いろいろな物質のpHと過去の酸性雨のpHの記録　　　　　　　　（「地球にやさしい化学」1992年より作成）

根元に集中するために，その部分の土壌がとくに強い酸性になる。また，窒素酸化物やアンモニアの場合は，水系や土壌に窒素を供給することになり，過剰な栄養が自然植生を混乱させることにもなる。

西ヨーロッパでは，すでに25％以上の生態系が自己修復できないまでに酸性化物質による被害を受けている。さらに深刻なのはアジアで，開発途上国の工業化にともなって酸性化物質の排出量が増加し続けている。

対策と動向 国境をこえた大気汚染物質の移動を減らすために，「長距離越境大気汚染条約」が結ばれ（1979年採択），ヨーロッパや北アメリカでは大気汚染物質の量がおおはばに減った。

酸性化物質の排出源は，おもに工業，運輸業，生活活動などであるが，アンモニアの主たる排出源は農業といわれている。とくに，家畜の排せつ物と作物の肥料が排出源となり，そこから揮散するアンモニアが問題になっている❶。そのため，2000年までにアンモニアの揮散量を1980年を基準に70％削減する目標を掲げ，対策を実施している。

❶集約畜産の活発なオランダの例では，1980年に国土全体で1ha当たり平均約61kgのアンモニアが発生し，その90％は畜産に由来するといわれている。

４　土壌劣化

土壌は，農林業やさまざまな土地利用の基盤として大切な資源である。しかし，管理が不適切だと，侵食，有機物の減耗，養分の過剰集積，重金属類などの有害物質の集積，酸性化など，いろいろな要因による土壌の質の劣化が進む。

現在，世界中で19億haの土壌が深刻な破壊を受けているとされている。そのなかには，現在の技術をもってすれば容易に修復できるものもあるが，長年かかって生成された貴重な表土❷が侵食によって失われることは，次の世代に深刻な影響を残すことになる。

❷厚さ1cmの土壌ができるには100～400年を要するといわれ，仮に100年で厚さ1cmの土壌が生成されるとすれば，1年間で生成される土壌の厚さはわずか0.1mmにすぎない。

土壌劣化の影響 土壌侵食には，雨によって土壌が流される水食と，風で飛ばされる風食とがある。

水食の場合，降り注ぐ雨の量と土壌表面をたたく雨の力が関係

1　地球規模の環境問題

するが，土壌の状態によっても流される量は異なる。傾斜が急でしかも長い斜面ほど流れやすく，有機物が少なく土壌団粒が発達していない土壌や，地表面に被覆植物のない土壌は水食を受けやすい。つまり，耕起したばかりで土がやわらかかったり，播種直後で作物の根が張っていなかったりする場合などの土壌である。この結果，傾斜地の畑の下部のほうでは，土が谷のようにえぐられることもある。

わが国は山国で傾斜地が多く，しかもアメリカやヨーロッパに比べて降雨量が多いにもかかわらず，土壌侵食が少ない❶。それは，傾斜地を利用しながらも侵食されないような伝統的な農法があったからである。その最も典型的な例が水田というすぐれた装置で，山地の畑から流出する土壌を受けとめたり，多量の降雨を貯水するなど水を制御したりする役割を果たしている。

対策と動向

農業の集約化や農村の疲弊にともなう土壌劣化は先進国でとくに問題であり，先進国の集まりである経済協力開発機構（OECD）では，各国の農業が環境に及ぼしている影響を計量する農業環境指標をつくり，相互に比較する努力をおこなっている。

❶しかし，冬季の雨量の少ない太平洋側の高冷地などの，冬作物も栽培されずに裸地状態におかれた乾燥した畑では，強い北風によって風食がひどくなっている。また，とくに棚田を果樹園や野菜畑に切り替えたり，耕作放棄したりした場合には，水食が激化している。

土壌侵食の例（パイナップル畑）

5 砂漠化

地球の陸地全体の 40%に達し，10 億人をこす人びとが生活している世界の乾燥地域❶では，「砂漠化」とよばれる土壌の劣化が進行している。その範囲は，乾燥地域の約 20%をしめる約 10 億 ha に及んでいる。

これらの地域では，水分が乏しいために植物の生育がもともと遅いという立地を生かした農業がおこなわれていた。たとえば，少ない草を求めて場所を移動する遊牧の形態や，少ない雨に依存した穀物生産などである。

しかし，人口の増加とともに家畜頭数が増え，井戸を掘って定住化を進める地域も増加し，砂漠化が起こりやすくなった。

❶アフリカのサバンナやアメリカの大平原，ヨーロッパ南東部，アジアのステップ，オーストラリアの奥地や地中海沿岸など。

土壌の劣化がみられる大規模かんがい農地（塩類の集積もみられる）

参考　深刻な欧米の土壌侵食

アメリカでは農地の 50%が侵食を受けやすい農地とされているが，水食と風食をあわせた全体の平均で，1982 年には 1ha 当たり年間 22t もの土壌が侵食され，そのうち水食は約 6 割をしめている。そして，侵食によって年間 1ha 当たりで 13t もの土壌を失っているという。それを再生するのに要する年数は 13 年にも及ぶ。

かつてアメリカでは，農地を一年中被覆して土壌有機物をゆたかにする牧草地が多く，侵食防止に役立っていた。しかし，その後コムギやトウモロコシ，ダイズなどの輸出用作物に転換してからは，土壌侵食が深刻になっている。

また，ヨーロッパでは，全農地の 12%で水食，4%で風食が問題となっている。

砂漠化の影響

その土地に生える植物で養える以上の家畜を放牧すれば（過放牧），土地の劣化をまねいてしまう。

また，穀物収量をあげるためにかんがいをおこなうと，かん水された水は地表からの蒸発のために地中から地表に向かって移動し，土壌中の塩類が水とともに地表面に上昇し，地表に集積して塩害を起こしやすい。

かんがいをおこなう場合には，むだに蒸発する水を少なくする効率的なかんがいをおこなったり，土壌に浸透した水を土中で横に導く排水路を設けたりするなど，土壌中の塩類が表面にますます集積するのを防ぐ工夫が必要である。

人口増加にともなう自然への人為的な操作が，結果として土壌劣化を引き起こし，食料生産力を低下させているのである。

対策と動向

人口増加と土壌劣化による食料生産力の低下によって，サブサハラと，インドからイランにいたる南アジアの乾燥した土地で，将来食料問題がとくに深刻化するとされている。このため，1994年に「砂漠化対処条約」がつくられ，乾燥地域の砂漠化防止に国際的協力がなされている。

過放牧によって進行する砂漠化

6　森林（熱帯林）の減少

　もともと地球の陸地の大部分をおおっていた森林の多くがすでになくなり，現存する森林は2000年時点で約39億haで，陸地の約30％をおうだけになった（➡ p.103 図2）。

　その森林が，さらに減少している。たとえば，1990年から2000年のあいだに，世界全体で9,400万haの森林が失われた（➡ p.104）。それは，燃料や材木の確保や農地開発のために，森林が伐採されたり焼かれたりした結果である。それだけではなく，先進国が材木とパルプをこうした国々から輸入し，世界の森林の荒廃に拍車をかけてきた。世界の森林を持続可能なかたちで利用し続けることができる取組みが求められている。

森林伐採の影響　熱帯では，気温が高いために土壌有機物の分解がはやく，落ち葉もすぐに分解され養分となって樹木に吸収される。つまり，物質循環がはやいために土壌にたくわえられている有機物のゆとりが少ない。したがって，熱帯林を皆伐して畑に開墾した直後は土壌から養分が供給されるが，すぐに供給養分は激減してしまう。しかも，肥料を施すことなく農地を捨てて，あらたな森林を伐採していることが問題となっている。

対策と動向　先進国の多くが材木とパルプをほぼ自国で調達できているのに，その多くを輸入に依存しているわが国に対して，自国の森林を保全しながら，世界の森林を荒らしているとの批判がある。そこで，世界の森林を持続可能なかたちで利用し続けられるようにするため，国際熱帯木材機関によって，2000年までに持続可能な森林経営のおこなわれている森林から伐採された木材しか国際的に取引きしてはならない，ことが約束されている。

7　生物多様性の減少

　世界的に経済開発が進み，野生生物の生息地が破壊・改変・分断されたり，有害物質で汚染されたり，密猟などで捕獲されたり

して、野生生物は急速に減少している。

世界中に生息する生物は、記載されているだけで約170万種であるが、じっさいには約1,400万種が存在すると推定されている。そのうち、絶滅に追いやられている種類は、哺乳類では4,763種のうちの24%、鳥類では9,946種のうちの12%といわれている。植物では、すでにわかっている約15万種のうち、顕花植物の3.5%、隠花植物の16%、コケ類の0.5%の種が絶滅の危機にさらされ、すでに絶滅した種が90種にのぼるとされている。

生物多様性減少の影響

生態系の単純化 多様な野生生物が生態系を構成し、食物連鎖をとおした物質循環などをおこなうことによって、土・水・大気が再生されている。安定した生態系を構成していたいくつかの生物種が滅びると、システムとして生態系のバランスがくずれる。たとえば、ある種の肉食動物がいなくなると、野鳥が繁殖して農作物に害を及ぼすなど、生態系の平衡機能を乱し、その連鎖反応が大きく影響する❶。

また、野生生物は、人間にとって有用な遺伝子をもった貴重な財産でもある。したがって、生物種の消失は、人類の将来に向けての安全と発展のための貴重な資源を失うことにもなる（写真）。

農業は、生物の多様性と深く関わっており、野生生物の生息地であった森林や草原を開墾することによって、それまでの生態系がもっていた生物多様性を損なってきたといえる。その一方で、農業は自然生態系にはなかった新しい環境をつくり出し、野生の生息地とはちがった生物種を定着・進化させ、生物種の多様性を増加させてきた❷。

しかし、技術の発展によって環境条件を変えて、生産効率の高い品種が広域で栽培されるようになり、劣悪な環境条件に耐えるなどの能力をもつ貴重な在来種を減少させてしまった。

外来生物の増加 世界的に農産物などの物資の移動が活発化し、物資とともに運ばれた生物が本来の生息地でない外国に定着するケースや、人間がある目的のために、特定の生物種を輸入して定着させるケースが増加した。こうした侵入または導入した生物種のなかには、競争する生物がいないために、爆発的に増殖して、

❶土壌微生物の硝化菌がいなくなると、土壌中ではアンモニウムは硝酸に変化することができずにそのままの状態でいるため、多くの植物は生育ができなくなる。

❷たとえば、かつて稲作では、その地域の環境条件に適した数種の在来種が栽培されてきた。

在来生物を絶滅の危機に追いやっているケースも増えている❶。

対策と動向 水鳥やその他の動植物の生息地として国際的に大切な湿地を保全する「ラムサール条約」や，絶滅のおそれのある野生動植物を取引きのための乱獲から保護する「ワシントン条約」などが結ばれている。

そして，特定の場所や種だけを対象とするのではなく，野生生物や農業用生物を含めた生物全体の多様性を保全するとともに，生物資源を利用したときに生ずる利益を関係国間で公平に分配するために，「生物多様性条約」が1993年に発効した。この条約にもとづいて，各国は生物多様性を保全するための国家戦略を策定し，それにもとづいた行動をおこなうことが決められており，わが国は1995年に国家戦略を策定した。

❶わが国では，アメリカシロヒトリによる広葉樹の被害や，肉食魚のバスやブルーギルによる在来魚の激減の例がある。農業では，スクミリンゴガイ（ジャンボタニシ）による水稲の食害や，家畜用穀物に混入してきた外来雑草の飼料畑でのまん延などが起きている。

減少する野生生物の例（遺伝資源としても貴重な自生地のサクラソウ）

参考 遺伝子組換え作物による影響

遺伝子組換え作物を栽培したときの問題も危惧されている。たとえば，その作物と近縁野生植物とが交配して，導入遺伝子が野生植物に移る可能性は，きわめて低いが起こりうることが指摘されている。また，害虫の毒素を生成する遺伝子を組み込んだ作物を栽培したとき，その作物の花粉にも毒素が含まれ，花粉を食べたチョウの成長が悪化し，死亡率が高まることなどが懸念されている。こうしたことが生じた場合には，野生生物の性質を変えたり，個体数を減らしたりすることになりかねないので，十分な配慮が必要である。

2 環境の保全・創造に向けて

1 農林業・農村のもつ多面的機能の発揮

第1章であらましを学んだが、農林業および農山村は、食料や木材の供給以外にも、国民生活の安定や国民経済の基盤を形成するさまざまな多面的機能をもっている。農業は、これからの時代においても、農産物を生産して国民に供給する重要な役割をもち続けるが、農産物を生産するさいには、環境汚染をできるだけ減らす努力をすると同時に、多面的機能の発揮にもいっそうの努力をおこなう必要がある。そのことが、環境の保全・創造にとってきわめて重要である。以下、そのための取組みをいくつか紹介してみよう。

条件不利地農業への補完

農業は広い国土を管理して、地域社会を支え、そして、さまざまな伝統文化を継承して保存している。人口が都市に集中し、農村部が過疎になることは、人口の適正な分布をゆがめ、都市の過密化とそれにともなうさまざまな問題をもたらす❶。同時に、農業者や林業者が保全してきた農地や林地が荒れて、国土保全機能が

❶農村にはさまざまな産業があり職業の人が生活しているが、農業が衰退して、農業者が農村から流出してしまうと、農業以外の産業も衰退して人口が都市に集中することになる。わが国でも高度経済成長の時代に農村の急速な過疎化が生じたが、同じような問題は、現在も先進国と途上国の双方で生じている。

参考 「食料・農業・農村基本法」とその基本計画

平成11年に、旧農業基本法（昭和36年制定）にかわって「食料・農業・農村基本法（新農業基本法）」が制定された。その施策を総合的・計画的に推進するための「食料・農業・農村基本計画」が策定され、そこでは食料自給率向上の具体的目標も設定された。

旧農業基本法は、農業の生産性の向上や所得の向上（農工間格差の是正）をめざして、農業生産の選択的拡大（畜産・野菜・果樹部門などの拡大）、農業生産基盤の整備、農産物流通の改善、自立経営の育成と協業の助長などを柱としていた。

これに対して、「食料・農業・農村基本法」では、食料自給率の低下、農業者の高齢化、農地面積の減少、農村の活力低下、などの社会経済の変化を背景として、①食料の安定供給の確保、②農業のもつ多面的機能の発揮、③農業の持続的な発展、④農村の振興、を基本理念としている。そこには、食料消費に関する施策の充実、農産物の輸入制限、女性の参画や高齢農業者の活動の促進、自然循環機能の維持増進、中山間地域の振興、都市と農村の交流、などの新たな施策が積極的に位置づけられている。

低下して国民の生活基盤があやうくなりかねない。

そのため、イギリスでは農業者を農村のスチュワード（財産管理人）に位置づけている。農村の育んできた伝統文化がなくなることは国民の損失である。また、農村のもつゆたかな自然は、都会に住む人びとにやすらぎを与えるとともに、子どもたちの貴重な学習の場となる。

こうしたことから、EUでは農産物生産をおこなううえで不利にならざるをえない山間部などの**条件不利地域**❶の農業者には、環境にやさしい農業生産をおこなったり、伝統的な農村景観や身近な生物を保全する農業をおこなったりすることを条件に、不利になる分を補完する制度を設けている❷。

わが国でも、中山間地域の農業者に多面的機能の維持を条件に農業を継続するのを支える奨励金を支給することが、新しい「食料・農業・農村基本法」で位置づけられ、2000年度から開始された。

❶中山間地域では平たんな広い農地を確保できないため、機械化がむずかしく、生産コストが高くつき、市場経済のなかでは不利な立場にある。また、農産物の輸入自由化によって、安価な農産物の輸入が増えるのにともなって、一般的には、生産コストの高くつく中山間地域の農業は不利にならざるをえない。

❷平場の農業者に対しては、環境保全をはかる農業を営むことを条件に、それによって減少する所得を補完する制度がある。

参考　景観と環境の保全を両立させるイギリス

イギリスやオランダをはじめとしてEUの国々の多くは平たんで、農地率が50％をこえていて、本来の自然は少なく、農業によって管理された二次的自然が重要な部分をしめている。そして、農業の集約化がもたらした環境汚染などが国土全体に大きな影響を与えている。

たとえば、イギリスでは農地率が国土の約70％に達している（日本では13.5％）。イギリス人は美しい農村風景に誇りをもち、休暇を農村で過ごすグリーン・ツーリズムが活発である。しかし、農業の集約化にともなって化学資材による環境負荷が増したのみならず、機械化に適したほ場の大型化によって、ほ場周囲の生垣や家畜を囲っていた石垣が撤去されたり、石垣のかわりに電線の牧柵がつくられたり、生産効率を上げるために家畜の放牧が激減して草地が荒れたりしている。これによって伝統的な美しい農村景観が失われ始めている。

そこで、環境負荷の少ない農法で、伝統的な農村景観を維持したり、農村の育んできた身近な生物の生息地を保護したりする農業を実践する農業者に奨励金を支給して、農業が続けられるようにする政策を進めている。

このときにイギリス政府が重視しているのは、美しい農村環境を保全することによる受益者は都市住民である点である。そのために、ハイキングなどで農村をおとずれる都市住民に対して、自分の農場内の私道を通行させたり、生産調整されている草地の牧草を短く刈り込んでピクニック用に開放したり、私道を車椅子でも通りやすいようにかたくしたり、石垣に車椅子の乗りこえられるスロープをつくったりすることを重視し、農地内へのアクセスを可能にするための改造には、とくに奨励金を上のせしている。

こうした奨励金によって小規模農業者が農業を続けられるようにして、美しい農村を守る努力をおこなっている。

自治体による農地の保全　急速な都市開発によって農地を住宅地に転換した都市近郊の自治体のなかには，水田が減ったために，大雨のさいに短期間だが，洪水が多くなっているケースもある。住宅地では農地に比べて貯留できる雨水量がおおはばに減るので，自治体は雨水をためる遊水貯留施設や下水施設を整備したり，河川改修をおこなったりする必要がある。

　しかし，急速に開発のなされた自治体では，そうした整備が追いつかなかったり，地価が高かったりして，十分な整備をおこなえないケースも少なくない。このため，水田を維持してもらうことが洪水防止対策として重要であり，しかも施設整備よりも安価にすむことから，水田を維持している農家に奨励金を出している自治体もある。

② 各分野の環境保全に向けた取組み

環境マネジメントシステム　工業に対して環境汚染の原因とならないことが強く求められるとともに，消費者が環境にやさしい製品を求める時代になったことを背景にして，国際標準化機構（ISO）は，工業製品の品質では，たんにその機能や人体に対する安全性だけでなく，環境へのやさしさも重要な要素の1つであるとの見方に立って，製品が，できるだけ環境汚染の少ない形で製造・流通され，使用後にはリサイクルなどによって，廃棄となる量をできるだけ少なくすることを，製品の品質として重視するようになった。この環境へのやさしさを具体化するために，ISOは1995年に環境マネジメントシステム（ISO　14000）を発足させた。それは，以下のような段階から取り組まれている。

　第1段階　事業所は製品製造などについて，まず自ら環境汚染をできるだけ減らす計画を作成する。たとえば，技術的に工場の排水や排ガスをよりきれいにできるようにしたり，製品の輸送の仕方を変えて，ガソリンなどの消費量を減らしたりする工夫をしたりする。そして，計画を実行し，その結果を自らまとめて，外

部の人たちに監査してもらう。その評価結果を地域住民などに公表し，さらに問題点を改善する計画を作成して，努力を重ねる。こうした環境改善努力をおこなう事業所であることを，ISOの指定する機関に認定してもらっている事業所❶が世界的に急速に増加しており，わが国は認定を受けた事業所数で世界のトップレベルになっている。

第2段階 製造段階だけでなく，原料の採取，事業所までの輸送，製造，流通，廃棄という製品の全ライフサイクルにわたって，環境への負荷がどこでどれだけ生じているかを評価し，改善計画を立てて，実行するシステムである。これはライフサイクル・アセスメント（LCA）とよばれている。

たとえば，ある食品加工工場が原料を購入して製品をつくるさいに，第1段階のシステムでは，原料が工場に到着したところから，環境改善計画をつくることになる。それに対して，LCAでは，原料の作物を栽培する段階でどれだけ肥料や農薬を使用したか，収穫物を工場に輸送する過程でどれだけ石油を消費したかなど，原料調達段階から，家庭で製品が消費されて，その後，包装資材や食べかすなどがどう処分されるかまでのすべての過程について，二酸化炭素の発生量などの評価をおこなう❷。

生活からの廃棄物削減の努力

生活がゆたかになって購入するものが増えたこと，技術革新によってよりすぐれたものが生産されて，性能のすぐれた新しいものに買い換えをおこなっていること，容器などの回収にコストをかけるよりも，ものをより安く販売することのほうが一時期消費者にも歓迎されたことなどによって，家庭や産業からの廃棄物量が急速に増加した❸。

ごみの焼却によってダイオキシン類が発生し，埋め立て用地からは有害物質が地下水などに浸透するなどの問題が生じて，地域住民の同意を得て焼却施設や埋め立て用地を確保することもむずかしくなり，ごみ問題は大きな社会問題となっている。

リサイクルによるごみ削減 ごみ問題を少しでも改善するために，さまざまな努力がおこなわれている。たとえば，身近なごみの代表である缶，びんやダンボールなどの各種包装容器の回収を，

❶認定を受けた事業所は，認定を受けていることを製品に表示することができ，消費者が製品を選択するさいに，その表示を参考にすることになる。とくに，ヨーロッパでは消費者が環境にやさしい商品であるか否かを問題にするので，認定を受けることが重要となっている。

❷LCAについての規則は細部までは決められていないが，すでに，部品をリサイクルしたり，石油に依存しない原料におき換えたりするなどの試みをおこなっている企業もある。

❸1993年度における都市ごみ発生量は年間5,000万t強（1日約13.8万t），産業廃棄物発生量は年間約4億t（1日約1,100万t）に達している。この都市ごみの約74％は焼却され，14％が埋め立てられている。

製造業者がおこなうことを義務づけた「包装容器リサイクル法」が1995年から施行されている❶。上記のISOのライフサイクル・アセスメントによる各事業所での努力もその1つである。そして、2000年には廃棄物のリサイクルを推進するための「循環型社会形成推進基本法」がつくられ、さらに食品事業所から出る有機廃棄物（食品循環資源）の再利用などに関する法律もつくられた。

　また、自治体のなかには、ごみ回収を有料化して、各家庭や事業所がごみを減らす努力をうながしたり、ごみ発電をおこなってごみからエネルギーを回収するとともに、最終廃棄物量を少なくしたりしている。

都市と農村の連携によるなまごみの堆肥化　リサイクルを考えるときに農業と関係してくるのが、もともとの原料が生物体であった生物系廃棄物❷である。このうち食品残さであるなまごみには本来重金属類も少なく、農業利用可能なものもある。土壌生産力を維持するために堆肥などの有機物資材の施用が必要であるが、地域によっては家畜も少なく、堆肥材料を入手しにくい地域もある。そうした地域では、家庭や食品産業関係事業所のなまごみを堆肥化して農業で再利用しているところもある。

　なまごみの堆肥化による地域での農業者と都市住民や食品産業との連携は、地域における環境問題と安全な食料生産について、住民、農業者、食品業者で相互に考えなおす機会となっている。

　また、里山の落ち葉を堆肥にして、里山を守ると同時に農業用の堆肥を確保する活動をおこなうなどのボランティアグループも誕生している。

　なまごみのリサイクルを考えるさいには、なまごみ堆肥を受け入れられる農地面積を考え、受け入れ容量の範囲でおこなうことが必要であり、農地の受け入れ容量をこえて堆肥を施用したのでは、環境汚染を生じ、食品の安全性もあやうくなる。また、なまごみ以外のものを混入させない分別収集が不可欠である。さらに、十分に腐熟した堆肥をつくることなどが必要である❸。

❶各製造業者が自社製品の廃棄物を選別して回収することは、じっさいにはできないので、業者が共同出資した「財団法人日本包装リサイクル協会」が回収作業をおこなっている。

❷その総量は約2万8,000tで、そのうち、作物および家畜系の残さが約1万1,000t、林業関係の残さが約550tで、これらのリサイクル率が高いのに対して、非農林業関係残さのリサイクル率は低い。生物系廃棄物中の窒素含量は農林業関係の残さに約90万t、非農林業関係残さに約40万tが含まれている（→p.12）。

❸人間のし尿もかつては肥料として、わが国では利用してきた。最近有機農業でし尿を堆肥にして利用するケースも出始めた。しかし、かつてもそうであったが、ふんと尿を分離して、ふんを好気的に発熱発酵させないと、寄生虫の卵が死なないために、寄生虫をまん延させることになる。

③ 地球環境問題の解決に向けて

環境問題が世界的に深刻になり，1992年にブラジルのリオデジャネイロで，国連の「環境と開発に関する特別総会」（地球サミット）が開催された。そこで，人類の永遠の発展を可能にする持続可能な開発をおこなうことが確認され，環境を守りながら持続可能な開発をおこなうための「環境と開発に関するリオ宣言」と，そのための行動計画である「アジェンダ21」が採択された。

　そして，この国連特別総会において，人類の未来のために大切な，気候変動枠組条約，生物多様性条約，砂漠化対処国際条約をつくることが約束され，森林原則声明が採択された。このほかにもさまざまな国際条約があり，国際条約に沿って，世界各国が共同して取組みをおこなうことが大切であるが，じっさいには各国の利害が一致しない問題もあって，調整をおこないながら，取組みの努力が続けられている。しかし，国際条約を守ることは，じつは各国において，国，自治体，企業，市民がそれぞれの立場で問題解決に向けた努力をおこなうことなのであり，「グローバルに考え，ローカルに活動をおこなう」ことが大切である。

　たとえば，地球温暖化対策についてみると，わが国では1998年に「地球温暖化対策の推進に関する法律」を公布し，1999年4月にこの法律にもとづいて，地球温暖化対策に関する基本方針を決定している。

　排出されている温室効果ガスの90％強は二酸化炭素であり，その主たる排出源は産業部門，運輸部門，民生（生活関連）部門，エネルギー転換部門である。このため，とくにこれらの部門において，代替エネルギー（光，風力，バイオマスなどのエネルギー）の開発，省エネルギー対策，工業過程や廃棄物からの二酸化炭素やメタンの排出削減，自動車の排ガス削減や燃費の向上，ガソリン以外の燃料を使用する自動車の開発・普及，などをおこなうこととしている。

　また，農業部門では，作物栽培や家畜生産からのメタンの排出削減などをおこなうとともに，森林の保全や整備をおこなって，二酸化炭素の吸収源を強化することになっている。これらの努力をおこなうさいには，国，自治体，企業などが協力しあうことが必要である。

付録1 環境基準値

大気汚染に係る環境基準

二酸化いおう	1時間値の1日平均値が0.04ppm以下であり、かつ、1時間値が0.1ppm以下であること
一酸化炭素	1時間値の1日平均値が10ppm以下であり、かつ、1時間値の8時間平均値が20ppm以下であること
浮遊粒子状物質	1時間値の1日平均値が0.10mg/m³以下であり、かつ、1時間値が0.20mg/m³以下であること
二酸化窒素	1時間値の1日平均値が0.04ppmから0.06ppmまでのゾーン内又はそれ以下であること
光化学オキシダント	1時間値が0.06ppm以下であること
非メタン炭化水素	光化学オキシダントの日最高1時間値0.06ppmに対応する午前6時から9時までの3時間平均値は、0.20ppmCから0.31ppmCの範囲にある(指針)
ダイオキシン類	1年平均値が0.6pg-TEQ/m³以下であること

備考: 環境基準は、工業専用地域、車道その他一般公衆が通常生活していない地域または場所については、適用しない。

騒音に係る環境基準

地域の類型	昼間	夜間
AA(療養施設,社会福祉施設等が集合して設置される地域など特に静穏を要する地域)	50デシベル以下	40デシベル以下
A(専ら住居の用に供される地域)及びB(主として住居の用に供される地域)	55デシベル以下	45デシベル以下
C(相当数の住居と併せて商業,工業等の用に供される地域)	60デシベル以下	50デシベル以下

ただし、「道路に面する地域」については、上表によらず下記の基準値による

	昼間	夜間
A地域のうち2車線以上の車線を有する道路に面する地域	60デシベル以下	55デシベル以下
B地域のうち2車線以上の車線を有する道路に面する地域及びC地域のうち車線を有する道路に面する地域	65デシベル以下	60デシベル以下
幹線交通を担う道路に近接する空間についての特例基準値	70デシベル以下	65デシベル以下

個別の住居等で窓を閉めたときに屋内へ透過する騒音を、昼間45デシベル以下、夜間40デシベル以下によることができる

水質汚濁に係る環境基準

人の健康の保護に関する環境基準(全ての公共用水域)(地下水は別)

カドミウム	0.01mg/l以下	全シアン	検出されないこと	鉛	0.01mg/l以下
六価クロム	0.05mg/l以下	砒素	0.01mg/l以下	総水銀	0.0005mg/l以下
アルキル水銀	検出されないこと	PCB	検出されないこと	ジクロロメタン	0.02mg/l以下
四塩化炭素	0.002mg/l以下	1,2-ジクロロエタン	0.004mg/l以下	1,1-ジクロロエチレン	0.02mg/l以下
シス-1,2-ジクロロエチレン	0.04mg/l以下	1,1,1-トリクロロエタン	1mg/l以下	1,1,2-トリクロロエタン	0.006mg/l以下
トリクロロエチレン	0.03mg/l以下	テトラクロロエチレン	0.01mg/l以下	1,3-ジクロロプロペン	0.002mg/l以下
チウラム	0.006mg/l以下	シマジン	0.003mg/l以下	チオベンカルブ	0.02mg/l以下
ベンゼン	0.01mg/l以下	セレン	0.01mg/l以下	硝酸性窒素及び亜硝酸性窒素	10mg/l以下
ふっ素	0.8mg/l以下	ほう素	1mg/l以下		

備考: 基準値は年間平均値とする。ただし、全シアンに係る基準値については、最高値とする。

生活環境の保全に関する環境基準

河川(湖沼を除く)

類型	利用目的の適応性	基準値 水素イオン濃度(pH)	生物化学的酸素要求量(BOD)	浮遊物質量(SS)	溶存酸素量(DO)	大腸菌群数
AA	水道1級 自然環境保全 及びA以下の欄に掲げるもの	6.5以上,8.5以下	1mg/l以下	25mg/l以下	7.5mg/l以上	50MPN/100ml以下
A	水道2級 水産1級 水浴 及びB以下の欄に掲げるもの	6.5以上,8.5以下	2mg/l以下	25mg/l以下	7.5mg/l以上	1,000MPN/100ml以下
B	水道3級 水産2級 及びC以下の欄に掲げるもの	6.5以上,8.5以下	3mg/l以下	25mg/l以下	5mg/l以上	5,000MPN/100ml以下
C	水産3級 工業用水1級 及びD以下の欄に掲げるもの	6.5以上,8.5以下	5mg/l以下	50mg/l以下	5mg/l以上	-
D	工業用水2級 農業用水 及びEの欄に掲げるもの	6.0以上,8.5以下	8mg/l以下	100mg/l以下	2mg/l以上	-
E	工業用水3級 環境保全	6.0以上,8.5以下	10mg/l以下	ごみ等の浮遊が認められないこと	2mg/l以上	-

	湖沼						
類型	利用目的の適応性	基準値 水素イオン濃度 (pH)	化学的酸素要求量 (COD)	浮遊物質量 (SS)	溶存酸素量 (DO)	大腸菌群数	
AA	水道1級 水産1級 自然環境保全 及びA以下の欄に掲げるもの	6.5以上,8.5以下	1mg/l以下	1mg/l以下	7.5mg/l以上	50MPN/100ml以下	
A	水道2,3級 水産2級 水浴 及びB以下の欄に掲げるもの	6.5以上,8.5以下	3mg/l以下	5mg/l以下	7.5mg/l以上	1,000MPN/100ml以下	
B	水産3級 工業用水1級 農業用水 及びCの欄に掲げるもの	6.5以上,8.5以下	5mg/l以下	15mg/l以下	5mg/l以上	-	
C	工業用水2級 及び環境保全	6.0以上,8.5以下	8mg/l以下	ごみ等の浮遊が認められないこと	2mg/l以上	-	

備考：基準値は，日間平均値とする（湖沼，海域もこれに準ずる）。
　　　農業用利水点については，水素イオン濃度6.0以上7.5以下，溶存酸素量5mg/l以上とする（湖沼もこれに準ずる）。
　　　大腸菌群数はMPN（最確数）による定量法
　　［注：河川の場合］
　　　自然環境保全：自然探勝等の環境保全
　　　水道1級：ろ過等による簡易な浄水操作を行うもの
　　　水道2級：沈殿ろ過等による通常の浄水操作を行うもの
　　　水道3級：前処理等を伴う高度の浄水操作を行うもの
　　　水産1級：ヤマメ，イワナ等貧腐水性水域の水産生物用並びに水産2級及び水産3級の水産生物用
　　　水産2級：サケ科魚類及びアユ等貧腐水性水域の水産生物用及び水産3級の水産生物用
　　　水産3級：コイ，フナ等，β-中腐水性水域の水産生物用
　　　工業用水1級：沈殿等による通常の浄水操作を行うもの
　　　工業用水2級：薬品注入等による高度の浄水操作を行うもの
　　　工業用水3級：特殊の浄水操作を行うもの
　　　環境保全：国民の日常生活（沿岸の遊歩等を含む。）において不快感を生じない限度
　　［注：湖沼の場合（下記以外は河川と同様）］
　　　水道2,3級：沈殿ろ過等による通常の浄水操作，又は，前処理等を伴う高度の浄水操作を行うもの
　　　水産1級：ヒメマス等貧栄養湖型の水域の水産生物並びに水産2級及び水産3級の水産生物用
　　　水産2級：サケ科魚類及びアユ等貧栄養湖型の水域の水産生物用及び水産3級の水産生物用
　　　水産3級：コイ，フナ富栄養湖型の水域の水産生物用
　　　工業用水2級：薬品注入等による高度の浄水操作，又は，特殊の浄水操作を行うもの

河川及び湖沼の窒素とリン濃度基準			
類型	利用目的の適応性	全窒素	全燐
I	自然環境保全及びII以下の欄に掲げるもの	0.1mg/l以下	0.005mg/l以下
II	水道1,2,3級（特殊なものを除く。） 水産1種 水浴及びIII以下の欄に掲げるもの	0.2mg/l以下	0.01mg/l以下
III	水道3級（特殊なもの）及びIV以下の欄に掲げるもの	0.4mg/l以下	0.03mg/l以下
IV	水産2種及びVの欄に掲げるもの	0.6mg/l以下	0.05mg/l以下
V	水産3種 工業用水 農業用水 環境保全	1mg/l以下	0.1mg/l以下

備考：基準値は年間平均値とする。
　　　水域類型の指定は，湖沼植物プランクトンの著しい増殖を生ずるおそれがある湖沼について行うものとし，全窒素の項目の基準値は，全窒素が湖沼植物プランクトンの増殖の要因となる湖沼について適用する。
　　　農業用水については，全燐の項目の基準値は適用しない。

ダイオキシン類汚染に関する環境基準

大気	0.6pg-TEQ/m³以下
水質	1pg-TEQ/L以下
土壌	1,000pg-TEQ/g以下

備考：pg（ピコグラム）= 10^{-12}g
　　　TEQ（毒性等価量：ダイオキシン類には多数の類縁化合物があって，その毒性が異なるため，検出された多数の類縁化合物の重さを，それぞれ基準化合物の毒性に相当する重量に換算して合計した値）。
　　　大気と水質の基準値は年間平均値。
　　　土壌では250pg-TEQ/g以上が検出された場合には必要な調査を実施する。

付録2　環境や緑を守る仕事（資格）の例

自然保護官
国立公園や鳥獣保護区などで野生動植物の保護管理や自然解説などをおこなう，環境省所属の国家公務員

森林官（フォレスター）
国有林の巡視や調査，植林や草刈りおよび除伐などの森林保全の計画・管理をおこなう，林野庁所属の国家公務員

ビオトープ管理士 ● 民間資格
地域の自然生態系の保護や復元，創出をおこなう。計画管理士と施工管理士とがあり，（財）日本生態系協会が認定

自然観察指導員 ● 民間資格
NACS-J（（財）日本自然保護協会）に登録した，自然保護への関心を高めてもらうボランティア

オリエンテーリングディレクター ● 公的資格
オリエンテーリング・インストラクターの資格をもち，各地で開催されるオリエンテーリングの競技指導員

森林インストラクター ● 公的資格
森林に遊びに来る一般の人たちに，森林や林業について解説したり森林を案内したりする，野外活動の指導員

キャンプインストラクター ● 民間資格
（社）日本キャンプ協会の認定する，安全で楽しいキャンプの普及のための指導者

林業技士 ● 民間資格
森林保護の観点に立って林業経営の全般にわたってアドバイスする，専門的な林業技術者として林野庁に登録

グリーンアドバイザー ● 民間資格
家庭園芸の愛好者たちに正しい情報を提供し，的確な指導・助言ができる相談員

園芸装飾技能士（グリーンコーディネーター） ● 国家資格
室内環境のデザイン，レイアウト，カラーリングにマッチした植物の選択と組合せをする

造園技能士 ● 国家資格
庭園，公園，緑地などの築造工事について，見取り図作成から樹木や草花や庭石などの選定までのすべてをおこなう

臭気判定士 ● 国家資格
おもに工場などが事業活動にともなって発生させる悪臭の強さを測定する

環境計量士 ● 国家資格
有害な化学物質などの濃度を計量する濃度関係計量士，騒音・振動のレベルを測定する騒音・振動関係計量士

公害防止管理者 ● 国家資格
環境破壊を防止するため，公害発生源となり得る施設のある特定工場に設置が義務づけられている

廃棄物処理施設技術管理者 ● 国家資格
家庭から出る一般ごみから産業廃棄物まで，廃棄物処理にともなう2次公害発生を防止

建築物環境衛生管理技術者 ● 国家資格
不特定多数の人が利用する建築物内の環境を，よりよい状態に維持管理する

索 引

あ
アオコ……………………91
亜高木層…………………38
アジェンダ21……………181
亜硝酸性窒素……………90
暖かさの指数……………39
アルミニウム害…………88
アレロパシー……………130
アンモニアガス…………92

い
EC…………………………61
硫黄酸化物………………76
維管束……………………81
育苗………………………84
池の造成…………………159
ISO……………………12, 178
遺伝子組換え作物………175
移動………………………155
イボニシ…………………13
入会草地…………………87

う
ウィーン条約……………8
魚付き保安林……………40

え
えい花分化期……………118
栄養塩類…………………20
栄養成長…………………80
栄養繁殖…………………108
SPM………………………76
枝打ち……………………106
LCA………………………179
エルニーニョ現象………166
塩化カリウム（塩加）…82

お
OECD……………………171
おしべ……………………82

オゾン層の破壊………8, 166
オゾン層破壊物質………92
落ち葉かき………………36
温室効果…………………7
温室効果ガス………7, 91, 165

か
開水面……………………160
開発途上国の公害問題…8
海洋環境の劣化…………8
外来生物…………………174
化学的酸素要求量………64
化学的防除…………118, 130
化学農薬以外の防除剤…128
化学肥料…………………87
拡大造林…………………104
火山性土…………………96
河床…………………40, 144
仮製地形図………………43
河川生態系………………20
花壇苗……………………108
活着………………………110
株分け……………………111
花粉………………………82
花弁………………………82
過放牧……………………172
夏緑広葉樹林帯…………38
過リン酸石灰（過石）…87
かんがい…………………142
環境………………………4
環境と開発に関するリオ宣言…181
環境ホルモン……………13
環境マネジメントシステム…178
環境要因…………………4
間作………………………126
乾燥地域…………………171
間伐………………………106
乾物率……………………116
観葉植物…………………112

き
機械的・物理的防除……130
帰化植物…………………53
気孔………………………81
気候………………………94
気候緩和…………………23
気象環境…………………82
希少植物…………………136
休耕田の多面的活用……134
局所施用…………………124
魚道………………………146

く
グライ層…………………97
グラウンドカバープランツ…132
グリーンGDP……………12
グリーン・ツーリズム…162, 177
黒ボク土…………………97

け
系…………………………15
景観………………………42
経済協力開発機構………171
形成層……………………81
ケナフ……………………134
減水深……………………116
減数分裂期………………118

こ
耕うん……………………82
公害………………………9
光化学スモッグ…………10
耕起………………………83
洪水防止機能……………22
洪積土……………………96
耕地生態系………………19
高木層……………………38
硬葉樹……………………38
広葉樹……………………103
護岸………………………130

国際標準化機構……………12, 178
国土の保全……………………104
湖沼生態系……………………20
個体群…………………………15
米ぬか…………………………132
混作……………………………126

さ

砕土……………………………84
栽培環境………………………82
栽培時期………………………83
在来品種………………………136
作期……………………………83
作付体系…………………85, 126
作土……………………………116
挿し木…………………………110
挿し穂…………………………112
雑草……………………………67
砂漠化…………………………171
寒さの指数……………………39
山間農業地域…………………26
産業革命………………………7
三次処理水……………………159
酸性雨…………………7, 8, 78, 168
酸性化物質……………………168
酸性土壌………………………96
三相分布………………………69
散播……………………………84
三面コンクリート……………145

し

C/N比…………………………124
COD……………………………64
しいな…………………………120
自家受精………………………82
子実……………………………114
糸状菌病………………………99
自然環境………………………4
自然公園………………………162
自然生態系……………………16
自然度調査……………………53

自然林…………………………102
下草刈り………………………36
指標植物………………………73
社会環境………………………4
遮光……………………………82
臭化メチル……………………92
重金属汚染……………………92
集落排水………………………158
受益者…………………………177
主茎……………………………81
主根……………………………81
種子繁殖………………………108
受精……………………………82
種皮……………………………82
準絶滅危惧……………………139
子葉……………………………82
小気候…………………………94
条件不利地農業………………176
蒸散……………………………81
硝酸性窒素…………………11, 73
条播……………………………84
消費者…………………………16
常緑広葉樹林帯………………38
植生調査………………………54
植被率…………………………54
植物相…………………………28
食物連鎖………………16, 100, 101
食味試験………………………120
食用作物………………………86
食料自給率……………………2
食料需給………………………10
食料・農業・農村基本計画…176
食料・農業・農村基本法……176
飼料自給率……………………90
しろかき………………………118
人工林………………18, 26, 102, 152
侵食……………………………169
迅速測図……………………43, 140
心土……………………………116
人ぷん尿………………………89
針葉樹……………………103, 152

森林………………………150, 173
森林の減少・劣化……………8
森林面積………………………102

す

水源かん養……………………23
水質汚染………………………90
水質の浄化……………………158
水質の調査……………………160
水生生物………………………59
水素イオン濃度………………61
すき床…………………………116
すじまき………………………84

せ

生化学的酸素要求量…………63
生活環境………………………140
生活圏…………………………140
生活史…………………………80
生活排水………………………158
生産者…………………………16
生殖成長………………………80
成層圏…………………………7
生態系…………………………15
生態系間の連携………………21
生態的防除………………118, 130
整地……………………………84
成苗……………………………116
性フェロモン…………………128
生物環境………………………82
生物間の相互作用……………100
生物系廃棄物……………12, 180
生物多様性の減少…………8, 173
生物的環境要因………………4
生物的防除………118, 120, 130
生物濃縮……………………15, 92
生命活動………………………4
世界遺産条約…………………8
世界三大穀物…………………114
節足動物………………………126
絶滅危惧………………………139

遷移……………………17	稚苗……………………116	土壌環境………………82
センチュウ……………68	中間農業地域…………26	土壌くん蒸剤……………88
選別……………………120	中耕……………………84	土壌構造………………66
全面施用………………124	中山間地域……………26	土壌侵食防止…………22
	抽水植物………………146	土壌水分………………70
そ	沖積土…………………96	土壌生物………………68
騒音・振動……………78	中苗……………………116	土壌団粒………………96
草原……………………150	鎮圧……………………84	土壌調査表……………66
草原の生態系…………18	沈水植物………………144	土壌劣化・砂漠化………8
造成後の維持管理……148		土壌 pH…………………71
草地の整備……………150	**つ**	都市緑地……………26, 28
草本層…………………38	追肥……………………84	取り木…………………110
造林……………………104	接ぎ木…………………110	トリハロメタン………91
側根……………………81	土寄せ…………………84	
側枝……………………81	ツルグレン装置………127	**な**
	つるぼけ………………84	内分泌かく乱物質……13
た		苗の充実度……………116
ダイオキシン類………11	**て**	中干し…………………118
大気汚染………………168	DO……………………62	苗しろ…………………114
大気環境………………94	定植……………………84	
大気候…………………94	泥炭土…………………96	**に**
大気浄化………………22	低地土…………………96	二酸化炭素濃度………164
大気浄化能力…………74	低木層…………………38	二次処理水……………159
台地土…………………96	摘果……………………84	二次遷移………………17
他家受粉………………82	摘心……………………84	二次林…………………26
脱穀……………………120	適地適作………………83	二次林の整備…………150
たねまき………………84	電気伝導度……………61	尿素……………………87
ため池…………… 142, 148	天然林…………………102	
多面的機能……………22	点播……………………84	**ね**
ダンゴムシ……………68	田畑輪換………………130	熱帯林…………………173
	点まき…………………84	
ち		**の**
地球温暖化…………6, 164	**と**	濃度障害………………88
地球環境問題……………8	透視度…………………60	農薬汚染………………92
地球サミット…………180	透水性…………………70	ノラ……………………42
地形……………………48	動物相…………………28	
地形断面図……………48	都市生態系……………20	**は**
地質……………………48	土質……………………48	バーゼル条約……………8
窒素……………………76	都市的地域……………26	胚………………………82
窒素固定………………101	土砂崩壊防止…………23	胚軸……………………82
地被植物………………133	土壌 EC…………………71	排水路…………………130

ハイドロフルオロカーボン類 164
胚乳………………………………82
播種………………………………84
ばらまき…………………………84
半自然林…………………………102

ひ

pH……………………………61, 83
BOD………………………………63
PCB………………………………10
ヒートアイランド現象………20
ビオトープ…………………136, 140
微気候……………………………94
非生物的環境要因………………4
被度………………………………54
被覆植物…………………………170

ふ

フェロモントラップ…………128
覆土………………………………84
不耕起栽培……………………124
腐植物質………………………124
物質循環……………………16, 100
ブナクラス域……………………38
浮遊物質量………………………60
浮遊粒子状………………………75
フロン…………………………164
分解者……………………………16
文化環境……………………………4
分げつ……………………………81
分げつ肥………………………118

へ

平地農業地域……………………26
ベールマン装置…………………68
壁面……………………………144

ほ

ポイント汚染……………………91
防雪林…………………………102
防潮林…………………………102
防風林…………………………102
保温………………………………82
ボカシ肥…………………………97
保健休養機能……………………22
穂肥……………………………118
ホタルの生息地………………143
ポリ塩化ビフェニール…………10
本田……………………………114

ま

埋土種子…………………………35
間引き……………………………84
マルチ施用……………………124
マルチング……………………130

み

実肥……………………………118
ミミズ……………………………68

む

無機的環境…………………………4
胸高直径…………………………56
ムラ………………………………42

め

めしべ……………………………82
メタン……………………………72
メタン細菌………………………91
メタン生成………………………91
メッシュ気候図…………………50

も

木材自給率……………………106
元肥………………………………84
もみがらくん炭………………122
もみすり………………………120

や

焼き土…………………………122
やく………………………………82
野生絶滅………………………139

ヤブツバキクラス域……………38
ヤマ………………………………42

ゆ

有害廃棄物の越境移動…………8
有害物質の集積………………169
有機性廃棄物処理………………23
有機的環境…………………………4
有機物の減耗…………………169
U字溝…………………………146
UV-B……………………………167
輸入木材………………………106

よ

葉えき……………………………80
幼芽………………………………82
幼根………………………………82
葉身………………………………80
幼穂分化………………………114
用水路…………………………144
熔成リン肥（熔リン）……87, 88
ヨウ素デンプン反応…………118
溶存酸素量………………………62
葉肉細胞…………………………80
養分欠乏…………………………88
養分の過剰集積………………169
葉柄………………………………80
葉緑体……………………………80
葉齢……………………………116

ら

ライフサイクル・アセスメント
　………………………………179
ラムサール条約…………………8

り

リサイクル……………………179
リモートセンシング法…………52
流域図……………………………48
硫酸アンモニウム（硫安）……87
硫酸カリウム（硫加）…………87

緑枝挿し……………………113	林縁部……………………37	連作障害……………………88
林冠部……………………39	**れ**	**わ**
輪作………………………126	レッドリスト…………138, 139	ワシントン条約……………175
リン酸の固定力……………96	連作………………………126	
リン酸の不足………………88		

[編著者]

西尾道徳　前筑波大学農林工学系教授

守山　弘　前農業環境技術研究所環境管理部上席研究官

松本重男　前埼玉県立熊谷農業高等学校長

[著者]

青木博久　神奈川県立相原高等学校教諭

佐藤晋也　青森県立藤崎園芸高等学校教頭

永田栄一　前長野県須坂園芸高等学校教諭

奈良岡隆樹　青森県立五所川原農林高等学校教諭

（所属は執筆時）

表紙デザイン　髙坂 均
レイアウト・図版　㈱河源社，オオイシファーム，川手直人，條 克己，トミタ・イチロー
写真提供　飯島 博，今井俊明，上田恵介，上田孝道，内田 博，遠藤昌文，尾上伸一，小原裕三，小山田智彰，川北裕之，草野 保，佐藤信治，武岡洋治，中川雄三，丹羽俊文，長谷川雅美，花田俊雄，福嶋 昭，藤井義晴，山下昌秀，山田辰美　共同通信社

農学基礎セミナー
環境と農業

2003年3月31日　第1刷発行
2021年10月20日　第8刷発行

編著者　西尾道徳　守山 弘　松本重男

発行所　一般社団法人　農山漁村文化協会
郵便番号　107-8668　東京都港区赤坂7丁目6-1
電話　03(3585)1142(営業)　03(3585)1147(編集)
FAX　03(3589)1387　振替　00120(3)144478
URL　http://www.ruranet.or.jp/

ISBN978-4-540-02271-5　製作／㈱河源社
〈検印廃止〉　印刷／㈱光陽メディア
ⓒ 2003　製本／根本製本㈱
Printed in Japan　定価はカバーに表示
乱丁・落丁本はお取りかえいたします。

農文協・図書案内

水田生態工学入門
農村の生きものを大切にする
水谷正一編著
水稲生産と競合せずに生きものと共生できる新しい水田や水路の修復工法と整備事業の進め方。
●2762円+税

メダカはどのように危機を乗りこえるか
田んぼに魚を登らせる
端 憲二著
総延長約40万kmという広大な農業水域に棲む魚たちの面白くも健気に生きる姿を紹介しながら、どんな水田・水路整備が彼らにとって、また人間にとっても望ましいかを考える。
●2000円+税 ビデオCD付

百の知恵双書 棚田の謎
千枚田はどうしてできたのか
田村善次郎・TEM研究所著
山の棚田も海の棚田も、自然と人が作った生きた文化財。暮らしの知恵や技術の発達を読み取る。
●2667円+税

荒廃した里山を蘇らせる
自然生態修復工学入門
養父志乃夫著
荒廃した里山・水田・溜め池を生き物が生息できる元の環境に修復する具体的な手順と技術を詳解。
●2667円+税

ビオトープ再生技術入門
ビオトープ管理士へのいざない
養父志乃夫著
野生生物の生息環境の修復・復元が義務づけられた社会インフラ整備。その自然再生工事の進め方、施工法、メンテナンスを河川、道路、池、公園などの実践例をもとに解説。
●2095円+税

だれにもできる、よくわかる土つくりの基本シリーズ 全4冊

土壌診断の読み方と肥料計算
JA全農肥料農薬部著
診断数値の読み方と、肥料代を抑えた無駄のない施肥設計や、堆肥の成分を考慮した計算方法をイラスト入りでわかりやすく解説。
1800円+税

土の物理性診断と改良
JA全農肥料農薬部編／安西徹郎著
収量アップは土の物理性改善が肝。豊富な写真と実例でスコップ2掘りでできる土の診断と、それに基づく改良法をやさしく解説。
2000円+税

土と肥料のハンドブック
JA全農肥料農薬部編
土壌改良編
肥料・施肥編
排水不良や塩類集積への対策、土壌診断と土壌改良の手法、各種土壌改良材の特性と使い方、さまざまな肥料の特性と使い方、各種栽培品目の省力・効率的施肥法、作物栄養と生理障害など、豊富な図版で平易かつ簡潔に解説。
2800円+税
2700円+税

まんがでわかる 土と肥料
根っこから見た土の世界
村上敏文著
楽しいまんがと図解で、土壌の化学基礎、土づくりの実際まで、ビックリするほどよくわかる。根っこのルートさんがガイドする土のワンダーランドへようこそ！
1400円+税

[ビジュアル大事典] 農業と人間
編者／西尾敏彦
A4変型判 340頁 9000円+税
工業の原理とは根本的にちがう農業の本質と豊かさ、農耕と人間のかかわりを考える。
① 農業は生きている〈三つの本質〉
② 農業が歩んできた道〈持続する農業〉
③ 生きものと風土とともに〈伝統農業のしくみ〉
④ 地形が育む農業〈景観の誕生〉
⑤ 生きものたちの楽園〈田畑の生物〉
⑥ 生きものと作物〈ハーモニー①作物〉
⑦ 生きものと人間と作るハーモニー②家畜
⑧ 生きものと人間をつなぐ〈農具の知恵〉
⑨ 農業のおくりもの〈広がる利用〉
⑩ 日本列島の自然のなかで〈環境と調和〉

【自然の中の人間シリーズ】 微生物と人間編 (全10巻)
監修／農林水産省農林水産技術会議事務局 著者／西尾道徳ほか
A4変型判 各2000円+税 セット20000円+税
地球をつくったのも土をつくり森をつくったのも、チーズやみそをつくるのも微生物。からだのなかの腸内細菌は健康を守っている。微生物の世界から、生活と産業、地球環境の今と未来を考え提案するビジュアルサイエンス。
① 微生物が地球をつくった
② 微生物が森を育てる
③ からだのなかの微生物
④ 微生物が食べものをつくる
⑤ 微生物から食べものを守る
⑥ 微生物は安全な工場
⑦ 未来に広がる微生物利用
⑧ 畑をつくる微生物
⑨ 水田をつくる微生物
⑩ 地球環境を守る微生物

（価格は改定になることがあります）